LEHRBUCH

DER

DARSTELLENDEN GEOMETRIE

VON

Dr. KARL ROHN
O. PROFESSOR DER MATHEMATIK
AN DER UNIVERSITÄT LEIPZIG

UND

Dr. ERWIN PAPPERITZ
O. PROFESSOR DER MATHEMATIK
AN DER BERGAKADEMIE FREIBERG

IN DREI BÄNDEN

ZWEITER BAND

AXONOMETRIE, PERSPEKTIVE, BELEUCHTUNG.

MIT 118 FIGUREN IM TEXT.

VIERTE, UMGEARBEITETE AUFLAGE

LEIPZIG
VERLAG VON VEIT & COMP.
1916

Druck von Metzger & Wittig in Leipzig.

Inhalt.

Erstes Kapitel.
Schiefe Parallelprojektion und axonometrische Projektion.

Allgemeines.

Das Verfahren der schiefen Projektion, wenn Bild- und Aufrißebene zusammenfallen.

Anwendungen der schiefen Projektion.

Seite

Das Verfahren der schiefen Projektion, wenn Bild- und Aufrißebene vertikal, aber gegeneinander geneigt sind.

Das Verfahren der orthogonalen axonometrischen Projektion.

Zweites Kapitel. Freie Perspektive.

Perspektive Darstellung von Ebene, Gerade und Punkt.

Drittes Kapitel. Angewandte Perspektive.

Allgemeines.

ERSTES KAPITEL.

Schiefe Parallelprojektion und axonometrische Projektion.

Allgemeines.

1. Das Grund- und Aufrißverfahren, das im I. Bande eine ausführliche Behandlung erfahren und mannigfache Anwendungen gefunden hat, ist bei der Darstellung räumlicher Gebilde zumeist in Gebrauch. Es sind hierfür insbesondere zwei Gründe maßgebend; erstens zeichnen sich die dabei angewendeten Konstruktionen durch besondere Einfachheit aus, zweitens sind die wahren Maßverhältnisse von Strecken, Winkeln oder einzelnen Teilen des räumlichen Gebildes leicht aus seinen beiden Rissen zu entnehmen.

Der Darstellung eines Gebildes durch orthogonale Projektion stellt sich seine Darstellung durch schiefe Parallelprojektion[1]) an die Seite. Entbehrt diese Darstellungsweise vielfach jener Einfachheit der Konstruktion, die der orthogonalen Projektion eigen ist, so bietet sie als Ersatz dafür ein Bild des Gegenstandes, das sich durch außerordentlich große Anschaulichkeit auszeichnet. In dieser Richtung wird sie freilich noch von dem perspektiven Bild, dessen gesetzmäßige Entwickelung im folgenden Kapitel behandelt wird, übertroffen; dieses gibt unseren Gesichtseindruck von dem Gegenstand am vollkommensten wieder und gleicht hierin ganz dem durch eine photographische Aufnahme hergestellten Bilde. Bei Gegenständen von geringer räumlicher Ausdehnung steht jedoch das durch schiefe Parallelprojektion erzielte Bild dem perspektiven Bild nur wenig an Anschaulichkeit nach; es ist indessen leichter zu entwerfen und gestattet eine einfachere Entnahme der Maße des Gegenstandes aus seiner Zeichnung.

Die schiefe Parallelprojektion eignet sich ganz besonders zur Darstellung solcher Objekte, bei deren Gestalt und Gliederung drei zueinander senkrechte Richtungen hervortreten. So bildet sie das bequemste Verfahren beim Skizzieren von Kristallformen, von architektonischen Gegenständen, Maschinenelementen, wissenschaftlichen und technischen Apparaten, weil die Kanten dieser Objekte vorzugsweise nach drei zueinander senkrechten Richtungen (nach der Breite, Höhe und Tiefe) verlaufen. Man findet sie darum in wissenschaftlichen und technischen Werken häufig für die erläuternden Textfiguren angewandt, und so ist sie auch im I. Bande dieses Buches bereits mehrfach stillschweigend benutzt worden, um räumliche Gebilde in Ermangelung von Modellen durch die Zeichnung der Anschauung näher zu bringen.

2. Die Hauptschwierigkeit, die richtige Vorstellung von einem Gegenstand aus seinem Grund- und Aufriß zu erlangen, besteht darin, daß für die beiden Risse verschiedene Projektionsrichtungen benutzt werden, und daß die Ebenen der Risse in Wirklichkeit aufeinander senkrecht stehen, in der Darstellung durch die Zeichnung aber zusammenfallen. Man hat es also mit zwei ganz verschiedenen Bildern (Projektionen) des Gegenstandes zu tun, von denen aber keines für sich allein genügt, eine richtige Vorstellung von ihm zu erwecken. Um diese zu gewinnen muß erst ein Denkprozeß stattfinden, der beide Risse zu einer einzigen, Gestalt und Lage des Objekts umfassenden Vorstellung kombiniert. Dieser Denkprozeß deckt sich jedoch keineswegs mit dem uns so geläufigen, durch den die beiden Netzhautbilder eines Gegenstandes zu einer Gesamtvorstellung von ihm verschmelzen. Denn einerseits befinden sich die beiden Netzhautbilder in einer, wie man wohl kurz sagen darf, natürlichen relativen Lage zueinander, was bei Grund- und Aufriß durchaus nicht der Fall ist, und andererseits schließen die projizierenden Strahlen, welche die beiden Netzhautbilder eines Punktes liefern, nur einen sehr kleinen Winkel miteinander ein.

Bekanntlich vermittelt auch das Sehen mit einem Auge eine räumliche Vorstellung von den Dingen, wobei freilich die Lichtverteilung und die Schärfe der einzelnen Teile des im Auge erzeugten Bildes eine wesentliche Rolle spielen. Gleichwohl sind Irrtümer hierbei nicht selten. Solche Irrtümer sind jedoch ausgeschlossen, sobald der Gegenstand sich über einer horizontalen Fläche erhebt, und wir irgendwie in den Stand gesetzt sind die relative Lage seiner einzelnen Teile (Ecken, Kanten usw.) ihr gegenüber zu beurteilen. Von diesem Umstande macht auch die schiefe Parallelprojektion Gebrauch indem sie eine Horizontalebene zu Hilfe nimmt und das räumliche Gebilde in seinen einzelnen Teilen zu ihr in Beziehung setzt. Es geschieht dieses dadurch, daß von den Punkten des Gebildes Lote auf die Horizontalebene gefällt und deren Fußpunkte markiert, werden. Bezeichnet man also mit P' den senkrecht unter dem Raumpunkt P liegenden Punkt der Horizontalebene und zeichnet von beiden die schiefe Parallelprojektion P_s' und P_s, so ist die Lage des Raumpunktes völlig bestimmt, wenn die Projektionsrichtung und die Lage der Horizontalebene gegen die Bildebene bekannt sind. Es wird indessen nicht nötig sein zu jedem Raumpunkt den senkrecht darunter liegenden Punkt der Horizontalebene anzugeben, vielmehr wird es genügen, dieses nur für eine Anzahl Punkte zu tun; die Lage der übrigen geht dann aus ihren Verbindungslinien mit diesen hervor.

3. Die schiefe Parallelprojektion bedient sich, wie schon bemerkt, nur einer einzigen Bildebene; sie muß aber neben den Bildern der Punkte und Linien im Raume auch die Bilder ihrer orthogonalen Projektionen auf eine Horizontalebene angeben. Doch genügt es zumeist die Bilder der orthogonalen Projektionen nur für eine kleine Anzahl von Punkten und Linien zu zeichnen. Reicht sonach eine einzige Horizontalebene aus, um ein räumliches Gebilde mittels seiner Lagebeziehung zu ihr in schiefer Parallelprojektion darzustellen, so ist es doch von Vorteil drei zueinander rechtwinklige Achsen zugrunde zu legen und ihre Lage gegen das Gebilde bei der Konstruktion seiner Parallelprojektion zu verwerten.

Die drei rechtwinkligen Achsen, auf die wir den abzubildenden Gegenstand beziehen, werden Koordinatenachsen genannt und mit x, y, z bezeichnet. Je zwei bestimmen die drei zueinander senkrechten Koordinatenebenen, nämlich $\Pi_1 = xy$, $\Pi_2 = xz$, $\Pi_3 = yz$, denen wir wie früher beziehentlich die Namen Grundriß-, Aufriß- und Seitenrißebene beilegen werden. Der Achsenschnittpunkt heißt Anfangspunkt oder Ursprung O. Unter den Koordinaten x, y, z eines Punktes versteht man seine parallel zu den gleichbenannten Achsen genommenen und mit bestimmten Vorzeichen versehenen Abstände von den Koordinatenebenen. Fügt man, vom Ursprung O beginnend, die Koordinaten eines Punktes in irgend einer Reihenfolge und in den gehörigen Richtungen aneinander, so entsteht ein Koordinatenzug, der in dem betreffenden Punkte selbst endigt.

Ist nun die Parallelprojektion der drei Koordinatenachsen gegeben und für jede der Maßstab, d. h. das Verhältnis einer auf ihr abgetragenen Bildstrecke zur wahren Länge dieser Strecke, bekannt, so kann nach den Grundgesetzen der Parallelprojektion — wonach parallele Strecken parallele Bilder besitzen, die in dem gleichen Verhältnis wie die Strecken selbst stehen — jeder Koordinatenzug und folglich jeder durch seine Koordinaten gegebene Punkt abgebildet werden. Das Verfahren, die Parallelprojektion einer Raumfigur durch die der Koordinaten ihrer Punkte zu bestimmen, heißt *Axonometrie.*[2])

4. Die axonometrische Projektion wird nach Annahme eines festen Koordinatensystems, auf das man den abzubildenden Gegenstand bezieht, durch die Stellung der Bildebene zu diesem und die Richtung der projizierenden Strahlen bestimmt. Die Wahl des Koordinatensystems ist ohne Wirkung auf das Bild, wenn man die Projektionsrichtung und die Lage des Gegenstandes gegenüber der Bildebene festhält. Man wird das Koordinatensystem deshalb so annehmen dürfen, daß seine Lage bezüglich des darzustellenden Gegenstandes so einfach wie nur möglich ist; dann werden sein Grund-, Auf- und Seitenriß, d. h. seine orthogonalen Projektionen auf die Koordinatenebenen, eine möglichst einfache Form annehmen.

Liegen zwei Risse eines Gegenstandes gezeichnet vor, so kann man aus ihnen die Koordinaten seiner einzelnen Punkte direkt abgreifen und sonach sein axonometrisches Bild, wie schon vorher dargetan, entwerfen. Hierzu ist kaum etwas weiteres hinzuzufügen, soweit es sich um eine punktweise Übertragung des Bildes aus den Rissen handelt. Auch die Lichtgrenze, sowie ihr Schlagschatten können übertragen werden, wenn sie in den Rissen gezeichnet vorliegen. Dagegen erfordern die bei dem axonometrischen Bilde in Erscheinung tretenden krummlinigen Umrisse eine besondere Konstruktion. Es hat das etwa in der folgenden Weise zu geschehen. Man zeichne in den vorliegenden Grund- und Aufriß des Gegenstandes die Risse eines Sehstrahls s ein, der zur Projektionsrichtung parallel ist, und bestimme mit ihrer Hilfe Grund- und Aufriß des zu dieser Sehstrahlrichtung gehörigen Umrisses, worauf man aus beiden das axonometrische Bild des Umrisses durch Übertragen gewinnt.

Bei der Konstruktion des geradlinigen Umrisses von Zylinder und Kegel wird man auch leicht direkt ans Ziel gelangen, nachdem man das Bild der Basiskurve und das Bild einer Mantellinie des Zylinders oder der Spitze des Kegels gezeichnet hat. Bei den Regelflächen (Regelschraubenflächen usw.) wird sich der Umriß unmittelbar als Hüllkurve der Bilder seiner Erzeugenden ergeben. Bei den Rotations- und allgemeinen Schraubenflächen wird man jedoch die in Kap. VIII und X Bd. I dargelegten Verfahren zu verwenden haben, um zunächst Grund- und Aufriß des zu der vorgeschriebenen Sehstrahlrichtung gehörigen Umrisses zu zeichnen. Die daselbst durchgeführten Methoden und Konstruktionen zur Bestimmung der Lichtgrenze sind ohne weiteres hier zur Anwendung zu bringen; es tritt nur an Stelle des Lichtstrahles der Sehstrahl und somit an Stelle der Lichtgrenze der zur Sehstrahlrichtung gehörige Umriß.

5. Kann man somit das Entwerfen des axonometrischen Bildes eines Gegenstandes mit Hilfe seiner Risse als erledigt ansehen, insofern ja das punktweise Übertragen keinerlei Schwierigkeiten bietet, so verändert sich die Sachlage durchaus, sobald es sich um die konstruktive Entwickelung des Bildes aus bekannten Daten und Eigenschaften des abzubildenden Gegenstandes handelt. Gerade in dieser Form liegt die Aufgabe oft vor, wenn von einem Objekt ein axonometrisches Bild skizziert werden soll; gewöhnlich wird man dann nicht erst vorher seinen Grund- und Aufriß zeichnen. Es werden deshalb im folgenden in erster Linie solche Konstruktionen zu behandeln sein, die unmittelbar in der axonometrischen Figur selbst vorgenommen werden. Diese Konstruktionen gestalten sich, wie wir sehen werden, wesentlich verschieden je nach der Lage der Bildebene und der Projektionsrichtung gegenüber den Koordinatenachsen.

6. Das allgemeinste axonometrische Bild erhält man, wenn man die Bildebene gegen die Projektionsrichtung geneigt annimmt, und beide gegen das feste Koordinatensystem eine beliebige geneigte Lage besitzen. Will man die axonometrische Projektion in dieser allgemeinen Form anwenden, so benutzt man dabei am besten die vorher besprochene Übertragung mittels Grund- und Aufriß, d. h. mittels der orthogonalen Projektionen auf die xy-Ebene und die xz-Ebene, da die direkten Konstruktionen in der axonometrischen Figur zu kompliziert werden. Man erreicht indes den Zweck, welcher der axonometrischen Abbildung zugrunde liegt und in der Erzielung eines Bildes von größerer Anschaulichkeit besteht, schon durch speziellere Annahmen über die gegenseitige Lage von Achsensystem, Bildebene und Projektionsrichtung; unter ihnen wird man natürlich denjenigen den Vorzug geben, welche die möglichste Einfachheit der Konstruktion gewähren und zugleich eine möglichst plastische Wirkung des Bildes erzielen. Es ist deshalb bei ihrer Auswahl im einzelnen Falle darauf zu achten, daß keine der wichtigeren Kanten und Seitenflächen des darzustellenden Gegenstandes als bloßer Punkt, bzw. als Gerade erscheine. Demgemäß finden — abgesehen von der schon erwähnten allgemeinen Lage — vornehmlich folgende drei speziellere Annahmen eine ausgedehntere Anwendung.

α) Man wählt die Bildebene parallel zu einer Koordinatenebene — der Aufriß- oder xz-Ebene — oder läßt sie mit ihr zusammenfallen und führt eine schiefe Projektion aus. Dies bietet unter anderem den Vorteil, daß zwei Koordinaten eines jeden Punktes sich in ihrer wahren Länge und Richtung abbilden. Die dritte Koordinate wird in einer schrägen Richtung und meist in einem bestimmten Verhältnis verkürzt dargestellt. — Das nach diesem Verfahren entworfene Bild eines Objektes wirkt besonders anschaulich, wenn man es bei größerer Entfernung annähernd in der Richtung der projizierenden Strahlen betrachtet.

β) Man legt die Bildebene durch die vertikale z-Achse, aber gegen die x- und y-Achse geneigt, und führt dann eine schiefe Projektion aus. Hier behält nur noch die z-Koordinate ihre Richtung und Länge im Bilde bei, während die Bilder der beiden andern Koordinaten irgendwelche Winkel mit ihr einschließen und dabei jede für sich eine bestimmte Verkürzung oder Verlängerung erfahren. Dieses Verfahren ist in seinen Konstruktionen weniger einfach als das vorhergehende; es gestattet jedoch eine günstigere Wahl der Projektionsrichtung gegen die Bildebene. Man wählt sie zumeist so, daß eine zu ihr parallele Ebene durch die z-Achse auf der Bildebene senkrecht steht; dann geben die so erzielten Bilder bei gerader Gegenüberstellung des Beschauers eine anschauliche Wirkung (mit Obersicht). — Auch wenn man diese besondere Annahme über die Projektionsrichtung nicht macht, pflegt man bei ihrer Wahl nicht weit von jener abzuweichen.

γ) Man nimmt die Bildebene gegen alle drei Koordinatenachsen geneigt an und führt eine senkrechte Projektion aus. Auch hier gilt das gleiche für die Stellung des Beschauers gegenüber dem Bild wie bei β).

Noch ist hervorzuheben, daß in unserer Vorstellung die räumlichen Gegenstände zur Vertikalrichtung meist in einer ausgeprägten Beziehung stehen. Dieses auch im axonometrischen Bilde hervortreten zu lassen und dadurch die anschauliche Wirkung zu erzielen, weil sie der gewohnten Vorstellung entspricht, sind die unter α) und β) genannten Verfahren besonders geeignet, wobei man sich Bildebene und z-Achse vertikal gestellt denkt.

Die beiden unter α) und β) angeführten Darstellungsmethoden bezeichnet man gewöhnlich schlechthin als schiefe Projektion, die unter α) im besonderen auch als Kavalierperspektive —, die unter γ) angeführte als orthogonale Axonometrie oder auch kurz als axonometrische Projektion. Wir werden in der Folge beide Namen ebenfalls in dieser engeren Bedeutung gebrauchen. Ehe wir aber diese Methoden einzeln besprechen, müssen wir dem Fundamentalsatz der Axonometrie, der die Grundlage für die allgemeinste axonometrische Projektion bildet, unsere Aufmerksamkeit zuwenden.

7. Trägt man vom Ursprung O aus auf jede der drei Koordinatenachsen x, y, z in positiver Richtung eine und dieselbe Strecke $k = OA = OB = OC$ ab, so entsteht eine Figur $OABC$, die wir als rechtwinklig-gleichschenkliges Achsenkreuz $\mathfrak{K}$ bezeichnen wollen. Für die Abbildung eines solchen Achsenkreuzes durch schiefe Projektion gilt der von Pohlke aufgefundene und nach ihm benannte Satz[2]):

Irgend drei in einer Ebene Π aus einem Punkte O_s (in beliebiger Richtung und Länge) gezogene Strecken O_sA_s, O_sB_s, O_sC_s können stets als schiefe Parallelprojektion eines rechtwinklig-gleichschenkligen Achsenkreuzes $OABC$ oder $\mathfrak{K}$ angesehen werden, dessen Schenkellänge dadurch bestimmt ist.

Man kann dem Satz eine noch allgemeinere Fassung geben, indem man die Annahme, daß die Strecken OA, OB, OC gleich lang und zueinander rechtwinklig sein sollen, fallen läßt:

Durch passende Wahl von Projektionsrichtung und Bildebene kann man es stets erreichen, daß das Bild $O_sA_sB_sC_s$ eines gegebenen Tetraëders $OABC$ einem gegebenen Viereck $O_0A_0B_0C_0$ ähnlich wird.

Einen Beweis für den Pohlkeschen Satz, sowie die konstruktive Ermittelung der gegenseitigen Lage von Achsenkreuz und seinem Bild, gibt uns die in 214 Bd. III behandelte Aufgabe. Daselbst wird allerdings von gewissen Eigenschaften der Flächen 2. Grades und ihrer Umrisse Gebrauch gemacht. Es mag deshalb hier die Bestimmung der Lage des Achsenkreuzes, wenn sein Bild gegeben ist, auf einem anderen Wege durchgeführt werden, der im wesentlichen auf einer Anwendung der in 108 Bd. I behandelten Aufgabe beruht. Dort galt es die Lage eines Dreiecks ABC zu bestimmen, dessen Aufriß $A''B''C''$ bekannt war und das einem gegebenen Dreieck ähnlich sein sollte.

8. Ist die Lage des Achsenkreuzes $\mathfrak{K}$ gegen die Bildebene sowie die Richtung der Projektionsstrahlen bekannt, so ist damit auch sein Bild $\mathfrak{K}_s$ bestimmt. Schneidet man nun die Projektionsstrahlen mit einer zu ihnen senkrechten Ebene N, so erhält man eine Figur $\mathfrak{K}_v$ oder $O_vA_vB_vO_v$, die sowohl als Orthogonalprojektion von $\mathfrak{K}$ als auch von $\mathfrak{K}_s$ erscheint. Hierbei sind die Figuren $\mathfrak{K}_v$ und $\mathfrak{K}_s$ affin, die Spur n_1 der Ebene N in der Bildebene ist die Affinitätsachse. Zieht man durch O_s die Geraden O_sX_s und O_sY_s parallel und senkrecht zu n_1 (X_s, Y_s auf A_sB_s), sowie durch O_v die Geraden O_vX_v und O_vY_v

parallel und senkrecht zu n_1 ($X_v Y_v$ auf $A_v B_v$), so sind $O_s X_s Y_s$ und $O_v X_v Y_v$ entsprechende rechtwinklige Dreiecke in den affinen Figuren $\mathfrak{K}_s$ und $\mathfrak{K}_{vs}$; dabei gilt die Beziehung $O_v X_v = O_s X_s$.

Um die Lage der projizierenden Strahlen gegen das Achsenkreuz $\mathfrak{K}$ zu finden, denken wir uns die projizierenden Ebenen durch OC und AB gelegt; sie schneiden sich in einem projizierenden Strahl $s = JK$ ($J = s \times OC$, $K = s \times AB$). Die Punkte J und K aber ergeben sich aus den Relationen: $JO : CO = J_s O_s : C_s O_s$ und $KA : BA = K_s A_s : B_s A_s$, wobei $J_s = K_s = O_s C_s \times A_s B_s$ ist. Hiernach bestimmt sich dann auch die orthogonale Projektion $\mathfrak{K}_v$ von $\mathfrak{K}$, und gemäß 108 Bd. I läßt sich nun die Lage von $\mathfrak{K}_v$ — und damit auch von $\mathfrak{K}$ — gegenüber der von $\mathfrak{K}_s$ angeben. Damit wäre alsdann die Aufgabe gelöst: Das Achsenkreuz $\mathfrak{K}$ in eine solche Lage gegen die Bildebene zu bringen, daß seine schiefe Parallelprojektion die vorgegebene Gestalt $\mathfrak{K}_s$ annimmt; zugleich wäre der Satz von Pohlke bewiesen.

Der hier geschilderten Konstruktion steht zunächst nur das eine entgegen, daß man nicht die wahre Länge der Strecken $OA = OB = OC$ des Achsenkreuzes $\mathfrak{K}$ kennt. Man gehe daher zunächst von einem Achsenkreuz $\mathfrak{K}_1$ aus, dessen Kantenlänge $OA_1 = OB_1 = OC_1$ man irgendwie wählt. Hierauf bestimme man J_1 und K_1 gemäß $J_1 O : C_1 O = J_s O_s : C_s O_s$ und $K_1 A_1 : B_1 A_1 = K_s A_s : B_s A_s$; dann ist $J_1 K_1 = s$ die gesuchte Projektionsrichtung. Sie liefert die Orthogonalprojektion $\mathfrak{K}_1''$ von $\mathfrak{K}_1$ auf eine Ebene N, die man senkrecht zu s gewählt hat.

Nun ist $\mathfrak{K}_1''$ ähnlich zu $\mathfrak{K}_v$; da aber $\mathfrak{K}_v$ und $\mathfrak{K}_s$ affin sind, so sind auch $\mathfrak{K}_1''$ und $\mathfrak{K}_s$ affin in weiterem Sinn. Wie dem rechtwinkligen Dreieck $O_s X_s Y_s$ der Figur $\mathfrak{K}_s$ das rechtwinklige Dreieck $O_v X_v Y_v$ der affinen Figur $\mathfrak{K}_v$ entspricht, so entspricht ihm das rechtwinklige Dreieck $O'' X_1'' Y_1''$ der affinen Figur $\mathfrak{K}_1''$, wenn $O' A_1'' B_1'' C_1'' X_1'' Y_1''$ und $O_v A_v B_v C_v X_v Y_v$ ähnliche Figuren sind. Die letztere dieser beiden Figuren erhält man aus der ersteren, indem man sie ähnlich vergrößert oder verkleinert im Verhältnis $O'' X_1'' : O_s X_s$. Jetzt findet man die Lage der Ebene N gegen die Bildebene, indem man ihre Spur n_1 parallel zu $O_s X_s$ zieht und ihren Neigungswinkel ε derart wählt, daß $O_s Y_s \cdot \cos \varepsilon = O_v Y_v$ wird. Die orthogonale Projektion von $\mathfrak{K}_s$ auf N ist nun in der Tat kongruent mit $\mathfrak{K}_v$; sie erscheint zugleich als orthogonale Projektion von $\mathfrak{K}$ auf N, wodurch sich die räumliche Lage von $\mathfrak{K}$ ergibt.

9. Die Konstruktion führen wir in folgender Weise aus. $O A_1 B_1$ sei ein rechtwinklig-gleichschenkliges Dreieck parallel zur Zeichenebene mit der Orthogonalprojektion $O' A_1^0 B_1^0$ (Fig. 1a). Auf $A_1 B_1$ bestimmen wir den Punkt K_1 gemäß der Proportion $A_1^0 K_1' : A_1^0 B_1^0$

$= A_s K_s : A_s B_s$; sodann drehen wir das Dreieck $O A_1 B_1$ um 90° um die Gerade $O K_1$, so daß es sich auf die Zeichenebene als Ge-

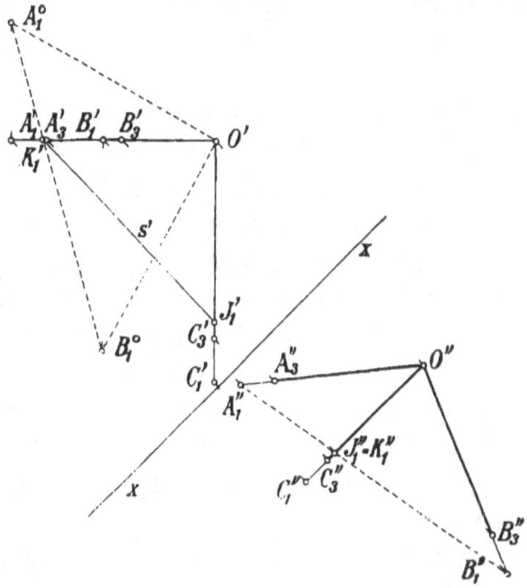

Fig. 1a.

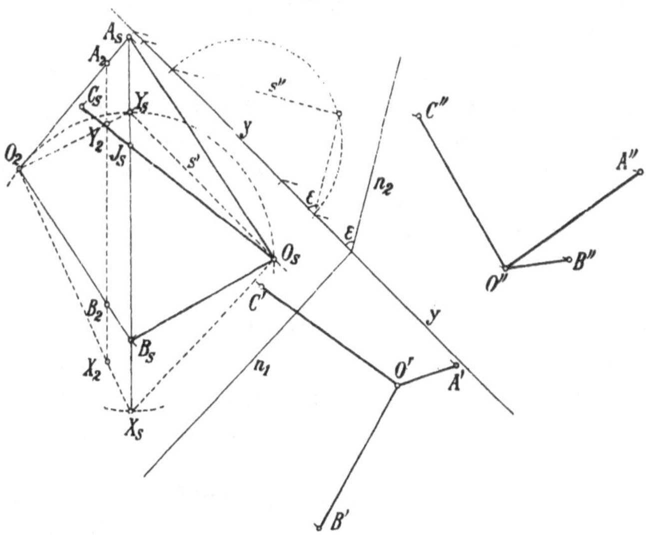

Fig. 1b.

rade $O' A_1' B_1'$ projiziert ($A_1^0 A_1' \parallel B_1^0 B_1' \perp O' K_1'$). Jetzt wird die dritte Achse $O C_1$ zur Zeichenebene parallel und projiziert sich senkrecht zu $O' K_1'$ und in wahrer Größe ($O' C_1' = O' A_1^0$); auf ihr liegt der Punkt J_1 ($O' J_1' : O' C_1' = O_s J_s : O_s C_s$). Der projizierende Strahl $s = J_1 K_1$

ist nun zur Zeichenebene, die als Grundrißebene gedacht ist, parallel; eine zu s senkrechte Ebene nehmen wir als Aufrißebene ($x \perp s'$) und zeichnen den Aufriß $O'' A_1'' B_1'' C_1'' J_1'' = K_1''$ ($O'' K_1'' C_1'' \parallel x$, die Abstände der Punkte A_1'' und B_1'' von $O'' K_1''$ sind gleich den Abständen der Punkte A_1^0, B_1^0 von $O' K_1'$).

Um weiter entsprechende rechte Winkel in den affinen Figuren $\mathfrak{K}_s$ und $\mathfrak{K}_1''$ zu erhalten, verfahren wir nach 12 Bd. I so. Wir zeichnen ein zu $O'' A_1'' B_1''$ ähnliches Dreieck $O_2 A_s B_s$, dessen Seite $A_s B_s$ mit der gleichbenannten Seite des Dreiecks $O_s A_s B_s$ zusammenfällt (Fig. 1b). Der Kreis durch O_2 und O_s, dessen Mittelpunkt auf $A_s B_s$ gelegen ist, schneidet aus dieser Geraden zwei Punkte X_s und Y_s aus. Die Spur n_1 der Ebene N ist nun parallel zu $O_s X_s$ zu ziehen und ihr Neigungswinkel ε gegen die Bildebene ist so zu bestimmen, daß die Orthogonalprojektion des Dreiecks $O_s X_s Y_s$ auf die Ebene N ein dem Dreieck $O_2 X_s Y_s$ ähnliches Dreieck, also ein zu $O_2 X_2 Y_2$ kongruentes Dreieck liefert ($O_2 X_2 = O_s X_s$, $X_2 Y_2 A_2 B_2 \parallel X_s Y_s A_s B_s$, $O_2 Y_2 = O_s Y_s \cdot \cos \varepsilon$).

Zur Fixierung der Lage des Achsenkreuzes $\mathfrak{K}$ gegen sein Bild $\mathfrak{K}_s$ sind in Figur 1b Grund- und Aufriß von $\mathfrak{K}$ angegeben, wobei die Bildebene zugleich als Grundrißebene benutzt und die Aufrißebene senkrecht zu n_1 gewählt ist ($y \perp n_1$, $\angle n_2 y = \varepsilon$, $\cos \varepsilon = O_2 Y_2 : O_s Y_s$). Da die Punkte $O A B C$ auf den von $O_s A_s B_s C_s$ auf N gefällten Loten liegen (die Grundrisse dieser Lote sind senkrecht zu n_1, ihre Aufrisse senkrecht zu n_2), braucht man nur noch die Abstände der Punkte $O'' A'' B'' C''$ von n_2 zu bestimmen. Diese würden unmittelbar mit den Abständen der Punkte $O' A_1' B_1' C_1'$ von x in Figur 1a übereinstimmen, wenn das Achsenkrenz $\mathfrak{K}_1$, das den Ausgangspunkt bildete, die gleiche Größe wie $\mathfrak{K}$ hätte. Das ist jedoch nicht der Fall; vielmehr muß $\mathfrak{K}$ noch ähnlich verkleinert werden. Das ist in Figur 1a geschehen, indem $O'' A_3'' = O_2 A_2$, $O'' B_3'' = O_2 B_2$ gemacht wurde; man erhält dadurch die Projektionen $O'' A_3'' B_3'' C_3''$ und $O' A_3' B_3' C_3'$. Die Abstände der letzteren Punkte von x sind nun gleich den Abständen der Punkte $O'' A'' B'' C''$ von n_2, wodurch sich dann auch $O' A' B' C'$ ergibt.

Zum Schluß sei noch folgendes bemerkt. Die Punkte X_s und Y_s werden aus $A_s B_s$ durch einen Kreis ausgeschnitten; es ist jedoch nicht gleichgültig, welchen der beiden Punkte wir mit X_s bezeichnen, da wir n_1 zu $O_s X_s$ parallel gezogen haben. Es ist vielmehr darauf zu achten, daß in dem rechtwinkligen Dreieck $O_2 X_2 Y_2$, dessen Hypotenuse zu $A_s B_s$ parallel ist, die Kathete $O_2 X_2$ kleiner als die Strecke $O_s Y_s$ sein muß, da erstere gleich der Orthogonalprojektion $O_v Y_v$ der letzteren ist. Diese Bedingung entscheidet aber darüber, welchem der beiden Schnittpunkte des Kreises mit der Geraden $A_s B_s$ man die Bezeichnung X_s beizulegen hat. Außerdem ist klar, daß es zwei zur Zeichenebene symmetrische Lösungen gibt, je nachdem in Figur 1b die Aufrißebene um y aufwärts oder abwärts um 90^0 gedreht wird.

Das Verfahren der schiefen Projektion, wenn Bild- und Aufrißebene zusammenfallen.

10. Um eine räumliche Figur in schiefer Projektion darzustellen und zwar so, daß durch das Bild umgekehrt die Originalfigur bestimmt wird, denken wir uns das Original mit der Grundrißebene Π_1 verbunden und auf diese durch senkrechte Projektion bezogen. Das Ganze, die Raumfigur mit ihrem Grundriß, wird der schiefen Projektion unterworfen. Die Bildebene lassen wir mit der Aufrißebene Π_2 zusammenfallen. Den Grundriß denken wir uns durch seine Umlegung in die Bildebene Π_2 gegeben. Die Geraden, welche auf den Ebenen Π_1, Π_2 und Π_3 bzw. senkrecht stehen, bezeichnen wir, wie früher, als erste, zweite und dritte projizierende Strahlen; zum Unterschiede von ihnen nennen wir die schief projizierenden Strahlen kurz Sehstrahlen.

Wählen wir in der vertikalen Bildebene Π_2 den Ursprung O, ziehen die positive x-Achse horizontal nach rechts, die positive z-Achse vertikal nach oben und die positive y-Achse nach vorn, so ist die Lage des Koordinatensystems gegen die Bildebene bestimmt. Die Richtung der Sehstrahlen legen wir fest, indem wir von einem gegebenen Punkte der Grundrißebene Π_1 den Bildpunkt angeben. Ersteren wählen wir etwa auf der y-Achse und markieren ihn (umgelegt um x) als O_1; letzteren nehmen wir als O_2 derart an, daß das Bild $y_s = O\,O_2$ der y-Achse gegen x und z geneigt ist (Fig. 2). O_1 und O_2 sind die Spurpunkte eines Sehstrahles o in Π_1 und Π_2. Es sei noch O_2' der Grundriß des Punktes O_2 und O_1^0 die Umlegung von O_1 um y_s; dann ist $o' = O_1\,O_2'$ der Grundriß des Sehstrahles o, ferner $o'' = O\,O_2$ sein Aufriß, $o_s' = O_2\,O_2'$ das Bild des Grundrisses, $o^0 = O_2\,O_1^0$ die Umlegung um o'' und folglich

$$\omega = \angle\, O_1^0 O_2 O$$

die Neigung der Sehstrahlen gegen die Bildebene. Die Größe

$$\operatorname{cotg}\,\omega = \frac{O\,O_2}{O\,O_1}$$

gibt für jede Normale zur Bildebene (y-Koordinate) das Verhältnis ihres Bildes zu ihrer wahren Länge an. Meist wird $\omega > 45^0$ angenommen; dann ist $\operatorname{cotg}\omega < 1$ und heißt das Verkürzungsverhältnis. Das Dreieck OO_1O_2 oder irgend ein zu ihm ähnliches und ähnlich gelegenes heißt (nach v. Peschka) ein Projektionsdreieck[3]). Die schiefe Projektion ist bestimmt durch Angabe der Projektionsachse x und irgend eines Projektionsdreieckes (z. B. OO_1O_2).

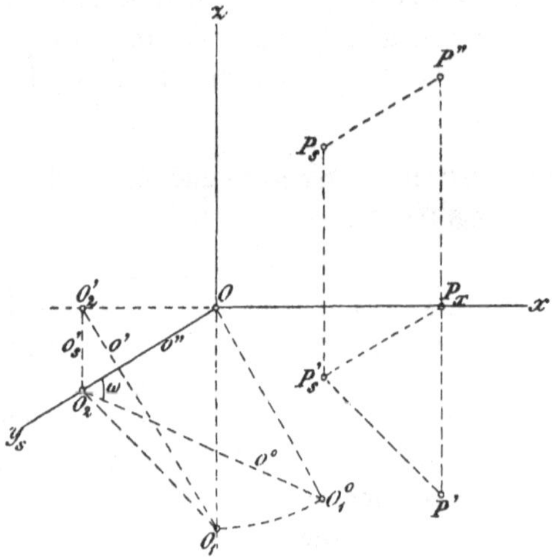

Fig. 2.

Das Verkürzungsverhältnis $\operatorname{cotg}\omega$ wählt man gern gleich einer rationalen Zahl, etwa $^1/_2$, $^1/_3$, $^2/_3$, usw., um aus der Zeichnung eines Objektes leicht die Maße seiner in der y-Richtung verlaufenden Kanten entnehmen zu können. Außerdem sucht man die Konstruktion durch passende Wahl des Projektionsdreieckes zu vereinfachen, dessen eine Seite (OO_1) stets rechtwinklig zur x-Achse liegt. Sehr bequeme Konstruktionen ergeben sich, wenn man in dem Dreieck OO_1O_2 die bei O, O_1, O_2 liegenden Winkel bzw. gleich 60^0, 30^0, 90^0 macht; dabei ist $\operatorname{cotg}\omega = \frac{1}{2}$. — Die unter den Namen „Kavalierperspektive" und „Vogel- oder Militärperspektive" bekannten Arten der schiefen Projektion benutzen meist die ebenfalls bequeme Annahme: $\omega = 45^0$, $\operatorname{cotg}\omega = 1$, $\angle O_1OO_2 = 45^0$. Bei ersterer denkt man sich die Bildebene vertikal, bei letzterer horizontal; man trägt also an die Aufrisse bzw. Grundrisse der darzustellenden Punkte ihre bezüglichen Tafelabstände selbst in vorgeschriebener Richtung an[4]).

Darstellung der Punkte, Geraden und Ebenen in schiefer Projektion (vgl. 25—45 Bd. I).

11. Ein Punkt P wird durch sein Bild P_s und das Bild P_s' seines Grundrisses P' bestimmt; die Punkte P_s und P_s' liegen in einer zur x-Achse senkrechten (oder zur z-Achse parallelen) Geraden. In der Tat bestimmen die Lote PP' und PP'' auf Grund- und Aufrißebene ein Rechteck $PP'P_xP''$, dessen Seiten PP' und $P''P_x$ zu z parallel und dessen Seiten PP''

und $P' P_x$ zu y parallel sind. Demnach wird das Bild $P_s P_s'$ zu PP' parallel und gleich lang, während die Bilder $P_s P''$ und $P_s' P_x$ zu y_s parallel werden und zu $PP'' = P' P_x$ in dem gegebenen Verkürzungsverhältnis stehen. Sind P', P'' und damit P_x gegeben, so ergibt sich P_s' als Schnittpunkt zweier durch P' bzw. P_x zu $O_1 O_2$ bzw. $O O_2 = y_s$ gezogenen Parallelen, worauf man P_s senkrecht über P_s' im Abstande $P'' P_x$ (oder als vierte Ecke des Parallelogramms mit den Seiten $P'' P_x$ und $P_x P_s'$) findet. Sind P_s', P_s bekannt, so ziehe man durch beide die Parallelen zu y_s und durch P_x die Vertikale, auf der dann P'' und P' liegen ($P_s' P' \parallel O_2 O_1$) (Fig. 2).

12. Eine Gerade g wird durch ihr Bild g_s und das Bild g_s' ihres Grundrisses g' bestimmt; die Geraden g_s und g_s' können willkürlich angenommen werden (bis auf eine Ausnahme, siehe unten). Die Geraden g und g' liegen in einer Vertikalebene, sonach sind g_s und g_s' die Bilder zweier in einer Vertikalebene liegenden Geraden. Der Schnittpunkt $G_{1s} = g_s \times g_s'$ ist das Bild des

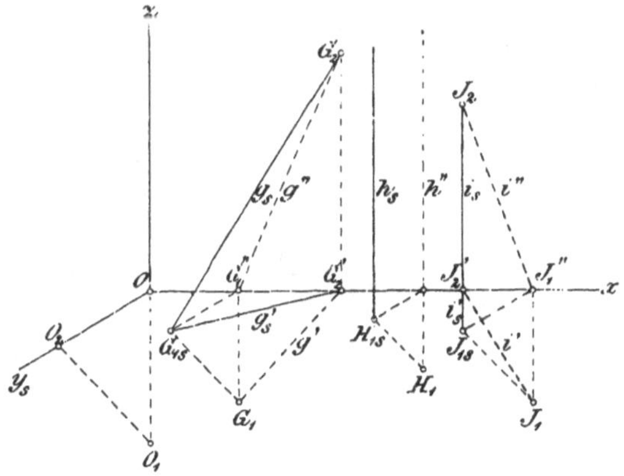

Fig. 3.

ersten Spurpunktes G_1; der zweite Spurpunkt G_2 ist sein eigenes Bild und liegt auf g_s, er befindet sich mit $G_2' = g_s' \times x$ auf einer Senkrechten zur x-Achse. Die Senkrechte ist die Aufrißspur der Vertikalebene durch g und g', während g_s' das Bild ihrer Grundrißspur darstellt (Fig. 3). Aus G_{1s} leitet man G_1'' auf x und G_1 ab ($G_{1s} G_1'' \parallel O_2 O$, $G_1'' G_1 \perp x$, $G_{1s} G_2 \parallel O_2 O_1$) und erhält hieraus $g' = G_1 G_2'$ und $g'' = G_1'' G_2$. Umgekehrt kann man leicht aus dem Grundriß g' und Aufriß g'' einer Geraden g oder aus den beiden Projektionen zweier ihrer Punkte die Bildgeraden g_s und g_s' finden, was keiner Erläuterung bedarf. — Das Bild eines Sehstrahles o ist sein Spurpunkt O_2 in der Bildebene, mit ihm fällt O_{1s} zusammen; das Bild o_s' seiner ersten Projektion ist senkrecht zur x-Achse (Fig. 2). Das Bild einer zu Π_1 senkrechten Geraden h ist rechtwinklig zur x-Achse; ihr Grundriß und sein Bild reduzieren sich auf die Punkte H_1 bzw. H_{1s}. Sieht man von diesen beiden Spezialfällen ab und nimmt man eine der Geraden i_s oder i_s' zur x-Achse rechtwinklig an, so muß die andere in demselben Punkte auf der x-Achse senkrecht stehen; denn die Sehstrahlebene durch die eine Gerade steht dann senkrecht auf Π_1 und enthält folglich auch die andere. Demnach folgt hieraus für die Gerade i nur, daß sie in einer bestimmten zur Sehstrahlebene durch die z-Achse parallelen Ebene liegt; um i vollständig zu bestimmen, bedarf es weiterer Angaben (Spurpunkte).

13. Eine Ebene E wird durch ihre Spurlinie e_2 in der Bildebene und das Bild e_{1s} ihrer ersten Spurlinie e_1 dargestellt, die sich im Achsenschnittpunkte $E_x = \mathsf{E} \times x$ treffen (Fig. 4). Die Sehstrahlebene durch e_{1s} schneidet Π_1 in e_1 und hieraus ergibt sich E als Verbindungsebene $e_1\, e_2$. — Enthält E die Richtung der Sehstrahlen, so fallen e_{1s} und e_2 in dieselbe gerade Linie. Steht E senkrecht auf Π_1, so ist $e_2 \perp x$; ist E senkrecht zu Π_2, so liegt $e_{1s} \parallel y_s$. Enthält E die x-Achse, so fallen e_{1s} und e_2 beide mit dieser zusammen und zur Bestimmung von E ist noch die Angabe eines auf ihr und außerhalb x gelegenen Punktes erforderlich.

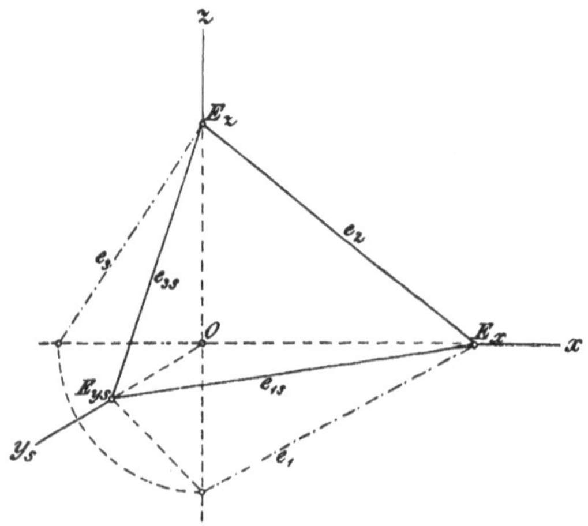

Fig. 4.

14. Die in 46—65 Bd. I für orthogonale Projektion entwickelten Sätze über die vereinigte Lage von Punkten, Geraden und Ebenen, über ihre Verbindungs- und Schnittelemente und den Parallelismus können ohne Schwierigkeit auf den Fall der schiefen Projektion übertragen werden. Auch die Lösung der dort behandelten Aufgaben vollzieht man in unserem jetzigen Verfahren in analoger Weise, wie an einigen Beispielen gezeigt werden mag.

Man hat dabei namentlich den folgenden Satz zu beachten:

Das Bild $\mathfrak{F}_s$ einer ebenen Figur $\mathfrak{F}$ ist zu dem Bilde $\mathfrak{F}_s'$ ihres Grundrisses $\mathfrak{F}'$ affin und affin gelegen. Die Affinitätsachse ist das Bild e_{1s} der ersten Spur e_1 der Ebene von $\mathfrak{F}$; die Affinitätsstrahlen sind rechtwinklig zur x-Achse. In der Tat sind $\mathfrak{F}$ und $\mathfrak{F}'$ durch senkrechte Strahlen aufeinander und beide durch die Sehstrahlen auf $\mathfrak{F}_s$ und $\mathfrak{F}_s'$ bzw. affin bezogen. Parallelen Geraden in der Originalfigur $\mathfrak{F}$ entsprechen also Parallele in $\mathfrak{F}'$, die jene in Punkten von e_1 schneiden; die ihnen in $\mathfrak{F}_s$ bzw. $\mathfrak{F}_s'$ entsprechenden Geraden sind wiederum Parallele und treffen

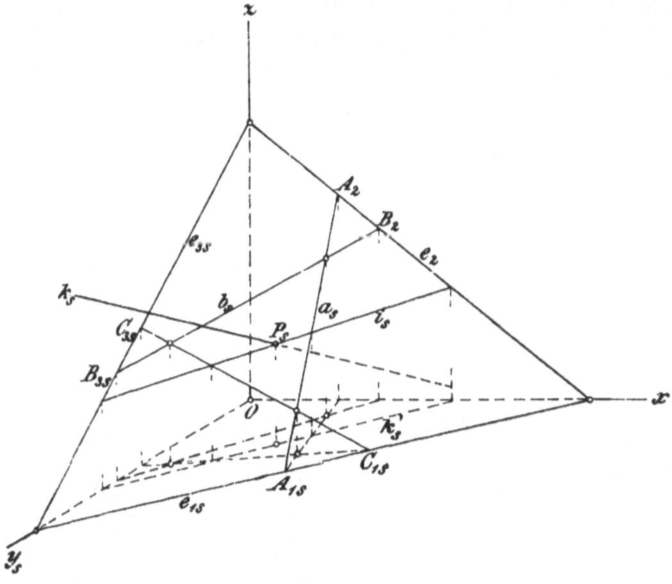

Fig. 5.

sich in Punkten der Linie e_{1s}. — Insbesondere ist jede Figur in der Grundrißebene zu ihrem Bilde affin, wobei x die Affinitätsachse und $O_1 O_2$ die Affinitätsrichtung ist.

Um die Spurlinien einer durch drei Punkte A, B, C gegebenen Ebene E darzustellen, verbinde man die Bilder A_s, B_s, C_s dieser Punkte und ebenso die Bilder A_s', B_s', C_s' ihrer Grundrisse paarweise durch gerade Linien a_s, b_s, c_s, a_s', b_s', c_s' (Fig. 5). $A_{1s} = a_s \times a_s'$ ist das Bild des ersten Spurpunktes der Geraden $a = BC$, ihr zweiter Spurpunkt A_2 liegt auf a_s senkrecht über $a_s' \times x$, usf. Die Spurlinie e_2 verbindet die Punkte A_2, B_2, C_2 die Linie e_{1s} die Punkte A_{1s}, B_{1s}, C_{1s}. In der Figur ist das Bild e_{3s} der dritten Spur mitgezeichnet (vgl. 57 Bd. I).

Den Schnittpunkt P einer Geraden k mit der Ebene $\mathsf{E} = ABC$ bestimmt man in folgender Weise (vgl. 61 Bd. I). Schneidet die Vertikalebene kk' die Ebene E in der Geraden i, so fällt i_s' mit k_s' zusammen. Senkrecht über den Schnittpunkten von k_s' mit den Seiten des Dreieckes $A_s'B_s'C_s'$ findet man daher auf den homologen Seiten des Dreieckes $A_sB_sC_s$ Punkte der Geraden i_s, welche k_s in P_s trifft. P_s ist das Bild des gesuchten Punktes $P = k \times \mathsf{E}$; das Bild P_s' seines Grundrisses liegt senkrecht darunter auf k_s'.

Diese Beispiele mögen genügen.

15. Um in schiefer Projektion diejenigen Grundaufgaben zu lösen, die sich auf die rechtwinklige Stellung von Geraden

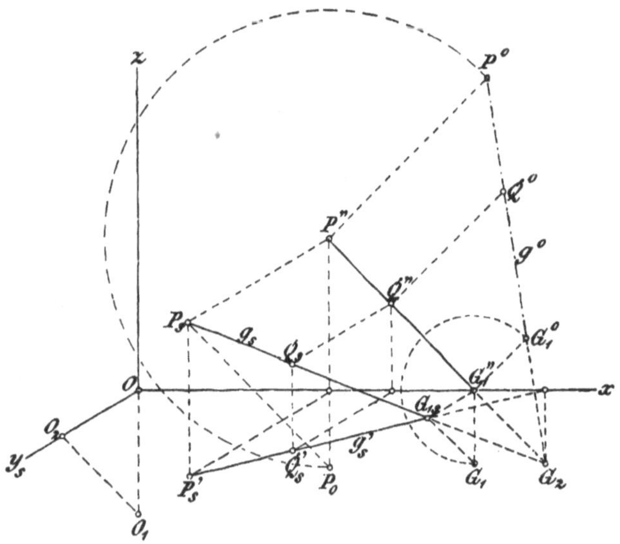

Fig. 6.

und Ebenen, auf die Bestimmung von Abständen und Winkeln und der wahren Gestalt ebener Figuren beziehen, ist es nötig, auf das Verfahren der Umlegung in die Bildebene und der Drehung um eine Tafelparallele einzugehen (vgl. 71—91 Bd. I).

Um die wahre Länge einer durch ihre Projektionen P_sQ_s und $P_s'Q_s'$ gegebenen Strecke PQ zu finden, legt man sie um ihren Aufriß $P''Q''$ in die Bildebene Π_2 um (Fig. 6). Zu diesem Zwecke leitet man zuerst aus den gegebenen Projektionen den Aufriß $P''Q''$ der Strecke und die wahren Längen der Tafelabstände $P''P$ und $Q''Q$ nach 11 ab und trägt sodann die letzteren senkrecht zu $P''Q''$ als $P''P^0$ und $Q''Q^0$ auf $(P''P^0 : P''P_s = OO_1 : OO_2)$; P^0Q^0 gibt die wahre Länge der Strecke PQ an. Die Umlegung der Geraden g, auf der PQ liegt, in die Bildebene durch Drehung um g'' kann auch mit Benutzung der Spurpunkte G_1 und G_2 erfolgen, woraus sich der Neigungswinkel γ_2 der Geraden gegen die Bildebene Π_2 als $\angle G_1{}^0 G_2 G_1{}''$ ergibt.

Der Neigungswinkel γ_1 gegen die Grundrißebene Π_1 wird wie früher (77 Bd. I) bestimmt, nachdem man zuvor g' gezeichnet hat.

Andererseits kann man die Länge der Strecke PQ durch ihre Paralleldrehung zur Bildebene bestimmen. Als Drehachse benutzt man entweder die durch einen Endpunkt Q gezogene Parallele QN zum Aufriß $P''Q''$ oder die erste vertikal projizierende Gerade QQ' eines Endpunktes (Fig. 7). Bei dem ersten Verfahren bildet man das rechtwinklige Dreieck PQN, dessen Katheten PN und QN senkrecht bzw. parallel zu Π_2 liegen, und dreht es um QN in eine zur Bildebene parallele Lage $P^\Delta QN$; dann stellt $P_s{}^\Delta N_s$ die gesuchte Länge dar. Die Konstruktion ist dem Vorigen unmittelbar zu entnehmen $(P_sN_s \parallel P_s'N_s' \parallel y_s,\ Q_s'N_s' \parallel x)$. Bei dem zweiten Verfahren bezeichnen wir durch R den Fußpunkt des aus P auf die Linie QQ' gefällten Lotes $(P_sR_s \# P_s'Q_s')$ und mit u die Parallele zur x-Achse durch R. Die wahre Länge von PR ergibt sich aus dem rechtwinkligen Dreieck PNR $(\triangle PNR \cong \triangle P_s{}^0N_sR_s,\ P_sP_s{}^0 \parallel O_2O_1)$. Macht man jetzt auf u_s die Strecke $R_sP_{\Delta s} = R_sP_s{}^0$, so stellt $Q_sP_{\Delta s}$ die Strecke PQ abermals in einer zur Bildebene parallelen Lage und folglich in wahrer Länge dar. Diese zweite Lage geht durch Drehung um die Vertikale QQ' hervor.

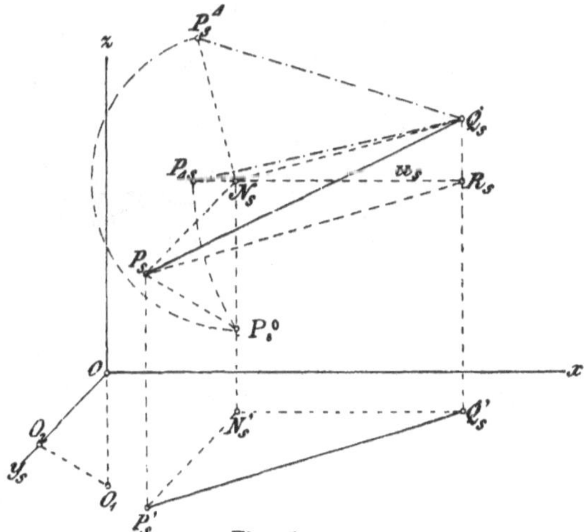

Fig. 7.

16. Die Bestimmung der wahren Gestalt einer ebenen Figur $\mathfrak{F}$ erfolgt durch Umlegung derselben in die Bildebene um die bezügliche Spurlinie e_2 ihrer Ebene E (Fig. 8). Es genügt, einen einzigen Punkt F unserer Ebene der Umlegung zu unterwerfen, den wir der Einfachheit halber auf ihrer ersten Spur e_1 gelegen und durch sein Bild F_s auf e_{1s} gegeben annehmen wollen. Aus F_s findet man in bereits geläufiger Weise den Aufriß F'' auf x, den um x in die Bildebene niedergelegten Punkt F selbst und damit die Spur e_1. Zieht man $F''G$ senkrecht zu e_2, so steht die Ebene $FF''G$ auf e_2 senkrecht und schneidet aus E die Falllinie FG, deren Bild F_sG ist, aus. Die um e_2 umgelegte Falllinie GF^0 ist normal zu e_2, ihre Länge ergibt sich aus dem rechtwinkligen

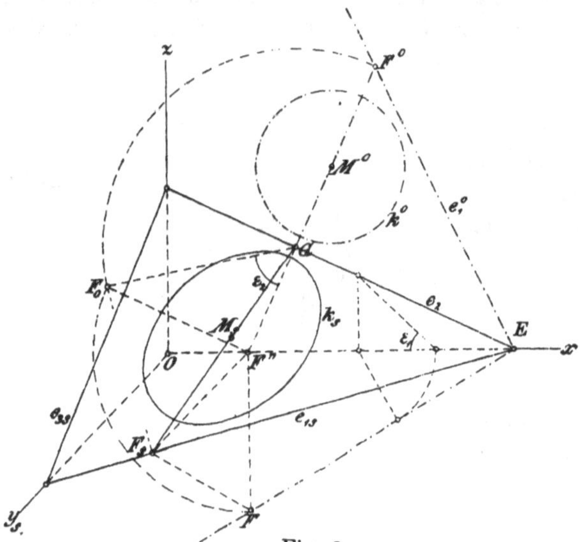

Fig. 8.

Dreieck $F_0F''G$; worauf $e_1{}^0 = F_0E$ gezogen werden kann. Einfacher gelangt man zu $e_1{}^0$, indem man F^0 aus den Beziehungen: $F''F^0 \perp e_2$ und $F^0E = FE$ konstruiert. Das Bild $\mathfrak{F}_s$ einer in E gelegenen Figur $\mathfrak{F}$ ist zu ihrer Umlegung $\mathfrak{F}^0$ um e_2 affin und affin gelegen. Die Affinität ist bestimmt durch ihre Achse e_2 und die sich entsprechenden Punkte F_s und F^0, deren Verbindungslinie die Richtung der Affinitätsstrahlen angibt (vgl. 80 Bd. I). Mit Benutzung dieser Affinität ist in der Figur das Bild k_s eines in E gelegenen Kreises k aus der Umlegung k^0 konstruiert.

Zugleich hat unsere Konstruktion den Neigungswinkel ε_2 der Ebene E gegen die Bildebene als $\angle F_0GF''$ ergeben. Ihr Neigungswinkel ε_1 gegen die Grundrißebene wird nach Angabe von e_1 wie früher gefunden (vgl. 77 Bd. I).

17. Zum gleichen Zwecke wie oben wendet man auch die Paralleldrehung einer Ebene E zur Bildebene Π_2 an, und zwar namentlich dann, wenn die Spurlinien nicht bekannt sind, sondern die Ebene durch drei ihrer Punkte A, B, C oder zwei ihrer Geraden gegeben ist. Das Verfahren ist dem in 85 Bd. I angegebenen völlig analog. Eine zur Bildebene Π_2 parallele Hilfsebene Π_3 schneide die Ebene des Dreieckes ABC in der Geraden $a = DE(a_s' \parallel x)$, die wir als Drehachse benutzen, um ABC als $A^\Delta B^\Delta C^\Delta$ in Π_3 umzulegen, worauf das Bild die wahre Gestalt des Dreieckes zeigt (Fig. 9). Zuerst werde A umgelegt. Man fälle von A das Lot AF auf Π_3 $(A_sF_s \parallel A_s'F_s' \parallel y_s$, F_s' auf $a_s')$ und von F das Lot FG auf a $(F_sG_s \perp a_s)$, dann ist AG das von A auf a gefällte Lot.

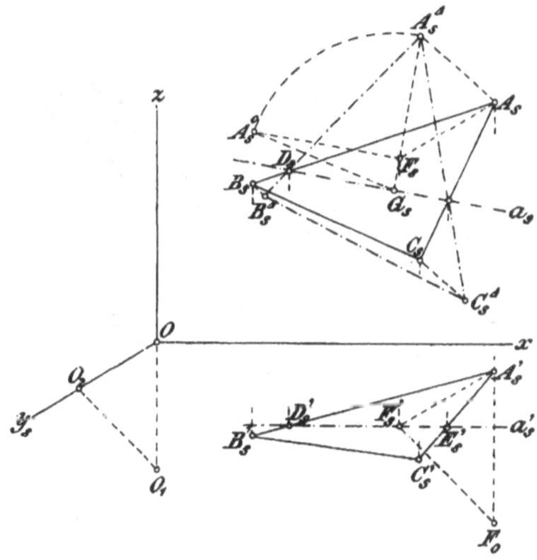

Fig. 9.

Nun ist AG die Hypotenuse in dem $\triangle AFG$ oder in dem $\triangle A_s^0F_sG_s$ $(A_s^0F_s = A_s'F_0)$; trägt man also $A_s^\Delta G_s = A_s^0G_s$ senkrecht zu a_s auf, so ist A_s^Δ das Bild des umgelegten Punktes A. Ist A_s^Δ gefunden, so erhält man das Dreieck $A_s^\Delta B_s^\Delta C_s^\Delta$ als das zu $A_sB_sC_s$ in bezug auf die Achse a_s affin gelegene.

18. Um aus einem gegebenen Punkte P das Lot auf eine Ebene E zu fällen, legt man die zweite projizierende Ebene dieses Lotes l um l'' in die Bildebene Π_2 um $(l'' \perp e_2)$ (Fig. 10). Diese Ebene schneidet E in der Falllinie FG $(\perp e_2)$ und enthält das gesuchte Lot $l = PQ$ $(l \perp FG)$; l'' ist ihre zweite Spur und schneidet e_2 senkrecht in F; das Bild ihrer ersten Spur läuft parallel zu y_s und trifft e_{1s} in G_s. Man erhält hieraus die Umlegungen G^0 von G, P^0 von P und FG^0 von FG. Zieht man durch P^0 die Senkrechte l^0 zu FG^0 und schneidet sie FG^0 und l'' in Q^0 bzw. in L_2, so ist Q^0 die Umlegung von Q und L_2 der zweite Spurpunkt von l; folglich ist $l_s = L_2P_s$ das Bild des gesuchten Lotes und $l_s' = L_2'P_s'$ das Bild seines Grundrisses $(Q^0Q_s \parallel P^0P_s \parallel G^0G_s)$. Das Bild Q_s des Fußpunktes Q liegt auf FG_s, sein Grundrißbild Q_s' senkrecht darunter auf l_s'. Die Strecke P^0Q^0 gibt die wahre Länge von PQ an. — Unser Verfahren kann auch umgekehrt dazu dienen, in einem ge-

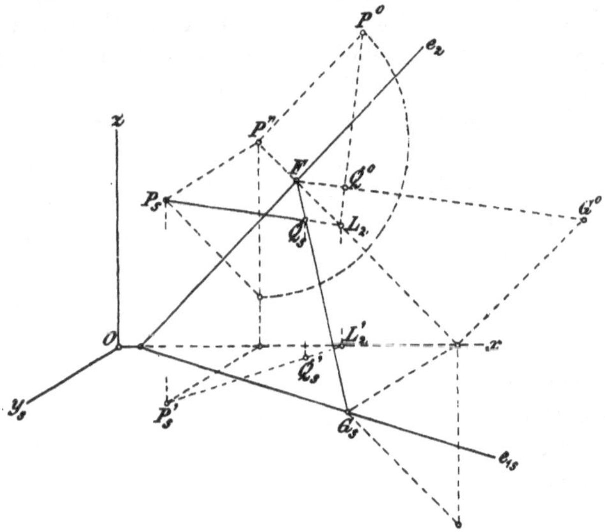

Fig. 10.

gebenen Punkte Q der Ebene E eine Normale QP von vorgeschriebener Länge zu errichten.

19. Von einem Punkte P und einer Geraden g seien die beiderlei Bilder P_s, P_s' und g_s, g_s' gegeben (Fig. 11). Um den senkrechten Abstand PQ des Punktes P von der Geraden g zu zeichnen und seine wahre Länge zu finden, drehen wir die Ebene Pg in eine zur Bildebene parallele Lage. Als Drehachse a ziehen wir die Parallele zu Π_2 durch P, die g (in A) trifft. Ihr Grundrißbild a_s' ist parallel zu x durch P_s' zu ziehen; der senkrecht über $A_s' = a_s' \times g_s'$ auf g liegende Punkt A_s bestimmt mit P_s das Bild a_s der Achse a. In die parallel zur Bildebene durch a gelegte Ebene Π_3 ist die Gerade g mit dem Lote PQ umzulegen. Nach der Drehung erscheinen ihre Bilder g_s^A und $P_sQ_s^A$ zueinander rechtwinklig, und letzteres gibt die wahre Länge PQ an. Die Drehung selbst wird ausgeführt, indem man von irgend einem Punkte B der Geraden g das Lot BC auf die Ebene Π_3 und von dessen Fußpunkt aus das Lot CD auf die Achse a fällt (vgl. 17). Die Hypotenuse eines rechtwinkligen Dreieckes mit den Katheten BC und CD ergibt, von D aus auf DC abgetragen, einen Punkt B^A der umgelegten Geraden g^A, deren schiefes Bild g_s^A zu zeichnen ist. Auf diesem erhält man Q_s^A

$(P_s Q_s^{\Delta} \perp g_s^{\Delta})$ und sodann Q_s durch die Bemerkung, daß $Q_s^{\Delta} Q_s \parallel B_s^{\Delta} B_s$ sein muß. Demnach können beide Bilder $P_s Q_s$ und $P_s' Q_s'$ gezeichnet werden.

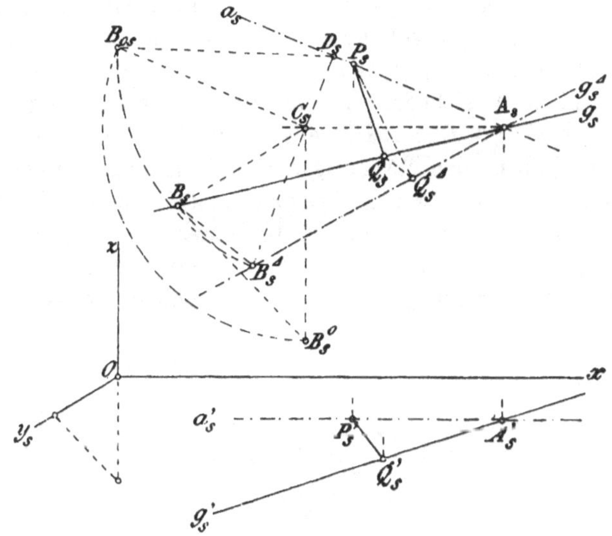

Fig. 11.

20. Den Winkel α zweier gegebenen (sich schneidenden) Geraden g und h bestimmt man am einfachsten, indem man

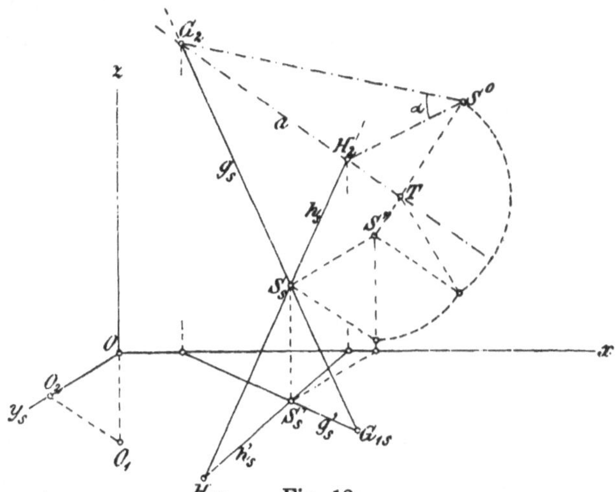

Fig. 12.

in der Bildebene die Verbindungslinie a der Spurpunkte G_2 und H_2 der Schenkel zieht und den Scheitel S des Winkels um a in die

Bildebene niederlegt (Fig. 12). Zu diesem Zwecke hat man das von S auf Π_2 gefällte Lot als $S_s S''$ darzustellen, aus S'' auf a das Lot $S''T$ zu fällen und auf seine Verlängerung von T aus die Strecke TS^0 abzutragen, die der Hypotenuse eines rechtwinkligen, mit den Katheten SS'' und $S''T$ gebildeten Dreieckes gleich ist. Dann ist S^0 der niedergelegte Scheitel S und $\angle\ G_2 S^0 H_2 = \alpha$ der gesuchte Winkel. Ist $G_2 H_2$ nicht erreichbar, so schneide man die Geraden g und h mit einer zu Π_2 parallelen Hilfsebene und lege in diese um.

Die Aufgaben: den **Neigungswinkel einer Geraden** g **gegen eine Ebene** E oder den **Neigungswinkel zweier Ebenen** zu bestimmen, können auf die zuletzt behandelte zurückgeführt werden.

21. Der kürzeste Abstand PQ **zweier gegebener Geraden** g **und** h. Sind g_s, g_s' und h_s, h_s' gegeben, so ziehe man die

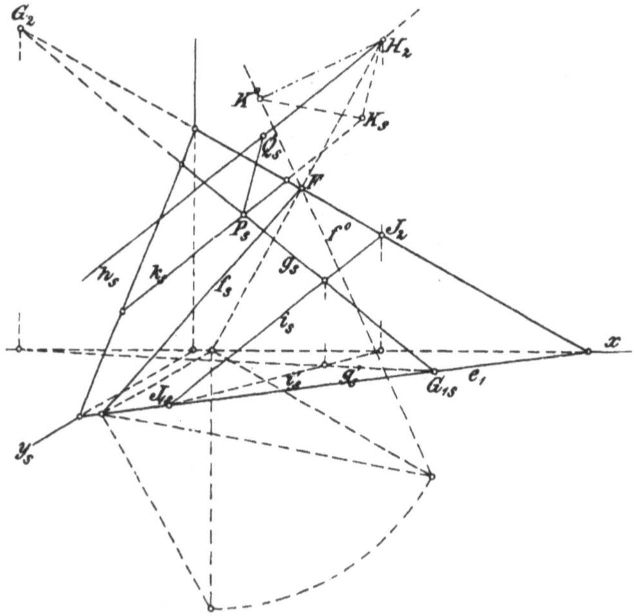

Fig. 13.

zu h parallele Gerade i, indem man $i_s' = h_s'$ und $i_s \times g_s$ senkrecht über $h_s' \times g_s'$ annimmt (Fig. 13). Hierauf bestimme man die Spuren e_1 und e_2 der Verbindungsebene $\mathsf{E} = g\,i$ durch $e_{1s} = G_{1s} J_{1s}$ und $e_2 = G_2 J_2$. Durch einen Punkt von h, z. B. durch den Spurpunkt H_2, lege man eine Ebene Δ normal zu e_2; sie enthält das von H_2 auf E gefällte Lot $H_2 K$, und dieses hat bereits die Richtung und Länge des gesuchten gemeinsamen Lotes PQ der Geraden g und h. Legt man Δ um seine zu e_2 senkrechte Bildspur in die Bildebene um, so ergibt sich die Umlegung f^0 der zu e_2 senkrechten Falllinie $\mathsf{E} \times \Delta = f$ und als Normale zu ihr die Umlegung $H_2 K^0$ von $H_2 K$ und hieraus K_s auf f_s ($K_s K^0$ läuft parallel zur Verbindungslinie des ersten Spurpunktes von f mit seiner Umlegung). Zieht man durch K_s die Parallele k_s zu h_s, so stellt sie die senkrechte Projektion von h auf die Ebene $\mathsf{E} = gi$ dar und schneidet g_s in P_s. Durch P_s ist das Bild $P_s Q_s$ der gemeinsamen Normalen PQ von g und h parallel zu $H_2 K_s$ zu ziehen; $H_2 K^0$ gibt ihre wahre Länge an.

Es mag genügen, die wichtigsten metrischen Aufgaben in schiefer Projektion gelöst zu haben. Man wird daraus erkennen, daß es nur weniger Abänderungen und Zusätze bedarf, um die früher (71—91 Bd. I) für die orthogonale Parallelprojektion entwickelten Methoden auf alle ähnlichen elementaren Probleme auszudehnen, deren Lösung in schiefer Projektion verlangt wird.

22. Die Prinzipien, die zur Konstruktion des wahren und scheinbaren Umrisses eines gegebenen Objektes, sowie seiner Eigen- und Schlagschatten bei Parallelbeleuchtung führen (und die man in 151—153, 328, 329, 364, 365, 372—374 Bd. I angegeben findet), gelten für jede Parallelprojektion, also auch für unser jetziges Darstellungsverfahren. Nimmt man statt der Parallelbeleuchtung eine Zentralbeleuchtung an, so erfahren die Konstruktionen einige leicht zu übersehende Abänderungen. In jedem Falle hat man zuerst die Lichtgrenze (den wahren Umriß) des Objektes zu bestimmen, hierauf suche man seinen Schlagschatten (scheinbaren Umriß) in der Grundrißebene bzw. in der Bildebene und zuletzt den Schlagschatten des Objektes auf sich selbst. Bei der Ausführung in schiefer Projektion beachte man die folgenden Sätze:

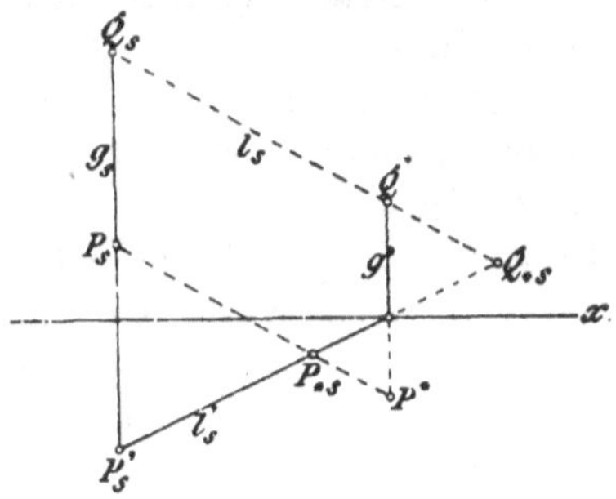

Fig. 14.

Ist ein Punkt P durch P_s, P_s' gegeben und sind l_s, l_s' die Bilder des ihn enthaltenden Lichtstrahles bzw. seines Grundrisses, so ist l_s' das Bild des Grundrißschattens der Vertikalen $g = PP'$, und ihr Schatten g^* auf die Bildebene geht durch $l_s' \times x$ rechtwinklig zur x-Achse, folglich ist $Q_{*s} = l_s \times l_s'$ das Bild des Grundrißschattens von Q und $Q^* = l_s \times g^*$ sein Schatten auf die Bildebene. Sind die Lichtstrahlen parallel, so sind l_s und l_s' durch ihre gegebenen Richtungen und die Punkte P_s bzw. P_s' bestimmt (Fig. 14). Kommen die Lichtstrahlen aus einem gegebenen Punkte L, so sind l_s und l_s' als Verbindungslinien $L_s P_s$ bzw. $L_s' P_s'$ bestimmt.

Anwendungen der schiefen Projektion.

23. Wir gehen dazu über, das Verfahren der schiefen Projektion auf einige Beispiele anzuwenden und betrachten zuerst ebenflächige Körper mit ihren Schatten.

Ein regelmäßiges Zwölfflach sei durch eine seiner fünfeckigen Seitenflächen, die in der Grundrißebene liegen mag, gegeben. Nach 129 Bd. I bestimmt man leicht seinen vollständigen Grundriß und die ersten Tafelabstände seiner Eckpunkte. Indem man hierauf die Grundrisse der Ecken durch die schiefe Projektion abbildet und von den Bildern aus in vertikaler Richtung die bezüglichen Tafelabstände abträgt, gelangt man zu den Bildern aller 20 Ecken des Dodekaëders und hat nur noch seine Kanten auszuziehen. In Fig. 15 ist die Kante 1,2 der untersten Seitenfläche parallel zur x-Achse gewählt. Man konstruiert ferner die Schatten der Ecken des Zwölfflachs auf die Grundriß- bzw. Bildebene nach 22 unter der Annahme paralleler Lichtstrahlen (l_s, l_s'). Die Lichtgrenze auf dem Zwölfflach wird von einem windschiefen Zehneck mit den Ecken 1, 2, 7, 13, 18, 19, 20, 15, 10, 5 gebildet, dessen Gegenseiten wiederum parallel sind. Zu seinen Ecken gehören die Punkte 1, 19, in denen l_s das Bild des Körpers, sowie die Punkte 10, 13, in denen l_s' das Grundrißbild streift. Dieser Schatten wird unter Umständen an der x-Achse gebrochen sein. Der Aufrißschatten ist zu dem (über die x-Achse hinweg fortgesetzten) Grundrißschatten affin (Affinitätsachse x, Affinitätsstrahl l_s) und ist hierdurch bestimmt. — Neben dem Dodekaëder stehe auf der Grundrißebene eine gerade Pyramide mit regelmäßiger sechseitiger Basis, die leicht in schiefer Projektion gezeichnet wird. Zieht man durch das Bild S_s der Spitze und ihr Grundrißbild S_s' die Geraden l_s und l_s', so schneiden sie sich im Bilde S_{*s} ihres Grundrißschattens. Die Lichtgrenze auf der Pyramide wird von zwei Kanten SB und SE gebildet, deren Basispunkte B, E mit S_* verbunden die Grenzen des Schlagschattens liefern. Ihre Bilder überschneiden das von den Grundrißschattenbildern der Dodekaëderkanten gebildete Netz. Geht man von den Schnittpunkten in Parallelen zu l_s bis zu den Bildern der Kanten selbst zurück, so erhält man die Bilder der Eckpunkte des Schlagschattens der Pyramide auf das Zwölfflach. Um dabei auch den Schatten der Spitze

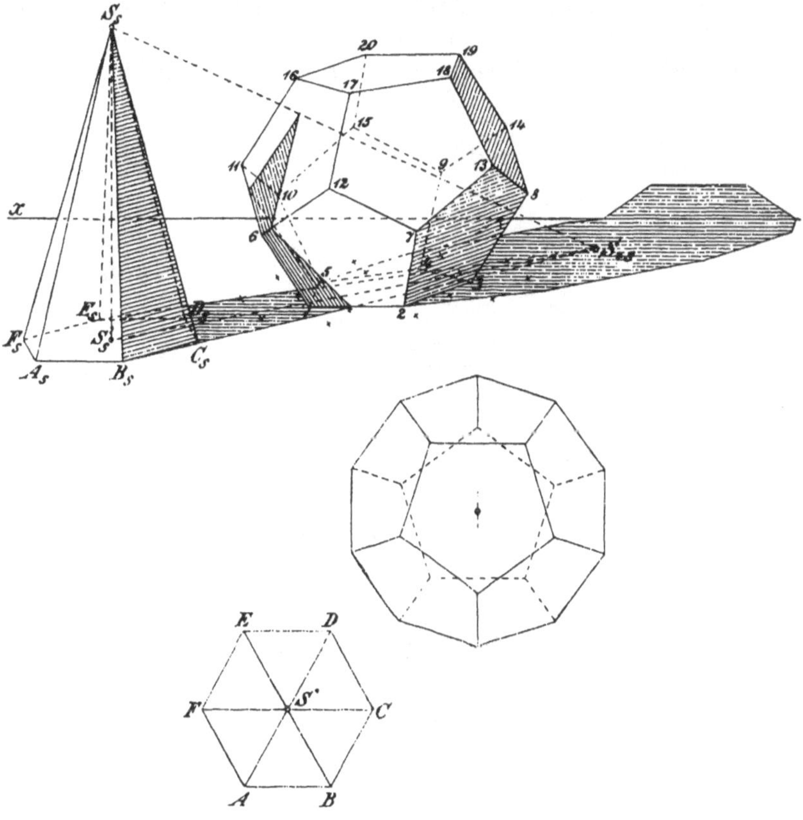

Fig. 15.

zu erhalten, benutzt man die Schatten der über S hinaus verlängerten Kanten BS und ES auf die Kante 16, 17.

24. Darstellung eines geraden Kreiszylinders, dessen Grundkreis in Π_1 liegt (Fig. 16). Sei A der Mittelpunkt des in Π_1 gegebenen Grundkreises k und A_s sein Bild, so erhält man zuerst k_s, das Bild des Grundkreises, als eine zu k affin gelegene Ellipse; die Affinitätsachse ist die x-Achse; A und A_s sind ein Paar affiner Punkte.

Der wahre Umriß des Zylinders für die schiefe Projektion besteht aus zwei Mantellinien, deren Verbindungsebene die Zylinderachse a enthält und auf dem Grundriß o' jedes Sehstrahles o senkrecht steht. Man findet die ersten Spurpunkte B und C der fraglichen Mantellinien als Endpunkte des zu o' senkrechten Durchmessers von k. Durch ihre Bilder B_s und C_s zieht man zwei vertikale Linien, die den scheinbaren Umriß bilden. Sie berühren in diesen Punkten die Bildellipse k_s und schneiden x in zwei Punkten, die mit B bzw. C auf Parallelen zu o' liegen. Der zu $B_s C_s$ konjugierte Durchmesser

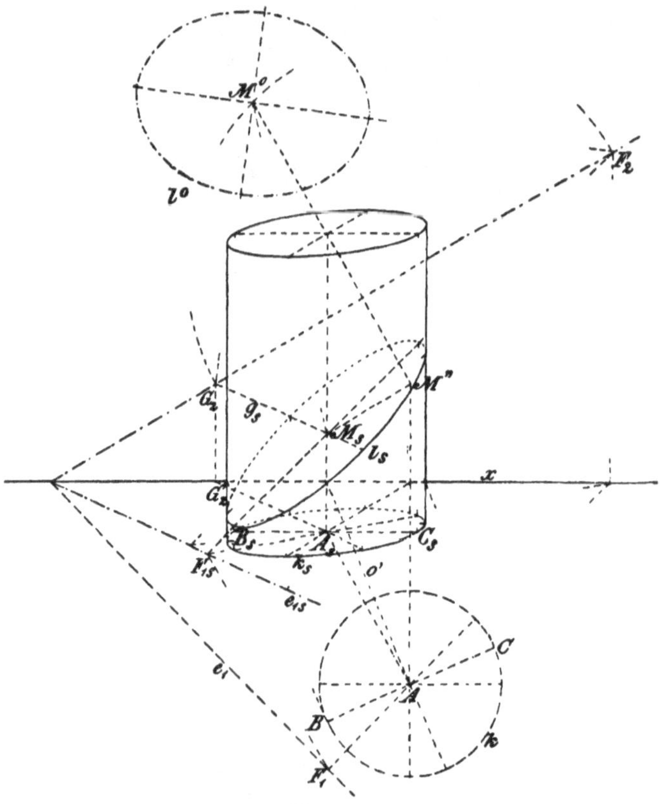

Fig. 16.

von k_s deckt sich mit dem Bilde der Zylinderachse; seine Endpunkte sind affin zu den Endpunkten des Durchmessers o' von k.

Um den Schnitt l des Zylinders mit einer durch die Spuren e_{1s} und e_2 bestimmten Ebene E darzustellen, suche man zwei konjugierte Durchmesser der Schnittellipse, z. B. die Durchmesser in den Vertikalebenen durch BC und durch o'. Zunächst ergibt sich der Mittelpunkt M von l mittels einer Hauptlinie g von E ($g_s \parallel g_s' \parallel e_{1s}$, g_s' durch A_s). Die Verbindungslinie des Schnittpunktes von $B_s C_s$ und e_{1s}

mit M_s liefert die Berührungspunkte von l_s mit dem Zylinderumriß. Der hierzu konjugierte Durchmesser von l_s fällt auf das Bild der Zylinderachse. Die zu dem ersteren Durchmesser parallelen Tangenten in den Endpunkten des letzteren und die zu $B_s C_s$ parallelen Tangenten von k_s treffen sich auf e_{1s}.

Die Achsen der Schnittellipse l liegen auf einer Hauptlinie g und einer Falllinie f von E. Die Konstruktion ihrer Spurpunkte G_2, F_2, F_{1s} und ihrer Projektionen g_s', g_s, f_s', f_s ist ohne weiteres klar; die Bilder der Achsenendpunkte liegen senkrecht über den entsprechenden Punkten von k_s. Die wahre Gestalt der Schnittkurve l erhält man durch ihre Umlegung in die Bildebene um e_2. Bei der Ausführung fällt man zuerst von M das Lot MM'' auf Π_2 (im Bilde $M_s M''$) und zieht durch M'' die Normale zu e_2; ihr Schnittpunkt M^0 mit einem über dem Durchmesser $F_2 G_2$ geschlagenen Kreis bildet die Umlegung von M ($\angle F_2 M^0 G_2 = R$). Die weitere Konstruktion folgt aus der Affinität von l_s' und l^0 (Achse e_2).

Die Kurven k, k_s, l_s und l^0 sind paarweise affin; entsprechende Punkte sind A, A_s, M_s, M^0, entsprechende Geraden sind die Parallelen zu x durch A und A_s und die Parallelen zu e_2 durch M_s und M^0. Je zwei dieser vier Geraden schneiden sich in einem Punkt der bezüglichen Affinitätsachse, die außerdem den Punkt $x \times$ E enthält.

Um Eigen- und Schlagschatten des Zylinders für Parallelbeleuchtung zu bestimmen, denke man sich einen (etwa die Zylinderachse treffenden) Lichtstrahl l durch sein Bild l_s und das Bild l_s' seines Grundrisses gegeben. Die Lichtgrenze auf dem Zylinder besteht aus zwei Mantellinien, deren Bilder das Bild k_s des Grundkreises in den Endpunkten des zu l_s' konjugierten Durchmessers treffen; die Bilder der Schattengrenzen im Grundriß sind die in diesen Punkten an k_s gezogenen Tangenten, also parallel zu l_s', usw. Die Schattenkonstruktion ist in die Figur nicht eingetragen.

25. Darstellung eines geraden Kreiskegels, dessen Grundkreis in Π_1 liegt (Fig. 17). Die Abbildung des Grundkreises k (Zentrum A) wird genau wie bei der vorigen Aufgabe erhalten. Der wahre Umriß des Kegels für die schiefe Projektion besteht aus den beiden Mantellinien, deren Tangentialebenen den durch die Spitze S gezogenen Sehstrahl o enthalten. Sei S_1 der erste Spurpunkt desselben; die ersten Spurpunkte B und C jener Mantellinien findet man dann auf der Polare von S_1 in bezug auf k. Die Affinität zwischen k und k_s liefert die Punkte B_s und C_s und damit die Mantellinien des scheinbaren Umrisses $S_s B_s$ und $S_s C_s$, die k_s berühren. Zieht man die Linien $S_1 B$ und $S_1 C$, die den Kreis k berühren, so schneiden sie auf der x-Achse Punkte der **scheinbaren Umrißlinien** des Kegels aus.

Zur Bestimmung der Eigen- und Schlagschattengrenzen werde durch die Spitze S des Kegels ein Lichtstrahl l gezogen und sein Spurpunkt in Π_1 durch S_*, sowie dessen Bild durch S_{*s} bezeichnet. Die Tangentialebenen durch l an den Kegel berühren ihn in den

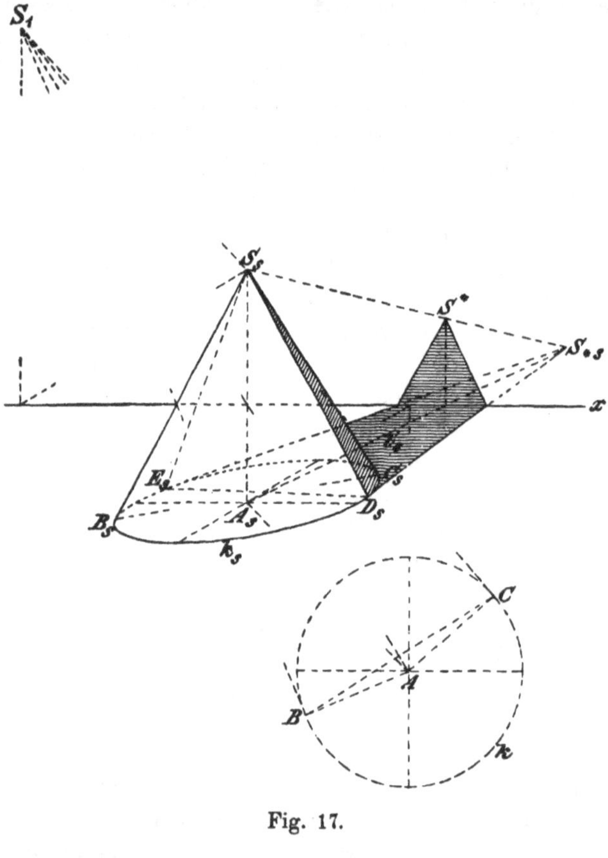

Fig. 17.

Mantellinien SD und SE seiner Lichtgrenze; ihre ersten Spurlinien sind daher die aus S_* an k gelegten Tangenten. Die Sehne DE ist somit die Polare von S_* in bezug auf k; ebenso ist D_sE_s die Polare von S_{*s} in bezug auf k_s. Die Tangenten $S_{*s}D_s$, $S_{*s}E_s$ begrenzen im Bilde den Grundrißschatten. In der Figur erscheint derselbe an der x-Achse gebrochen und im Aufriß fortgesetzt. Die Vertikale durch den Punkt $l_s' \times x$ trifft l_s in dem Schatten S^* der Spitze S auf Π_2. Die Konstruktion gilt gleichmäßig für parallele oder zentrale Beleuchtung; im Falle der letzteren verbindet der Lichtstrahl l den leuchtenden Punkt L mit der Spitze S.

26. Um in schiefer Projektion die Abbildung einer auf der Grundrißebene Π_1 liegenden Kugel mit ihren Eigen- und Schlagschattengrenzen (für parallele Lichtstrahlen) zu erhalten, denkt man sich am einfachsten die Bildebene Π_2 durch den Kugelmittelpunkt M gelegt (Fig. 18). In dieser ziehen wir zwei Durchmesser, den vertikalen AB und den horizontalen CD, und bilden den

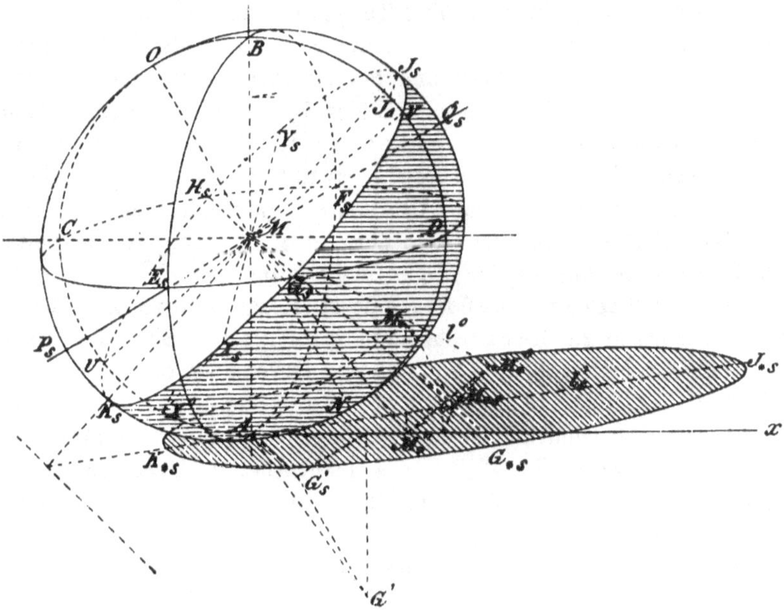

Fig. 18.

auf Π_2 senkrechten Durchmesser EF als E_sF_s ab. Die Kugel schneidet die Ebene Π_2 in dem Hauptkreise $m = ADBC$ und berührt Π_1 in dem Punkte A. Die durch EF horizontal bzw. vertikal gelegten Ebenen schneiden die Kugel in zwei weiteren Hauptkreisen n und k, deren Bilder als Ellipsen mit den konjugierten Durchmessern CD und E_sF_s, bzw. AB und E_sF_s bestimmt werden. — Der wahre Umriß der Kugel für die schiefe Projektion ist ein Hauptkreis u, dessen Ebene auf dem Sehstrahl $o = EE_s$ senkrecht steht. Der Durchmesser NO von u liegt in der Bildebene ($NO \perp o''$, $o'' = E_sM$) und ist zugleich die kleine Achse des scheinbaren Umrisses u_s. Seine große Achse P_sQ_s ist das Bild des Durchmessers PQ von u, der auf

NO senkrecht steht. Die in $E_s M$ normal zu Π_2 errichtete Ebene enthält sowohl o als auch PQ; durch ihre Umlegung in die Bildebene ergibt sich zunächst $o_0 = NE_s$ und dann der umgelegte Durchmesser $P_0 Q_0$ rechtwinklig zu o_0. Die durch P_0 und Q_0 parallel zu o_0 gezogenen Strahlen schneiden auf $E_s F_s$ die Punkte P_s und Q_s aus. Für die gesuchte Halbachse der Ellipse u_s gilt auch $MP_s = NE_s$, denn die Dreiecke $NE_s M$ und $MP_s P_0$ sind kongruent, und folglich sind E_s und F_s die Brennpunkte von u_s. Die Umrißellipse u_s berührt die Bilder der drei Hauptschnitte k, m, n in je zwei diametral gegenüberliegenden Punkten; ihre Tangenten sind in diesen Punkten bzw. parallel zu x, y_s und z, da die geraden Kreiszylinder durch k, m, n die Kugel berühren und folglich gleiches für ihre Umrisse gilt. Die Berührungssehnen der Bilder k_s, m, n_s mit dem scheinbaren Umriß u_s sind nichts anderes als die Bilder der Spuren der Umrißebene mit den Ebenen von k, m und n. Man zeichne daher das Spurendreieck einer zur Umrißebene parallelen Ebene; dann sind jene Berührungssehnen bzw. parallel zu den Bildern der Seiten des Spurendreieckes (in der Figur nicht gezeichnet).

Die Lichtgrenze auf der Kugel ist der Hauptkreis v, dessen Ebene senkrecht zur Lichtstrahlrichtung steht. Sein Bild, die Ellipse v_s, bestimmt man aus zwei konjugierten Durchmessern, denen rechtwinklige des Kreises v entsprechen. Wir ziehen einen Lichtstrahl l durch das Kugelzentrum M uud bestimmen seinen Spurpunkt M_* in Π_1 sowie dessen Bild M_{*s}. Zwei rechtwinklige Durchmesser UV und XY von v finden sich in der Bildebene selbst und in der senkrecht zu ihr durch l gelegten Ebene. UV ist rechtwinklig zu $l'' = MM_*''$). Legt man l um l'' nach l^0 in die Bildebene um, so gelangt MX in die zu l^0 rechtwinklige Lage MX^0 ($l^0 = MM_*^0$, $M_*'' M_*^0 = M_*'' M_*$ und $\perp MM_*''$). Man findet demnach MX_s aus der Bemerkung, daß die betrachtete Figur sowohl zu ihrer Umlegung als auch zu ihrem Bilde affin liegt und zwar beide Male in bezug auf die Achse l''; es sind also auch Umlegung und Bild, z. B. M_*^0 und M_{*s}, X^0 und X_s affin. Sind die konjugierten Durchmesser UV und $X_s Y_s$ von v_s bestimmt, so erhält man die Grundrisse $U' V'$ und $X_s' Y_s'$; erstere liegen auf x, letztere ergeben sich aus $X_s Y_s$ und $X'' Y''$ ($X^0 X'' \perp l''$, X'' auf l''). Die Bilder der zugehörigen Grundrißschatten findet man dann nach 22; sie bilden konjugierte Durchmesser der Ellipse v_{*s}, also des Bildes der Schlagschattengrenze in Π_1. — Ein zweites Verfahren zur Darstellung der Eigen- und Schlagschattengrenzen der Kugel geht von den rechtwinkligen Durchmessern GH und JK des Kreises v aus, von denen der erste in der horizontalen Diametralebene, der andere in der senkrecht zu ihr durch l gelegten Ebene gefunden wird ($JK \perp l$). Der Grundriß $A\,G'$ des Halbmessers MG ist senkrecht zu $M_* A (= l')$ zu ziehen und ergibt sofort G_s' und G_s. Legt man ferner die Ebene AMM_* durch Drehung in die Bildebene um, wobei M_* in $M_{*\Delta}$ auf x übergehen mag ($AM_{*\Delta} = AM_*$), so nimmt J die Lage J_Δ auf dem Kreise $ADBC$ ein, für welche $MJ_\Delta \perp MM_{*\Delta}$ ist; das Bild J_s entspricht dem Punkte J_Δ ebenso wie M_{*s} dem Punkte $M_{*\Delta}$ durch Affinität in bezug auf die Achse AB. Was die Bilder der Grundrißschatten der Durchmesser GH und JK betrifft, so ist $G_{*s}H_{*s} \# G_s H_s$ und $J_{*s}K_{*s}$ liegt auf l_s' ($J_s J_{*s} \parallel K_s K_{*s} \parallel l_s$). Die Ellipsen v_s und v_{*s} sind perspektivaffin; die Achse ist durch den Schnittpunkt $J_s K_s \times l_s'$ parallel zu $G_s H_s$ zu ziehen.

27. Wir geben im folgenden Darstellungen der Flächen 2. Grades in schiefer Projektion, indem wir ihre Achsen bzw. die in ihren Symmetrieebenen gelegenen Hauptschnitte als bekannt voraussetzen (vgl. 162 Bd. III).

Ein Ellipsoid sei durch seine Halbachsen OX, OY, OZ gegeben, von denen wir OX und OZ in der Bildebene selbst annehmen, während OY durch das Bild OY_s (nach Annahme eines bestimmten Verkürzungsverhältnisses) fixiert wird (Fig. 19). Es sind dann OY_s und OZ, OZ und OX, OX und OY_s Paare konjugierter Durchmesser für drei Ellipsen l_s, m, n_s, welche die Hauptschnitte des Ellipsoides darstellen. Der wahre Umris u des Ellipsoides liegt in der zur

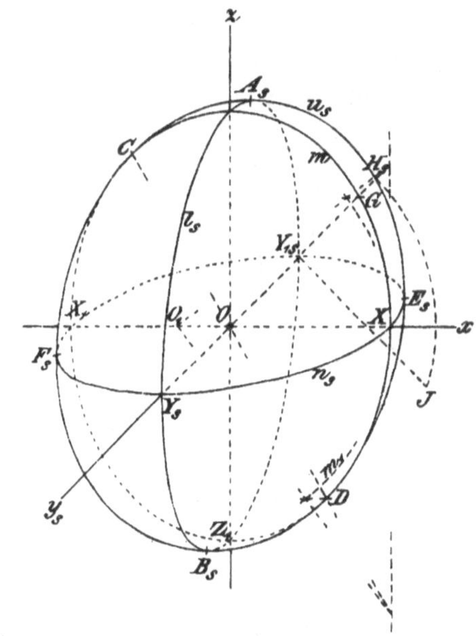

Fig. 19.

Sehstrahlrichtung konjugierten Diametralebene; der scheinbare Umriß u_s ist ebenso wie die Ellipsen l_s, m, n_s aus konjugierten Durchmessern bestimmt, die nach 209 Bd. III gefunden werden. Die Ellipse u_s berührt in den Endpunkten ihrer zu x, y_s und z konjugierten Durchmesser die Ellipsen l_s, m, n_s, woraus die Berührungspunkte auf den letzteren leicht konstruiert werden. Man findet z. B. für die

Ellipse m den Halbmesser OG auf y_s und seinen konjugierten Halbmesser OD mit Hilfe eines affinen Kreises, der um O_1 (auf x) mit dem Radius $O_1X = OZ$ geschlagen ist; die Affinitätsachse geht durch X parallel zu z, die Affinitätsstrahlen liegen parallel zu x. Ist noch $Y_{1s}J$ rechtwinklig zu y_s und gleich OG, ferner OH_s auf y_s gleich OJ, so sind OD und OH_s konjugierte Halbmesser von u_s.

28. Ein einschaliges Hyperboloid sei durch seine beiden reellen Halbachsen OX und OY und die imaginäre Halbachse OZ gegeben. Wir benutzen die Ebene OXZ als Bildebene und stellen OY in schiefer Projektion als OY_s dar (Fig. 20). OY_s und OZ sind konjugierte Halbmesser der Hyperbel l_s, die als Bild des zu x normalen Hauptschnittes l auftritt; ihre Asymptoten haben die Richtungen der Diagonalen des aus OY_s und OZ (als Seiten) gebildeten Parallelogrammes. OZ und OX bilden die imaginäre, bzw. reelle Halbachse der in der Bildebene selbst gelegenen Hauptschnitthyperbel m. Die Asymptotenpaare der Kurven l und m bilden die entsprechenden Hauptschnitte des Asymptotenkegels unseres Hyperboloides. Der zu z normale Hauptschnitt n wird durch die Ellipse n_s dargestellt, für welche OX und OY_s konjugierte Halbmesser sind. Die Querschnitte, normal zu z, die das Hyperboloid und seinen Asymptotenkegel unten und oben begrenzen, werden durch Ellipsen dargestellt, die zu n_s ähnlich und ähnlich gelegen sind. Die zur Sehstrahlrichtung konjugierte Diametralebene schneidet das Hyperboloid in dem wahren Umriß u, einer Hyperbel, und den Asymptoten-

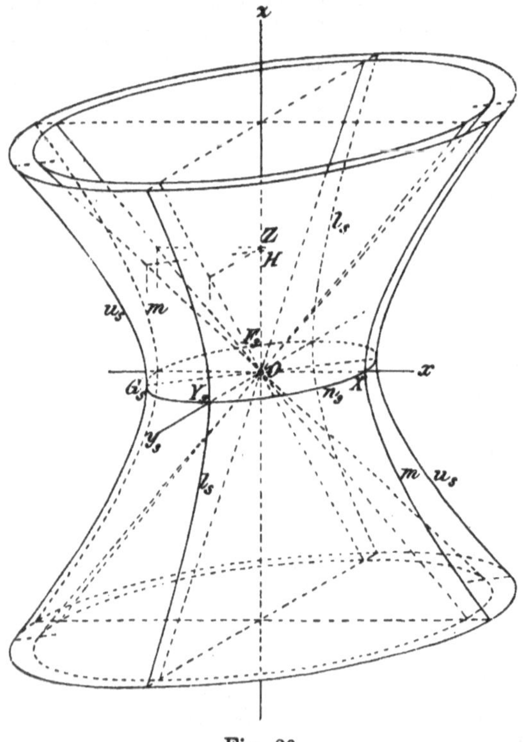

Fig. 20.

kegel in den zugehörigen Asymptoten, die den wahren Umriß dieses Kegels bilden. Den scheinbaren Umriß u_s (und seine Asymptoten) bestimmt man aus konjugierten Durchmessern, die nach 213 Bd. III gefunden werden. Man findet zuerst in der Ellipse n_s den auf z gelegenen Halbmesser OF_s und seinen konjugierten OG_s. Macht man sodann OH auf Z gleich der Kathete eines rechtwinkligen Dreiecks, dessen Hypotenuse gleich OZ und dessen andere Kathete gleich OF_s ist, so bilden OG_s und OH konjugierte Halbmesser der Hyperbel u_s.

29. Ein zweischaliges Hyperboloid habe OX und OY als imaginäre und OZ als reelle Halbachse; wir stellen die Achsen wie vorher dar (Fig. 21). Dann sind OY_s und OZ, bzw. OX und OZ konjugierte Halbmesser bzw. Halbachsen der Hyperbeln l_s und m, welche die zu x und y normalen Hauptschnitte darstellen; der dritte Hauptschnitt ist imaginär. Die Asymptotenpaare der Hauptschnitte bilden wiederum die entsprechenden Hauptschnitte des Asymptotenkegels, der hiernach bestimmbar ist. Die zu z normalen Querschnitte, welche das Hyperboloid und seinen Asymptotenkegel unten und oben begrenzen, sind Ellipsen und zu der aus den konjugierten Halbmessern OX und OY_s konstruierbaren Ellipse ähnlich und ähnlich gelegen. Der wahre und der scheinbare Umriß werden von Hyperbeln u und u_s gebildet; die letztere konstruiert man nach 213 Bd. III. Man findet die konjugierten Halbmesser OG_s und OH von u_s genau wie beim einschaligen Hyperboloid, nur ist jetzt OG_s ein imaginärer und OH ein reeller Durchmesser.

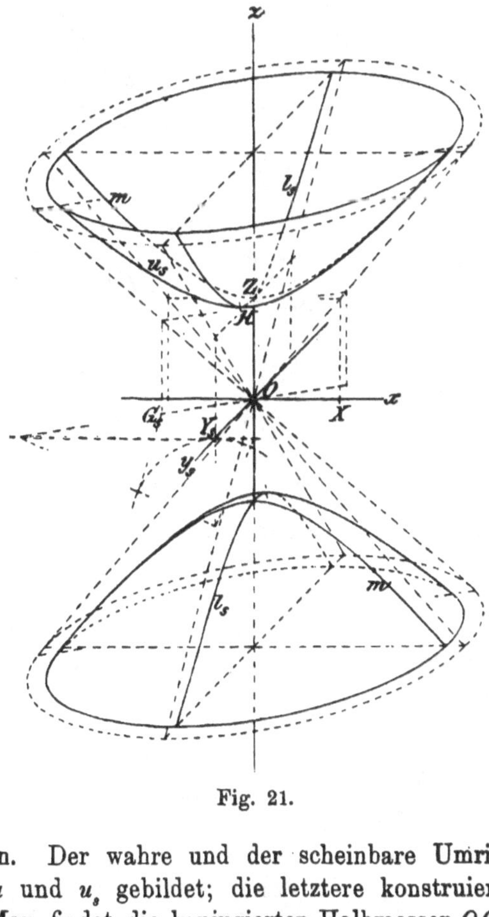

Fig. 21.

30. Wir schalten eine Überlegung ein, die sich auf die Aufgabe bezieht: eine Parabel zu zeichnen, wenn zwei ihrer Punkte P und Q, di'e Tangente t in P und ein Durchmesser d gegeben sind (Fig. 22). Zieht man durch den Mittelpunkt M der Sehne PQ eine Parallele zu d, so trifft sie t in W und QW ist die Parabeltangente in Q. Ist nun S der Scheitel, UV die Scheiteltangente und T der Schnittpunkt der Achse mit PQ, so ist $TUWV$ ein Parallelogramm (vgl. 263 Bd. I) und TW halbiert UV, sowie die dazu parallele Strecke PR, wo R auf QW liegt. Man zeichne also MW, WQ und $PR \perp MW$; halbiert man PR in N, so ist $T = PQ \times WN$

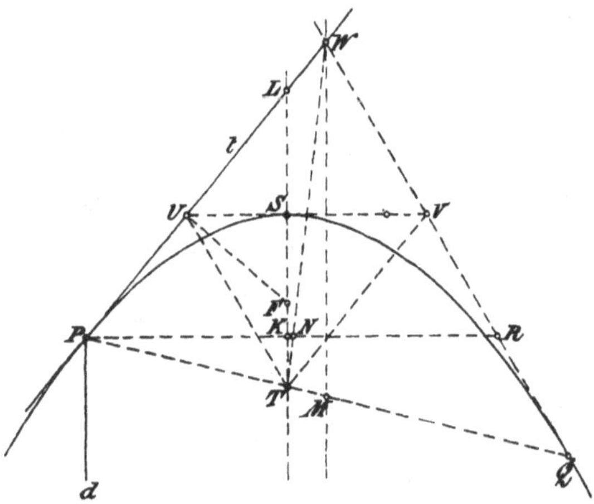

Fig. 22.

ein Punkt der Achse und der Scheitel S ist der Mittelpunkt der Strecke KL, wenn die Achse die Linien PR und t bzw. in K und L schneidet. Der Brennpunkt F liegt auf der zu LU senkrechten Geraden UF; denn nach 92 Bd. III liegen die Fußpunkte der vom Brennpunkte auf die Parabeltangenten gefällten Lote auf der Scheiteltangente.

31. Ein elliptisches Paraboloid werde durch seine in Π_3 bzw. Π_2 gelegenen Hauptschnitte l und m gegeben; es sind dies zwei Parabeln, die auf derselben Seite von Π_1 liegen, deren Achsen mit der Flächenachse z und deren Scheitel mit dem Flächenscheitel O zusammenfallen (Fig. 23). Wir wählen auf z außerhalb der Fläche einen Punkt K, dessen Polarebene die z-Achse in S ($OS = OK$, vgl. 262 Bd. I) und das Paraboloid in der Ellipse k schneidet; durch k denken wir uns die Fläche begrenzt. Die Parabeln l und m kann man sich etwa durch ihre (auf z gelegenen) Brennpunkte F und G

in Verbindung mit den übrigen Angaben bestimmt denken. Man konstruiert dann leicht die Parabeln l und m, sowie von ersterer das Bild l_s, insbesondere aber ihre zu der z-Achse normalen Sehnen durch S, nämlich AB und CD (bzw. das Bild $C_s D_s$). Wird H auf x so gewählt, daß $\angle KHG = R$ ist, so ist $SA = 2 . OH$. Analog ist $SC_s = 2 . OJ_s$, wenn J auf y und $\angle KJF = R$. AB und $C_s D_s$ bilden konjugierte Durchmesser der Ellipse k_s, die hiernach konstruierbar ist. Liegen L und M_s auf AB bzw. $C_s D_s$ unendlich fern und ist N der unendlich ferne Punkt der z-Achse (also auch der des Paraboloides), so hat man die zu den Richtungen SL und SM_s konjugierten Durchmesser NP bzw. NQ der Parabeln l_s und m, sowie die Polare UV von K in bezug auf die Ellipse k_s zu konstruieren. Nach 202 Bd. III sind dann N, P, Q, U, V Punkte der Parabel u_s, die den scheinbaren Umriß unserer Fläche bildet; P ist ihr Scheitel und ihre Achse liegt parallel zu z. Hiernach kann u_s gezeichnet werden.

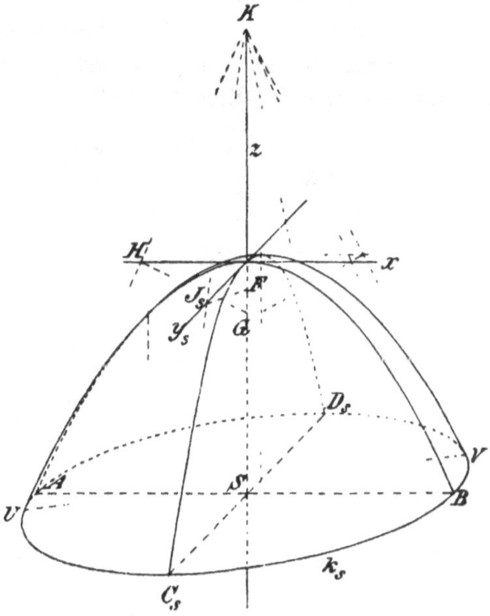

Fig. 23.

32. Ein hyperbolisches Paraboloid sei durch seine beiden Hauptschnittparabeln l und m in den Ebenen Π_3 bzw. Π_2 gegeben. Der Flächenscheitel bilde den Ursprung O und Π_1 sei die zugehörige Tangentialebene. Von den Parabeln l und m seien die Brennpunkte F und G auf z gegeben; aus ihnen werden l und m, sowie das Bild l_s konstruiert (Fig. 24). Wir wählen auf der z-Achse zwei von O gleichweit entfernte Punkte J und K. Die Polarebene von K geht parallel zu Π_1 durch J und schneidet das Paraboloid in einer Hyperbel k; ihre Scheitel C und D sind die Schnittpunkte der Parabel l mit der Polare des Punktes K und werden ebenso wie in 31 dargestellt. Ferner ziehe man die Polare von J in bezug auf m durch K parallel zu x und bestimme auf ihr in analoger Weise die Punkte A und B

der Parabel *m*. — Je zwei zur Ebene Π_3 parallele Schnitte unserer Fläche sind kongruente Parabeln, denn sie liegen zugleich auf einem Zylinder (142, 149 Bd. III). In den durch *A* und *B* gelegten Parallelebenen zu Π_3 findet man daher die zu *l* kongruenten Parabeln *n* und *o*; ihre Bilder sind kongruent zu l_s, die Achsen parallel zu *z* und ihre Scheitel entsprechen sich in derselben Weise wie die Punkte *O* und *A* bzw. *B*. Wir denken uns das hyperbolische Paraboloid durch die Kurven *k*, *n* und *o* begrenzt. Die von *A* bzw. *B* auf die *x*-Achse gefällten Lote sind gleich *OJ*; die durch ihre Fuß-

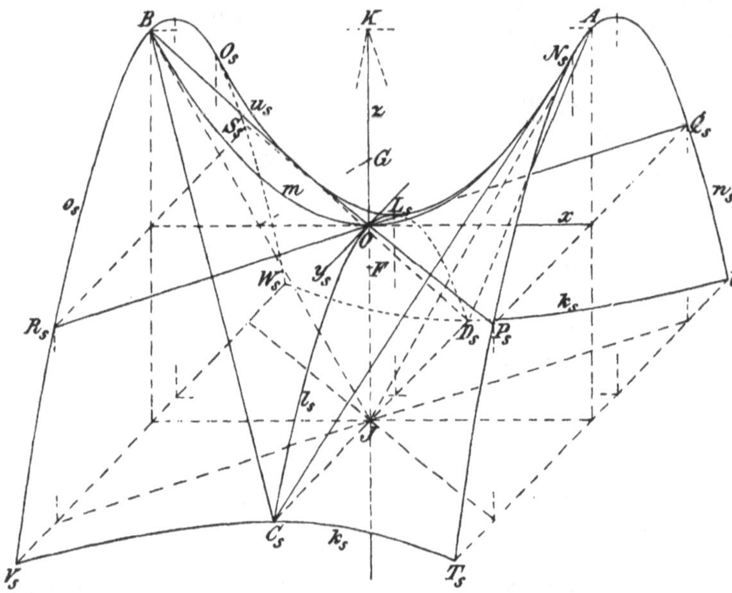

Fig. 24.

punkte parallel zu *y* gezogenen Sehnen *PQ* und *RS* von *n* bzw. *o* liegen in Π_1 und sind gleich *CD*. Daher bilden die Linien *PS* und *QR* den Schnitt der Fläche mit der Tangentialebene in *O*, da je drei ihrer Punkte auf dieser liegen. Ferner ist *APCO* ein Parallelogramm, dessen Ecken der Fläche angehören, und da die eine Diagonale *OP* auf ihr liegt, gilt dies auch von der anderen *AC*. Ebenso sind *CB*, *BD*, *DA* Erzeugende des Paraboloides; *AC*, *QR*, *DB* gehören der einen Schar von Erzeugenden an, *AD*, *PS*, *CB* der anderen. Die Bilder dieser sechs Geraden sind in die Figur eingetragen. Die Parallelen durch *J* zu *PS* und *QR* bilden die Asymptoten der Hyperbel *k*; zu ihnen sind die Grundrisse beider Erzeugendenscharen parallel.

Es bleibt noch übrig, die zu den Richtungen von x bzw. y_s konjugierten Durchmesser der Parabeln l_s und m zu bestimmen. Ersterer endigt in dem Scheitel L_s von l_s, letzterer in dem Punkte M von m. Nach 202 Bd. III sind dann L_s und M Punkte des scheinbaren Umrisses der Fläche, nämlich einer Parabel u_s, und zwar ist L_s ihr Scheitel und ihre Achse ist parallel zu z. Hieraus ist sie nach 30 konstruierbar. In dem Berührungspunkte O_s der Parabel o_s mit u_s endigt ihr zur Richtung BJ konjugierter Durchmesser. Denn BJ ist eine Mantellinie des Zylinders, der das Hyperboloid längs der Parabel o berührt, da BJ die Tangente von m in B also auch eine Tangente des Hyperboloides und Π_2 Symmetrieebene von Hyperboloid und Zylinder ist. Demnach gehört O_s dem Umriß dieser beiden Flächen an. Analog findet man den Berührungspunkt N_s von u_s und n_s als Endpunkt des zur Richtung AJ konjugierten Durchmessers.

33. Wir erläutern das Verfahren der schiefen Projektion schließlich noch an dem Beispiele eines Rotationskörpers, der als architektonisches Glied an runden Postamenten öfters vorkommt. Die Rotationsachse a sei vertikal gestellt, die Bildebene Π_2 durch sie gelegt und in dieser der Meridianschnitt des Körpers gegeben. Der Halbmeridian besteht aus den Strecken BC und OG (die beide a senkrecht schneiden), CD und FG (beide parallel zu a) und aus einem Kurvenbogen m, der seine konvexe Seite der Achse zukehrt (Fig. 25 u. 26). Um einfache Konstruktionen zu haben, setzen wir die Kurve m aus zwei Kreisbogen zusammen, die in E eine gemeinsame, zu a parallele Tangente haben, während ihre Tangenten in den Endpunkten D und F horizontal liegen. Die Zentren der betreffenden Kreise seien M und N. Der darzustellende Körper besteht also aus drei Teilen, nämlich aus zwei zylindrisch begrenzten ebenen Platten und einem mittleren Teil, dessen Oberfläche hyperbolisch gekrümmt ist. Um letzteren handelt es sich hauptsächlich; wegen seiner Darstellung vergleiche man 380 und 381 Bd. I. Damit wir den Körper samt Eigen- und Schlagschatten abbilden können, müssen noch die Richtungen der Sehstrahlen o und der Lichtstrahlen l gegeben sein. Es seien etwa Grundriß und Aufriß derselben o', o'' und l', l'' bekannt, woraus man leicht ein Projektionsdreieck, sowie l_s l_s' konstruiert.

Wie die zylindrischen Teile unseres Körpers abgebildet, wie ihre Eigenschattengrenzen und die Grenzen ihres Schlagschattens auf die Grundrißebene dargestellt werden, bedarf keiner Erklärung mehr (man vgl. 24).

Der wahre Umriß u der konvex-konkaven Rotationsfläche, welche die Kurve m erzeugt, wird mittels des Kegelverfahrens ermittelt. Sei p der Parallelkreis durch den Punkt P der Meridiankurve m und p'' sein in der Bildebene gelegener Durchmesser. Die zu P gehörige Tangente von m treffe die Achse a in S; so ist S die Spitze des Kegels, der unsere Fläche längs des Kreises p berührt; seine Umrißlinien treffen p in zwei Punkten, die dem Flächenumriß u angehören, und deren Bilder berühren u_s in den bez. Punkten. Man findet sie als die Berührungspunkte der Tangenten an p aus dem Punkte Q, in welchem der Sehstrahl durch S die Ebene des Parallelkreises p trifft. Jeder der fraglichen Punkte, z. B. U, liegt auf p und auf dem Kreise über dem Durchmesser QR, wo $R = a \times p''$ ist;

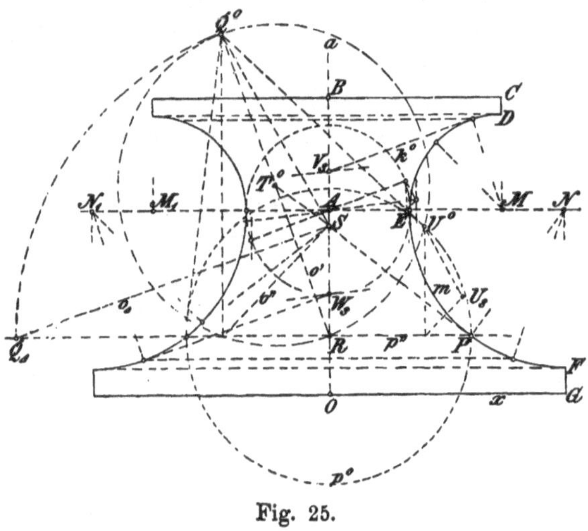

Fig. 25.

das Zentrum sei T. Den Kreis p und die Punkte Q, T, U zeichnen wir um p'' in die Bildebene umgelegt als p^0, Q^0, T^0, U^0 und bestimmen U_s als Bild von U in bekannter Weise; die zugehörige Tangente von u_s geht durch S. Trägt man parallel zu a von U_s die Strecke $U_s U_s' = R\,O$ ab, so ist U_s' ein Punkt des Grundrißbildes u_s' von u. Man wiederholt dieses Verfahren für mehrere Parallelkreise, um hinreichend viele Punkte von u_s und u_s' zu erhalten. Bezüglich der besonderen Punkte sei folgendes bemerkt. Für den vom Punkte E beschriebenen Kehlkreis k der Fläche geht ihr Tangentialkegel in einen Zylinder über; die Umrißpunkte auf k liegen daher auf dem zur Horizontalprojektion o' des Sehstrahles o senkrechten Durchmesser; in den Bildern derselben sind die Tangenten des scheinbaren Umrisses parallel zu a. Es gibt einen höchsten und tiefsten Parallelkreis, der vom wahren Umriß berührt wird. Der Sehstrahl des Berührungspunktes tangiert den betreffenden Meridian und enthält die Spitze des Tangentialkegels, der dem betreffenden Parallelkreis zugehört. Wird also ein Sehstrahl o (durch S) um die Achse a bis in die Bildebene gedreht, so schneiden die zum gedrehten Sehstrahle o_{Δ} parallelen Tangenten des Hauptmeridians m die Achse in den Bildern V_s und W_s des höchsten und tiefsten Umrißpunktes.

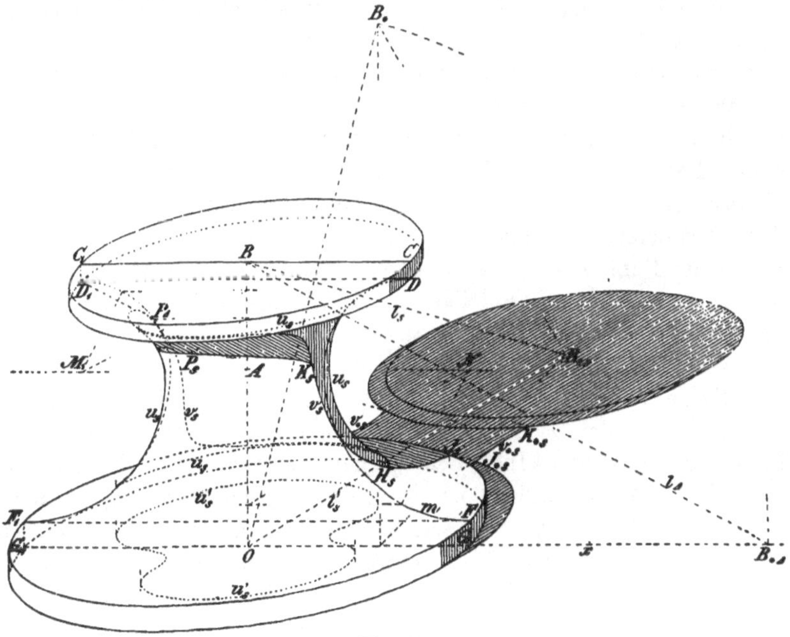

Fig. 26.

Die bezüglichen Tangenten von u_s werden als Bilder der entsprechenden Parallelkreistangenten leicht bestimmt. In den Schnittpunkten des Umrisses u mit dem Hauptmeridian m steht die den Sehstrahl enthaltende Tangentialebene auf der Bildebene senkrecht und folglich sind die Tangenten von m in ihnen parallel zum Aufriß o''; hieraus werden die genannten Punkte auf m gefunden. An vier Stellen wird der Umriß u von Sehstrahlen berührt, die Haupttangenten der Fläche bilden; den Berührungspunkten entsprechen Spitzen des scheinbaren Umrisses und beim Bilde u_s' seines Grundrisses die Berührungspunkte der zu o_s' (also zu a) parallelen Tangenten. Diese Bemerkung dient zur Auffindung der vier Spitzen, falls genügend viele Punkte von u_s und u_s' bekannt sind.

Um die Lichtgrenze v auf unserer Fläche zu finden, wenden wir wiederum das Kegelverfahren an, setzen aber an Stelle der Sehstrahlen o die Lichtstrahlen l; im Prinzip wird hierdurch nichts geändert. Das Bild v_s der Lichtgrenze berührt den scheinbaren Umriß u_s an zwei Stellen; die Berührungspunkte sind aus den Schnittpunkten von v_s' und v_s' abzuleiten (in der Figur ist v_s' nicht eingetragen). Genauer erhält man diese Stellen, wenn man durch B einen Licht- und einen Sehstrahl zieht, die den Grundriß in B_* bzw. B_0 schneiden mögen. Dann besitzt der Kegel mit der Spitze B, dessen Basiskreis in Π_1 um O beschrieben ist und die Gerade $B_* B_0$ berührt, eine zu l und o parallele Tangentialebene. Seine in der Bildebene liegenden Mantellinien treffen x in Punkten, deren Abstände von O gleich der Länge des von O auf $B_* B_0$ gefällten Lotes sind. Zieht man zu diesen Mantellinien parallele Tangenten an den Hauptmeridian m, so fallen für die die Berührungspunkte enthaltenden Parallelkreise Umriß und Lichtgrenze zusammen. Sind hinreichende Punkte der Lichtgrenze v im Bilde und Grundrißbilde bestimmt, so findet man leicht die Bilder ihrer Schatten auf Π_1 und damit die Schlagschattengrenze v_*.

Wir haben noch nötig, von den Grenzen des Schlagschattens des Körpers auf sich selbst zu sprechen. An die Lichtgrenze setzen sich in den Punkten, wo sie von Lichtstrahlen berührt wird, in der Richtung derselben Schlagschattengrenzen an, z. B. HJ; das Bild H_s des Ansatzpunktes ist der Berührungspunkt von u_s mit einer zu l_s parallelen Tangente. Der Endpunkt J auf dem Parallelkreis durch F entspricht dem Schnittpunkte J_* des Kreisschattens mit der Kurve v_*; die Schlagschattentangente in J ist zur Tangente von v_* in J_* parallel. Der untere Rand der zylindrischen Deckplatte wirft auf den mittleren Teil unseres Körpers Schatten; seine Begrenzung endigt in den Punkten von v, die den Überschneidungen von v_* mit dem Randschatten in Π_1 entsprechen (K und K_*) und besitzt daselbst zu l_s parallele Tangenten. Der höchste Punkt des Randschattens wird bestimmt, indem man die zum Lichtstrahl parallele Meridianebene in die Bildebene umdreht und den mitgedrehten Lichtstrahl durch den Randpunkt D_1 mit dem Hauptmeridian schneidet; hierauf ist die der Rückwärtsdrehung entsprechende Konstruktion auszuführen. Vergleicht man die hier beschriebenen Konstruktionen mit denjenigen, wie sie in Kap. VIII Bd. I bei der Darstellung der Rotationsflächen in Orthogonalprojektion verwendet wurden, so erkennt man, daß die gesuchten Umriß- und Lichtgrenzpunkte hier genau so wie dort bestimmt und dann erst in schiefe Projektion umgesetzt werden; nur schließt sich diese Umsetzung direkt an die Konstruktion der einzelnen Punkte in Orthogonalprojektion an. u_s' hat man nicht nötig zu zeichnen; man kann die Spitzen des scheinbaren Umrisses u_s auch dadurch erhalten, daß man an u'' die zu o'' parallelen Tangenten zieht; die Punkte von u'' werden ja aber schon bei der Konstruktion von u_s erhalten. Ebenso kann man v_s' bei der Konstruktion von v_{*s} entbehren, da hierzu v_s und v'', das sich ja bei der Bestimmung von v_s nebenbei ergibt, genügen. Sind X_s und X'' zwei zusammengehörige Punkte von v_s und v'', so ziehe man durch X_s und X'' Parallele zu o_s bzw. o'', dann ist X_{*s} der Schnittpunkt von o_s und o_s' ($o_s' \times o''$ auf x).

Das Verfahren der schiefen Projektion, wenn Bild- und Aufrißebene vertikal, aber gegeneinander geneigt sind.

34. Wir nehmen an, daß Bild- und Aufrißebene sich in der z-Achse schneiden, was ohne Wirkung auf das Bild erlaubt ist. Die Grundrißebene, welche die Achsen x und y enthält, schneidet die Bildebene in einer Geraden g, die wir G r u n d l i n i e nennen wollen; um diese Grundlinie werde der Grundriß in die Bildebene Π umgelegt[5]). Punkte und Linien des umgelegten Grundrisses sollen ganz ebenso bezeichnet werden wie die betreffenden Elemente im Grundriß selbst. Wird der Aufriß um die z-Achse in die Bildebene umgelegt, so sollen auch hier die umgelegten Punkte und Linien die gleiche Bezeichnung tragen wie im Aufriß selbst. Die Bilder der Raumpunkte und Linien, sowie ihrer drei Risse erhalten den Index s, um sie zu kennzeichnen. Endlich finden gelegentlich noch die Bildrisse von Punkten und Geraden (d. h. ihre orthogonalen Projektionen auf die Bildebene) und die Bildspuren von Ebenen (d. h. ihre Spuren in der Bildebene) Verwendung; wir bezeichnen sie mit P^+, g^+, e_+ usw.

Sind g, z, y und x gegeben, so ist $\angle gx = \alpha$ der Neigungswinkel der Aufrißebene gegen die Bildebene; kennt man außerdem noch die Sehstrahlrichtung, so ist die schiefe Projektion völlig bestimmt. In Fig. 27 sind die gleichen Strecken $OX = OY = OZ$ auf die Achsen aufgetragen; sie bilden die Kanten eines Würfels mit der Ecke O, dessen gegenüberliegende Ecke Q sein möge. Seine übrigen Ecken sind X, Y, Z und Q', Q'', Q'''. Nehmen wir das Bild Q_s von Q als gegeben an, so ist auch Q_s' bekannt ($Q_sQ_s' = ZO$). Sind ferner J und K die Schnittpunkte von $Q'X$ bez. $Q'Y$ mit g, so gehen auch die Bilder $Q_s'X_s$ und $Q_s'Y_s$ durch J bez. K, und die Bilder x_s und y_s

der Achsen sind zu ihnen parallel; damit sind dann die Bilder sämtlicher Würfelkanten gefunden.

Der um g umgelegte Grundriß und sein Bild sind affin, g ist die Affinitätsachse, Q' und Q_s' sind ein Paar affiner Punkte. Ebenso ist der um z umgelegte Aufriß zu seinem Bilde affin, z ist die Affinitätsachse, Q'' und Q_s'' sind ein Paar affiner Punkte. Besonders erwähnen wir noch, daß die Achse x und die Punkte auf ihr, z. B.

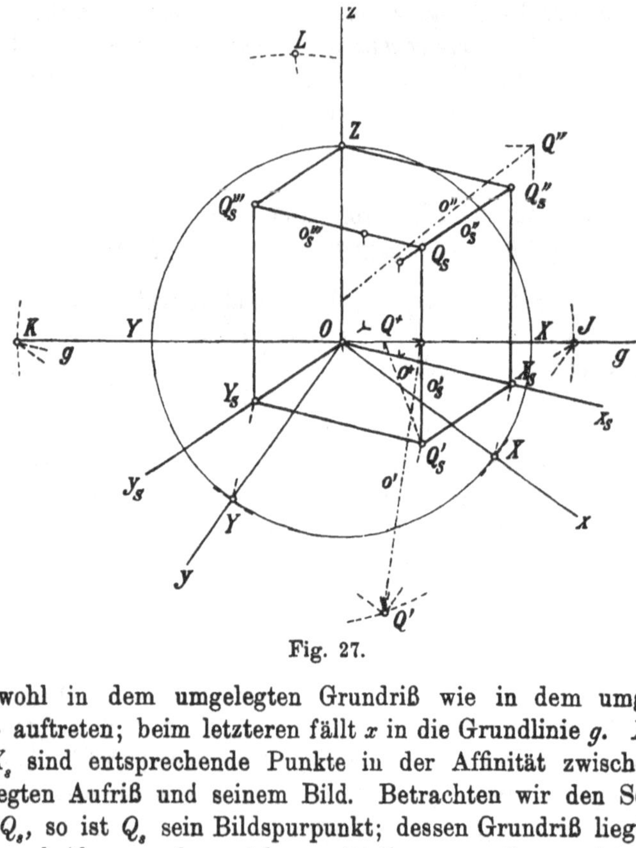

Fig. 27.

X, sowohl in dem umgelegten Grundriß wie in dem umgelegten Aufriß auftreten; beim letzteren fällt x in die Grundlinie g. X (auf g) und X_s sind entsprechende Punkte in der Affinität zwischen dem umgelegten Aufriß und seinem Bild. Betrachten wir den Sehstrahl $o = QQ_s$, so ist Q_s sein Bildspurpunkt; dessen Grundriß liegt auf g, und aus beiden ergeben sich unmittelbar vom Spurpunkt Q_s Auf- und Seitenriß im Bilde. Verbindet man die Bilder der drei Risse des Spurpunktes Q_s bez. mit Q_s', Q_s'' und Q_s''', so erhält man o_s', o_s'' und o_s'''; diese Bilder der Sehstrahlrisse fallen auf die Bilder der durch Q gehenden Würfelkanten. Denn die Ebene durch o und o'' enthält auch die zu y parallele Würfelkante durch Q, so daß ihr Bild und das von o'' aufeinanderfallen; ähnliches gilt für die Ebenen durch o und o' bzw. durch o und o'''. In der Figur sind auch noch o', o'' und o^+ eingezeichnet; o' geht durch Q' und schneidet sich mit o_s' auf g; o'' geht durch Q'' und schneidet sich mit o_s'' auf z; o^+ ist die Orthogonalprojektion von $Q'Q_s'$ (also einer Parallelen zu o) auf die Bildebene.

35. Machen wir jetzt die Annahme, es seien z und die Bilder x_s und y_s der beiden Achsen sowie zwei Strecken OX_s und OY_s auf ihnen gegeben. Man soll nun umgekehrt die rechtwinkligen Achsen x, y und auf ihnen die Strecken $OX = OY$ derart bestimmen, daß sie die vorgeschriebenen Bilder besitzen. Zu diesem Zweck vervollständige man OX_s und OY_s zu einem Parallelogramm mit der vierten Ecke in Q_s'; seine beiden Seiten durch Q_s' mögen g in J und K schneiden (Fig. 27). Darauf beschreibe man über JK als Durchmesser einen Kreis, halbiere den Halbkreisbogen JK in L und ziehe OL; diese Gerade schneidet den gesuchten Punkt Q' aus dem Kreise aus. Zieht man nämlich $Q'J$, $Q'K$ und durch O die Achsen x ($\| Q'K$) und y ($\| Q'J$), so ist $\angle JQ'K = \mathrm{R}$ und $\angle JQ'O = \angle OQ'K = \frac{1}{2}\mathrm{R}$ als Peripheriewinkel über dem Kreisquadranten; deshalb ist $OXQ'Y$ ein Quadrat und $OX = OY$ die wahre Länge der Würfelkanten, deren Bildlängen OX_s und OY_s sind; die Kante OZ erscheint in wahrer Größe.

36. Bevor wir zur Darstellung von Objekten in schiefer Projektion übergehen, wollen wir noch kurz zwei besondere schiefe Projektionen besprechen. Es mögen die Achsen z, x, y sowie g gegeben sein; die Sehstrahlrichtung o soll so bestimmt werden, daß $OX_s = OX$ und $OY_s = \frac{1}{2} OY$ wird ($OX = OY = OZ$). Man sucht dazu wieder wie vorher Q', J und K auf (Fig. 28), schlägt um K einen Kreis mit dem Radius KQ' und um J einen Kreis mit dem Radius $\frac{1}{2} JQ'$; beide Kreise schneiden sich dann in dem Bilde Q_s' von Q', woraus sich weiter x_s, y_s, X_s, Y_s und Q_s sofort ergeben. Alle zur x-Achse parallelen Strecken erscheinen hier in natürlicher, alle zur y-Achse parallelen Strecken in halber natürlicher

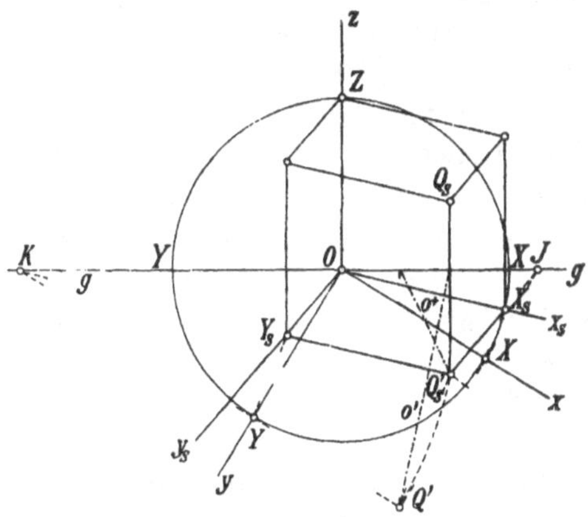

Fig. 28.

Größe. Soll ein zweckentsprechendes Bild entstehen, so darf man $\angle \alpha = \angle gx$ nicht zu groß annehmen.

Wiederum seien x, y, z und g gegeben; eine Ebene, die in der z-Achse auf der Bildebene senkrecht steht, sei parallel zur Sehstrahlrichtung o. Dann liegt Q_s' mit Q' auf einer Senkrechten zu g (Fig. 29). Das Bild eines beliebigen Punktes liegt dann nicht nur mit dem Bild seines Grundrisses, sondern auch mit seinem um g umgelegten) Grundriß selbst auf einer Senkrechten zu g.

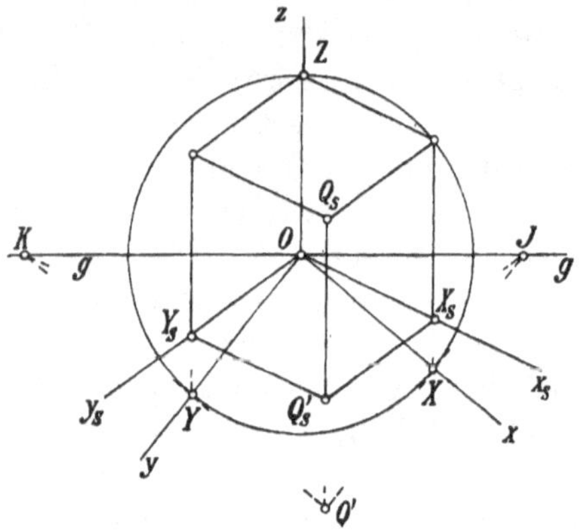

Fig. 29.

Wünscht man insbesondere noch, daß sich die Strecken OX und OY bei der Abbildung in einem bestimmten Verhältnis verkürzen, daß also $OX_s : OX = m$ und $OY_s : OY = n$ wird ($OX = OY = OZ$), so kann man den Neigungswinkel $\alpha = \angle gx$ nicht mehr beliebig wählen; er ergibt sich vielmehr durch folgende Überlegung. Setzt man $\angle x_s g = \delta$ und $\angle y_s g = \varepsilon$, so erhält man $OX . \cos\alpha = OX . \cos\delta$, also $\cos\alpha = m\cos\delta$ und ebenso $\sin\alpha = n\cos\varepsilon$, ferner $Q_s' J . \sin\varepsilon = Q_s' K . \sin\delta$ oder $Q' J . n \sin\varepsilon = Q' K . m \sin\delta$. Daraus folgt weiter $(Q'J)^2 (n^2 - \sin^2\alpha) = (Q'K)^2 (m^2 - \cos^2\alpha)$, und wenn man diese Gleichung von $(Q'J)^2 \cos^2\alpha = (Q'K)^2 \sin^2\alpha$ subtrahiert, kommt $Q'J . \sqrt{1 - n^2} = Q'K . \sqrt{1 - m^2}$, also: $\tan\alpha = \sqrt{1 - m^2} : \sqrt{1 - n^2}$. Um zu einer reellen Lösung zu gelangen, darf man die Werte m und n nicht zu klein nehmen. Kennt man α, so kann man X und Y zeichnen und erhält X_s und Y_s sofort mittels der Werte m bez. n auf den durch X bez. Y zu g gezogenen Senkrechten.

37. Handelt es sich darum, das Bild eines Gegenstandes in schiefer Projektion zu entwerfen, falls sein Grund- und Aufriß gezeichnet vorliegen, so hat man den Grundriß zunächst in die richtige Lage zu bringen, in der seine x-Achse mit der vorgeschriebenen x-Achse zusammenfällt. Hierauf entwirft man das Bild des Grundrisses als eine zu ihm affine Figur und erhält die Bilder der einzelnen Raumpunkte, indem man durch die Bilder ihrer Grundrisse zur z-Achse parallele Strecken zieht, deren Längen man aus dem Aufriß (als Abstände der Aufrißpunkte von der x-Achse) entnimmt.

In Figur 30 ist ein Beispiel für die Herstellung des Bildes aus zwei Rissen gegeben. Es handelt sich um ein Tonnengewölbe, in das ein Stichkappengewölbe seitlich einschneidet; beide sind zylindrisch und durchschnitten gedacht von je einer Vertikalebene durch den Scheitel des Tonnen- und Stichkappengewölbes. Bei der Konstruktion des Bildes ist neben dem Aufriß der Seitenriß verwendet, dagegen der Grundriß weggelassen worden; es ist das aus dem Grunde geschehen, weil Auf- und Seitenriß einen besseren Einblick in die sich darbietenden Verhältnisse gewähren. Außerdem ist

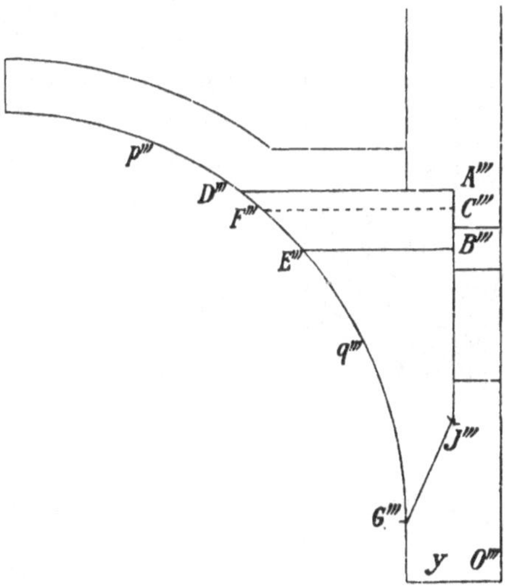

Fig. 30a.

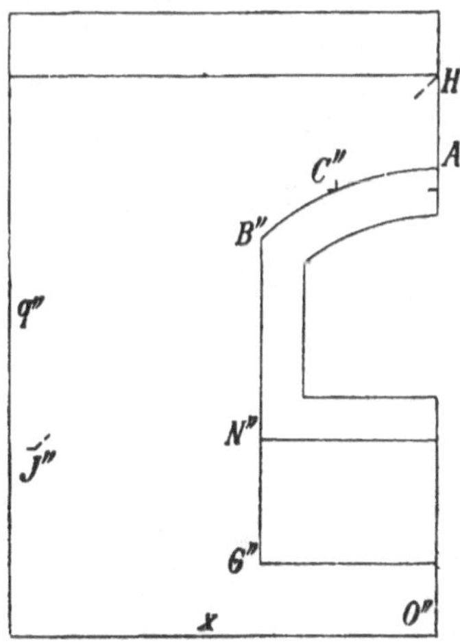

Fig. 30b.

die Sehstrahlrichtung so gewählt worden, daß der vor der Bildebene liegende Teil der Grundrißebene sich oberhalb der Grundlinie g abbildet; die Sehstrahlen sind also von vorn unten nach rückwärts und oben gerichtet. Durch diese Wahl werden beide Gewölbe sichtbar, worauf es hier in erster Linie ankommt.

In Figur 30c sind x und y gegeben und daraus x_s und y_s bestimmt, wobei $o' \perp g$ genommen ist. Trägt man also auf x bez. y die betreffenden Strecken aus den Rissen auf und zieht die Senkrechten zu g, so schneiden sie auf x_s bzw. y_s die Bildstrecken ab. Zunächst ist das Bild des Seitenrisses gezeichnet, der zugleich die vordere Randlinie p des Tonnengewölbes enthält. Seine hintere Randlinie q liegt in einer Parallelebene zum Seitenriß, ihr Bild ist gegen das von p in der Richtung x_s parallel verschoben. Das Stichkappengewölbe besitzt als Basiskurve den Kreisbogen ACB, dessen Ebene zum Aufriß parallel ist; A liegt im Seitenriß, die Bilder von C und B ergeben sich aus dem Aufriß, indem man auf der Vertikalen durch A_s die Höhendifferenz zwischen A und C bzw. A und B aufträgt, durch die so gewonnenen Punkte Parallele zu x_s zieht und sie gleich den entsprechend reduzierten Abständen der Punkte C'' bzw. B'' von z macht. Die Tangente in B_s schneidet die Vertikale durch A_s in H_s, wobei $A_s H_s = A'' H''$; ebenso findet man die Tangente in C_s. In der Vertikalebene durch den Kreisbogen ACB liegt noch ein zweiter konzentrischer Kreisbogen, dessen Bild sich in gleicher Weise bestimmt; ein mit ihm kongruenter Bogen liegt in der Aufrißebene selbst. Beide Gewölbe durchdringen sich in der Linie DFE; die Strecken $A_s D_s$, $C_s F_s$, $B_s E_s$ sind zu y_s parallel, ihre Längen ergeben sich durch Reduktion aus den bez. Längen im Seitenriß. Die Tangente in D_s ist parallel x_s, die Tangente in E_s findet man wie folgt. Die Tangente im Punkte E der Durchdringungslinie liegt in den beiden Tangentialebenen, welche die Gewölbflächen im Punkte E berühren. Ihr Seitenriß berührt den Kreisbogen in E''', ihr Aufriß den Kreisbogen $A''C''B''$ in $B'' = E''$; sie trifft die Ebene des letztgenannten Kreisbogens in einem Punkte J, dessen Bild sich aus J'' und J''' sofort ergibt. Ebenso kann die Tangente in F_s gezeichnet werden.

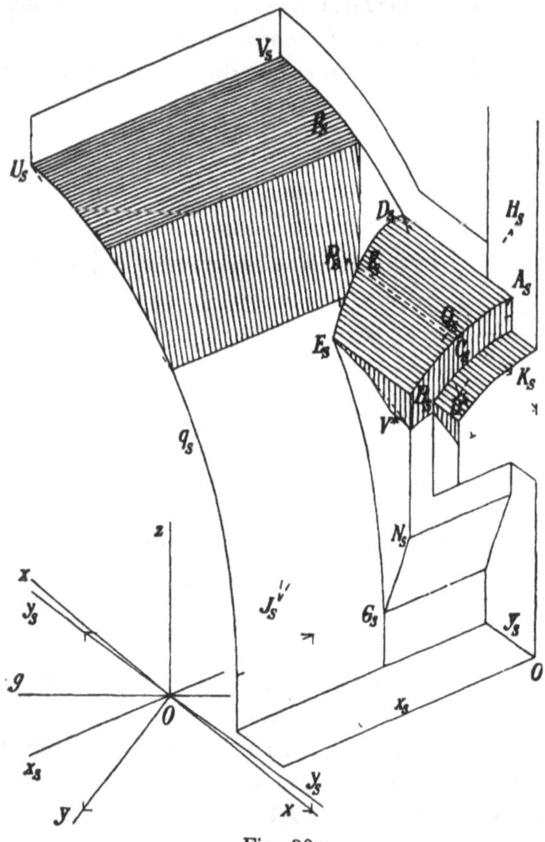

Fig. 30c.

In dem Bilde (Fig. 30c) ist noch der Schatten konstruiert. Das Bild des Lichtstrahls l_s durch D_s ist beliebig angenommen, ebenso der Schatten D^* auf die Ebene des Kreisbogens ACB; $l_s'' = A_s D^*$ und $l_s''' = D_s K_s (A_s K_s \parallel z,\ D^* K_s \parallel x_s)$. Der Schlagschatten einzelner Punkte der Durchdringungslinie DFE ist sonach einfach zu bestimmen. Man ziehe z. B. durch F_s die Mantellinie $F_s C_s$; sie wirft auf die Ebenen des Kreisbogens ACB und des Kreisbogens EG Schatten, deren Bilder zu l_s'' bzw. y_s parallel sind und sich auf $B_s N_s$ schneiden. Sie werden von der Parallelen zu l_s durch F_s in den Bildern des Schlagschattens geschnitten, den F auf die eine und die andere Ebene wirft. Man kann so beliebig viele Punkte des Schattens der Linie DFE auf die beiden Ebenen konstruieren. Insbesondere erhält man die Tangente des Schlagschattens im Punkte E_s als Schatten der Geraden JE auf die Fläche EBG. Zu diesem Zweck nehme man auf $J_s E_s$ den Punkt P_s an, ziehe durch ihn eine Parallele zu y_s und schneide sie mit $J_s B_s$ in Q_s; dann ist Q der Spurpunkt von PQ in der Ebene des Kreisbogens ACB, man erhält also die Schatten von P auf die Ebenen ACB und EBG in der gleichen Weise wie vorher die Schatten von F. Der Eigenschatten des Tonnengewölbes geht durch den Berührungspunkt von p_s mit einer zu l_s''' parallelen Tangente; eine Parallele zu l_s''' durch U_s schneidet q_s in einem Punkt, durch den das Bild des Schlagschattens von UV geht. Der Schatten von V fällt nach V^* auf der Fläche EBG. Der Schatten auf den Grundriß ist weggelassen.

38. Man kann das Bild eines Gegenstandes aus zwei Rissen auch in folgender Weise ohne Zuhilfenahme des Zirkels gewinnen. Man trenne Grund- und Aufriß längs der x-Achse auseinander und lege ersteren mit seiner Trennungslinie an die um g umgelegte x-Achse, letzteren mit seiner Trennungslinie an die Grundlinie g, welche ja die um z umgelegte x-Achse darstellt. Hierbei ist darauf zu achten, daß Grund- und Aufriß eines Punktes P durch Loten von P' auf x und von P'' auf g den nämlichen Punkt der Trennungslinie ergeben müssen, daß also die Endpunkte der Lote von O gleich weit abstehen müssen. Um nun das Bild P_s eines beliebigen Punktes P zu zeichnen, lege man durch P zwei Ebenen parallel zur Sehrichtung und zwar die eine senkrecht zu Π_1 und die andere senkrecht zu Π_2. Erstere schneidet Π_1 in einer Parallelen zu o' und die Bildebene in einer Parallelen zu z; letztere schneidet Π_2 in einer Parallelen zu o'' und die Bildebene in einer Parallelen zu y_s. Zieht man also einerseits durch P' eine Parallele zu o' und durch ihren Schnittpunkt mit g eine Parallele zu z, andererseits durch P'' eine Parallele zu o''

(und zwar in dem umgelegten Aufriß) und durch ihren Schnittpunkt mit z eine Parallele zu y_s, so schneiden sich die genannten Parallelen zu z und y_s im Punkte P_s. Nimmt man insbesondere o' senkrecht zu g an, wie das in der schiefen Projektion in Figur 29 der Fall ist, so liegt das Bild P_s von P mit P' auf einer Parallelen zu z und bestimmt sich auf dieser mit Hilfe zweier Geraden, einer Parallelen zu o'' durch P'' und einer Parallelen zu y_s durch den Schnittpunkt der ersteren mit z. In gleicher Weise kann man Punkte der Grundrißebene bestimmen oder auch die Affinität zwischen dem umgelegten Grundriß und seinem Bilde benutzen.

Damit das nach dem soeben geschilderten Verfahren entwickelte Bild nicht durch die dabei verwendeten Risse gestört wird, empfiehlt es sich, den Grundriß ziemlich weit nach unten zu verlegen. Der dazu gehörige Aufriß kann außerdem noch beliebig in der Richtung von o'' verschoben werden, was auf das Bild ohne alle Wirkung ist.

39. Will man das Bild eines Gegenstandes konstruktiv entwickeln, ohne vorher seine Risse zu zeichnen, so bedarf es dazu der Lösung gewisser Fundamentalaufgaben. Alle Fragen, die sich auf die vereinigte Lage von Punkten, Geraden und Ebenen, auf ihre Verbindungs- und Schnittelemente, sowie den Parallelismus beziehen, werden wie im vorigen Abschnitt behandelt. Eine Anwendung hiervon ist bereits in 37 an der dortigen Aufgabe bei der Bestimmung des Schlagschattens gegeben worden. Es erübrigt hier nur noch kurz auf die Bestimmung der wahren Gestalt und das Errichten von Normalen oder Fällen von Loten einzugehen.

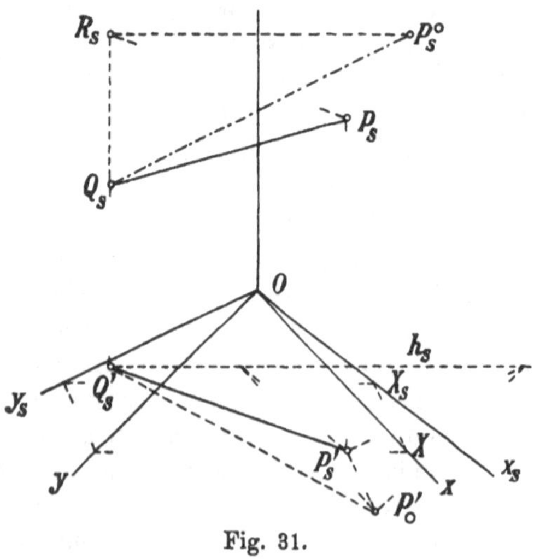

Fig. 31.

Gilt es die wahre Länge einer Strecke PQ zu bestimmen, wenn $P_s Q_s$ und $P_s' Q_s'$ bekannt sind, so ziehe man $P_s R_s \# P_s' Q_s'$, dann ist $\triangle PRQ$ rechtwinklig (Fig. 31). Macht man also $P_s^0 R_s \perp Q_s Q_s'$ und $= P'Q'$, so ist $P_s^0 Q_s$ die gesuchte Länge. Um die Länge von $P'Q'$ zu erhalten, ziehe man durch Q_s' eine Parallele h_s zu g

und durch P_s' Parallele zu x_s und y_s; durch ihre Schnittpunkte mit h_s ziehe man ferner Parallele zu x bez. y, sie schneiden sich in einem Punkte P_0' ($P_0' P_s' \parallel XX_s$), so daß $P_0' Q_s' = P' Q'$ ist; denn $P_0' Q_s'$ ist die um h_s parallel zur Bildebene gedrehte Strecke $P' Q'$.

40. Für die folgenden Konstruktionen machen wir die Annahme, daß der Sehstrahl durch den Ursprung O mit der z-Achse in einer zur Bildebene senkrechten Ebene liegt, so daß sich alle

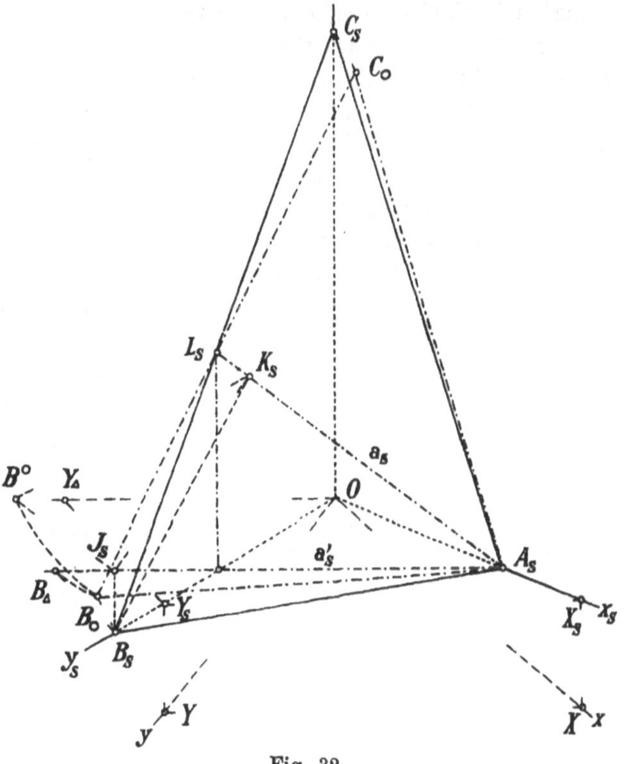

Fig. 32.

Normalen zur Bildebene parallel zur z-Achse projizieren; zugleich setzen wir fest, daß die Bilder dieser Normalen in halber natürlicher Größe erscheinen sollen. Die Änderungen, die unsere Konstruktionen im allgemeinen Fall erfahren, sind leicht anzugeben; die Bilder der Normalen zur Bildebene, die übrigens mit den Bildern ihrer Grundrisse parallel und von gleicher Länge sind, besitzen alsdann eine beliebige Richtung (sie sind parallel zu o^+ in Fig. 27) und verkürzen sich in einem bestimmten Verhältnis.

Es sei eine Ebene E mit den Achsenschnittpunkten A, B, C

parallel zur Bildebene zu drehen. Sind X und Y zwei beliebige Punkte von x und y, so fälle man aus ihnen die Lote auf g, dann gehen x_s und y_s durch die Mittelpunkte dieser Lote (Fig. 32). Durch einen Punkt der Ebene, etwa A_s, legen wir eine Parallelebene zur Bildebene, welche E in a schneiden möge. Dann fällen wir von B ein Lot BJ auf a' ($B_s J_s \perp a_s'$) und von J ein Lot JK auf a ($J_s K_s \perp a_s$), so steht auch BK auf a senkrecht und wird nach der Drehung rechtwinklig zu a_s und in wahrer Größe als $B_0 K_s$ erscheinen. Um die Länge von BK zu erhalten, trägt man $J_s B^0$ ($= 2 J_s B_s$) senkrecht zu $J_s K_s$ in J_s an, die Hypotenuse $B^0 K_s$ ist dann die gesuchte Länge. Da $L_s B_0 = LB$ ist, kann man auch die wahre Länge von $LB = L_s B_\Delta$ ($OY = OY_\Delta$, $B_s B_\Delta \parallel Y_s Y_\Delta$) zur Bestimmung von B_0 benutzen. Aus der Affinität zwischen dem Bild und der gedrehten Ebene folgt dann das übrige.

41. In gleicher Weise läßt sich die Konstruktion ausführen, wenn die wahre Gestalt eines Dreiecks zu zeichnen ist. Man lege in der Ebene des Dreiecks ABC eine Parallele a zur Bildebene, etwa durch A, fälle von B das Lot BJ auf die zur Bildebene parallele Ebene durch a (J_s' auf a_s', $B_s J_s \# B_s' J_s'$) und von J das Lot JK auf a ($J_s K_s \perp a_s$) (Fig. 33). Dann steht BK senkrecht auf a, wird also nach der Drehung rechtwinklig zu a_s und in wahrer Länge als $K_s B_0$ erscheinen. Die wahre Länge von KB ist aber wieder die Hypotenuse des Dreiecks mit den Katheten $J_s K_s$ und $J_s B^0$ ($= 2 J_s B_s$).

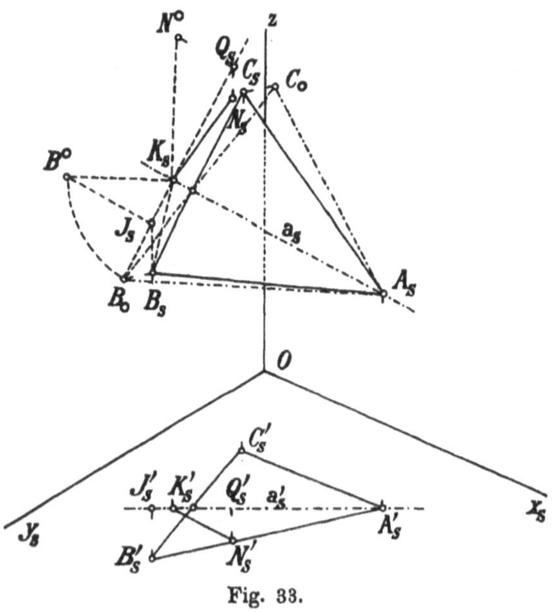

Fig. 33.

Soll im Punkte K des Dreiecks ABC die Normale KN von vorgegebener Länge errichtet werden, so liegt sie in der Ebene BJK, die in K auf a senkrecht steht. Dreht man diese

Ebene um JK parallel zur Bildebene, so nimmt ihr Bild die bereits gezeichnete Lage $B^0 J_s K_s$ an, während $K_s N_s$ in $K_s N^0$ übergeht ($K_s N^0 \perp K_s B^0$, $K_s N^0 = KN$). Zieht man noch $N^0 Q_s$ senkrecht zu $J_s K_s$ und $Q_s N_s$ vertikal ($= \frac{1}{2} N^0 Q_s$), so ist $N_s K_s$ das Bild der Normalen und $N_s' K_s'$ sein Grundriß ($Q_s' N_s' = Q_s N_s$).

Wäre die Normale in einem beliebigen Punkte des Dreiecks ABC zu errichten, so müßte man noch nachträglich die soeben gefundene Normale verschieben. Wäre aus irgend einem Punkt P ein Lot auf die Dreiecksebene zu fällen, so hätte man durch P_s und P_s' die Parallelen zu $N_s K_s$ und $N_s' K_s'$ zu ziehen und den Durchstoßpunkt von NK mit der Ebene ABC zu bestimmen.

Ist das Spurendreieck ABC einer Ebene E gegeben, so erhält man die Normale entweder wie vorher oder in der folgenden Weise.

Man wähle auf BC einen Punkt Q oder lege durch ihn die Parallelebene zur Bildebene, die BA in R und y in S schneiden möge (Fig. 34). Dann fälle man von B das Lot BJ auf RS ($B_s J_s \perp g$, und trage $J_s B_\Delta = JB$ ($= 2 J_s B_s$) auf dasselbe auf, so ist $R_s B_\Delta$ die um $R_s S_s$ parallel zur Bildebene gedrehte Gerade RB. Ist $S_s F_\Delta$ das von S_s auf RB_Δ gefällte Lot, so stellt $Q_s F_s$ das Bild der Falllinie QF und $Q_s F_0$ die um $Q_s S_s$ parallel zur Bildebene gedrehte Falllinie dar ($S_s F_0 = S_s F_\Delta$). Die Normale QP liegt in der Ebene QSF; wird sie um $Q_s S_s$ in die

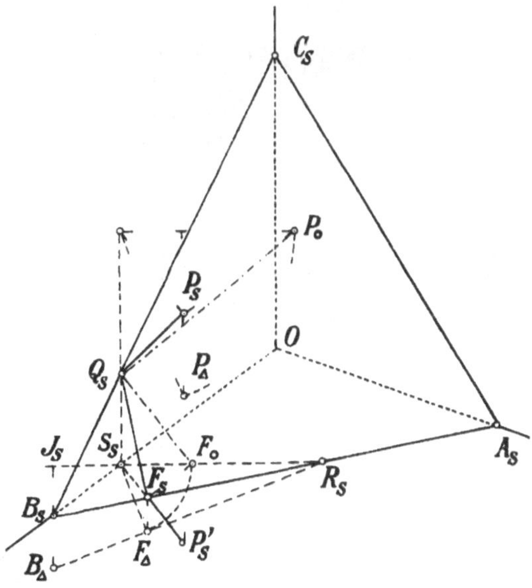

Fig. 34.

Parallelebene zur Bildebene gedreht, so erscheint sie als $Q_s P_0$ rechtwinklig zu $Q_s F_0$ und in wahrer Größe. Daraus findet man P_s und P_s'. Ist die Normale in einem anderen Punkte zu errichten oder aus einem Punkte auf die Ebene ABC zu fällen, so ist wieder eine Verschiebung vorzunehmen.

42. Umriß und Lichtgrenze eines Kegels. Die Behandlung dieser Aufgabe bildet die Grundlage für die Konstruktion von

Umriß und Lichtgrenze bei Rotationsflächen. Bei axonometrischer Darstellung wird man eine Achse parallel zur Achse des Kegels oder der Rotationsfläche nehmen. Bereits im vorhergehenden Abschnitt wurde eine Rotationsfläche mit vertikaler Achse entworfen, wir wählen deshalb hier die Achse des Kegels horizontal und zwar parallel zu y. Die Richtung des Sehstrahls mag wieder der Ebene, die in z auf der Bildebene senkrecht steht, parallel sein, so daß sich die auf der Bildebene errichteten Normalen parallel zu z und, wie wir annehmen wollen, in halber natürlicher Größe abbilden. $S'A'B'$ sei der Grundriß des Kegels in orthogonaler Projektion (Fig. 35); der Mittelpunkt M seines Basiskreises k mag durch M' und seine Höhe über der Grundrißebene gegeben sein. Dann liegen M_s und S_s senkrecht über M' und S' ($M_sS_s \parallel y_s$), und k_s besitzt die konjugierten Durchmesser A_sB_s und C_sD_s ($A_sB_s \parallel x_s$, $C_sD_s \parallel z$, $A_sA' \parallel z$). Die Tangenten von S_s an k_s sind die Umrißlinien des Kegels, sie berühren k_s in U_s und V_s. Zur Bestimmung dieser Punkte benutzen wir die Affinität zwischen k_s und

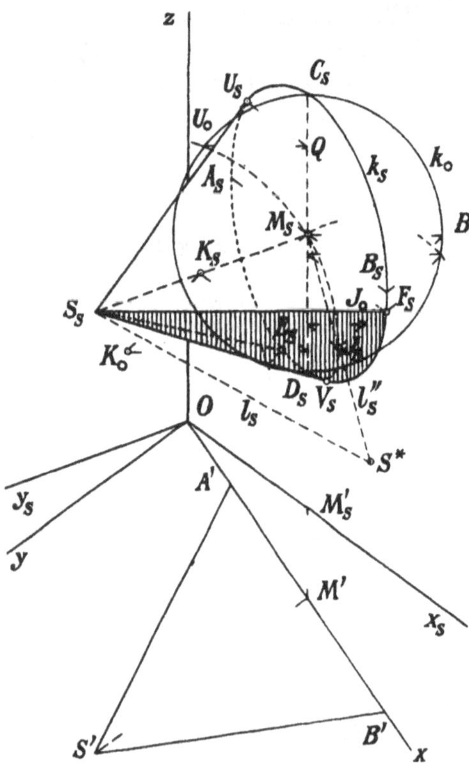

Fig. 35.

dem Kreis k_0, der mit ersterem den vertikalen Durchmesser C_sD_s gemein hat; in ihr sind B_s und B_0 ($M_sB_0 \perp C_sD_s$) affine Punkte. Von dem zu S_s affinen Punkt S_0 gehen an den Kreis k_0 zwei Tangenten mit den Berührungspunkten U_0 und V_0; die zu ihnen affinen Punkte U_s und V_s gehören alsdann dem Umriß an ($U_0Q \parallel B_0M_s$, $U_sQ \parallel B_sM_s$, $U_0U_s \parallel B_0B_s$). Ist K_0 der Mittelpunkt der Strecke S_0M_s, so schneidet der Kreis mit dem Mittelpunkt K_0, der durch M_s geht, aus k_0 die Punkte U_0 und V_0 aus (K_0 affin zu K_s, $K_sS_s = K_sM_s$).

Legen wir durch die Kegelspitze einen Lichtstrahl l (l_s durch S_s

und l_s'' durch M_s), so wird er die Basisebene in S^* ($S^* = l_s \times l_s''$), dem Schatten der Spitze, treffen. Die Tangenten aus S^* an k_s berühren in den Punkten E_s und F_s, die der Lichtgrenze angehören. Um diese Punkte zu ermitteln, verfährt man genau wie vorher, indem man $M_s S^*$ in J_s halbiert und um den dazu affinen Punkt J_0 einen Kreis mit dem Radius $J_0 M_s$ beschreibt; dieser schneidet k_0 in E_0 und F_0, zu denen man rückwärts die affinen Punkte E_s und F_s sucht.

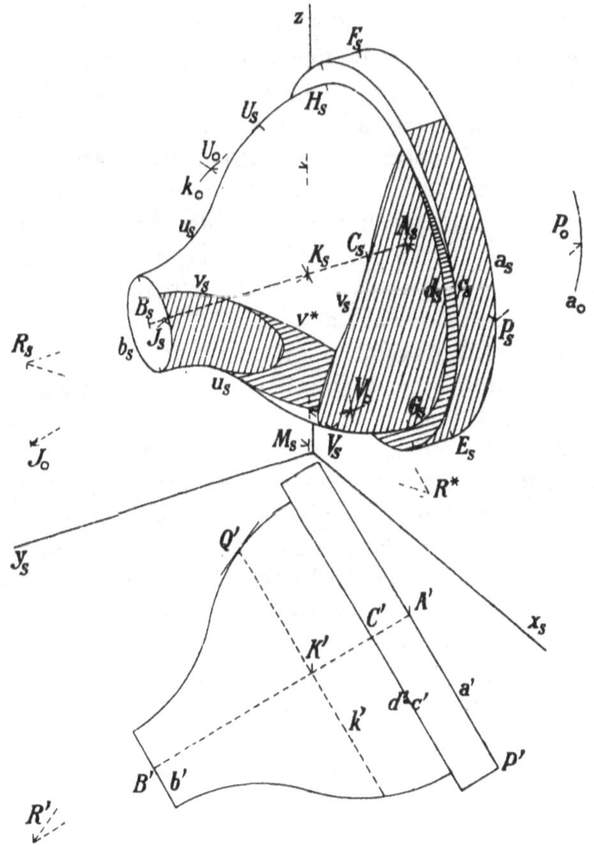

Fig. 36.

43. Umriß einer Rotationsfläche. Wir geben uns wieder den Grundriß und wenden alsdann das Kegelverfahren an. Man bestimme zunächst das Bild der Rotationsachse AB ($A_s B_s \parallel y_s$) und zeichne die Bilder der Kreise a, b, c, d; es sind ähnliche Ellipsen a_s, b_s, c_s, d_s mit den Mittelpunkten A_s, B_s, $C_s = D_s$ (Fig. 36). Dann wähle man auf der Fläche einen beliebigen Parallelkreis k mit dem Mittelpunkt K aus und bestimme auf AB die Spitze R eines Kegels, der die Fläche längs k berührt ($Q'R'$ tangiert den horizontalen Hauptmeridian in seinem Schnittpunkt mit k'). Legt man nun von R_s (auf A_sB_s) die Tangenten an k_s, und sind U_s, V_s ihre Berührungspunkte, so berühren sie zugleich den gesuchten Umriß u_s in diesen Punkten. Nach 42 hat man aber nicht nötig k_s zu zeichnen; vielmehr schlägt man um K_s einen Kreis k_0 mit dem Radius $K'Q'$, sucht zu dem Mittelpunkt J_s von R_sK_s den affinen Punkt J_0, beschreibt um J_0 einen Kreis mit dem Radius J_0K_s und bestimmt zu den Schnittpunkten U_0, V_0 beider Kreise rückwärts die affinen Punkte U_s, V_s.

Die hier auftretende Affinität ist für alle Parallelkreise ganz gleichartig: k_s und k_0 haben den vertikalen Durchmesser als Affinitätsachse gemein, dem zu x_s parallelen Durchmesser von k_s entspricht der horizontale Durchmesser von k_0 (in der Figur ist zu a_s der affine Kreis a_0, zu A_sP_s der affine Radius A_sP_0 gezeichnet, $J_sM_s \parallel A_sP_s$, $M_sJ_0 \parallel A_sP_0$, $J_0J_s \parallel P_0P_s$ usw.). Ist die Konstruktion für einen anderen Parallelkreis n zu wiederholen und ist S die Spitze des über ihm stehenden Berührungskegels, so hat man nur durch N_s eine Parallele zu K_sJ_0 und durch S_s eine Parallele zu R_sJ_0 zu ziehen, dann um ihren Schnittpunkt einen Kreis durch N_s zu beschreiben und zuletzt seine Schnittpunkte mit n_0 noch durch Affinität zu übertragen. Insbesondere gehören die Umrißpunkte auf den Ellipsen a_s, b_s, c_s, d_s den zur Richtung A_sB_s konjugierten Durchmessern an; ihre Richtung ist affin zu der Richtung, die auf J_0K_s senkrecht steht.

In gleicher Weise wie die Punkte des Umrisses sind die Punkte der Lichtgrenze v_s auf den einzelnen Parallelkreisen bestimmt, wobei $l_s = R_sR^*$ und $l_s'' = K_sR^*$ angenommen ist, so daß K_sR^* den Schatten der Rotationsachse auf die Ebene des Parallelkreises k darstellt. Die Lichtgrenze v_s berührt den Umriß u_s in zwei Punkten, in denen u_s eine zu $l_s = R_sR^*$ parallele Tangente besitzt. Die Parallelkreise, welche die Lichtgrenze berühren, findet man durch die nämliche Überlegung wie in 33 die den Umriß oder die Lichtgrenze berührenden Parallelkreise bestimmt werden. In den Punkten von v_s, deren Tangenten zu l_s parallel sind, beginnt der Schlagschatten v^*, den die Fläche auf sich selbst wirft. Zu seiner Konstruktion ist der Schatten v^* von v_s auf die xz-Ebene, sowie der Schatten einzelner Parallelkreise auf diese Ebene nötig. v_s und v_* kann man vorteilhaft mittels des orthogonalen Grundrisses erhalten, indem man in der früher für die Rotationsflächen gelehrten Methode zuerst ihre Grundrisse sucht.

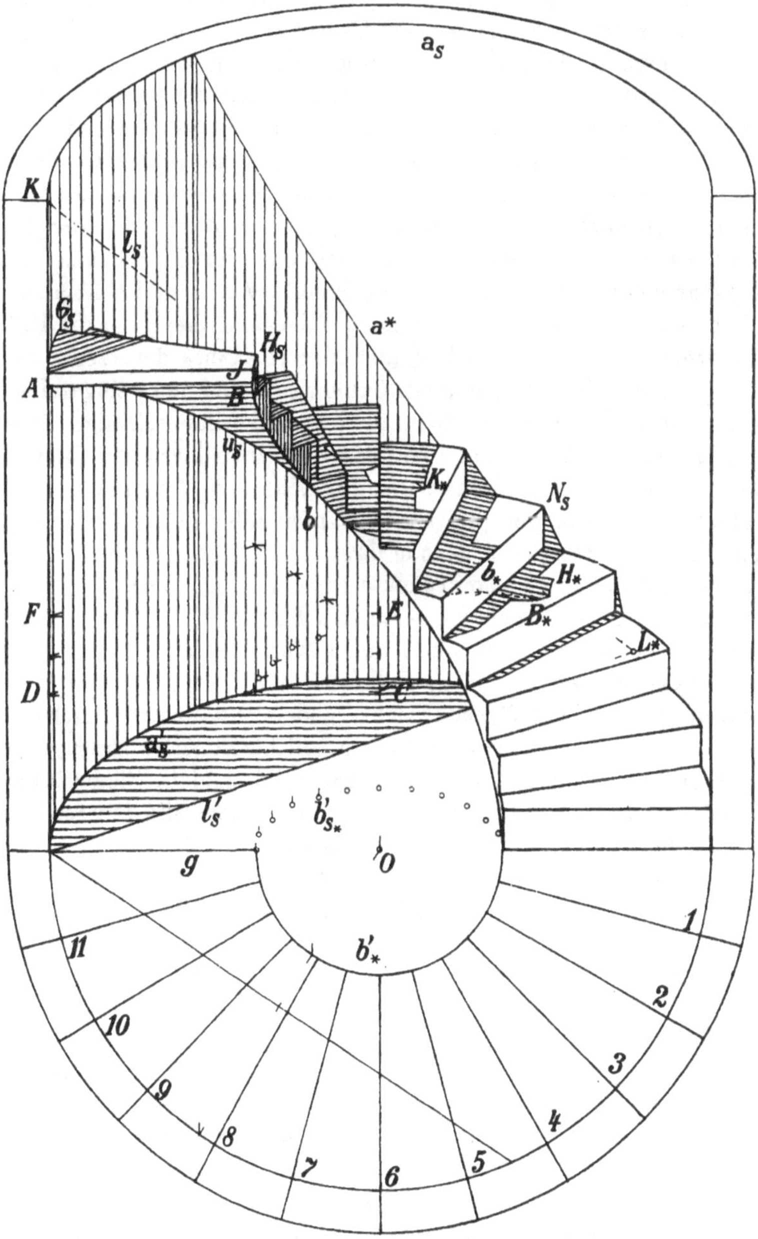

Fig. 37.

44. Anwendungsbeispiel. Freitragende Wendeltreppe. Gegeben ist der Grundriß und außerdem die Höhe h der Treppenstufen, deren zwölf auf einen halben Umgang kommen (Fig. 37). Bei der Konstruktion der schiefen Ansicht sind die Achsen, die hier keine Rolle spielen, weggelassen; auch hier wird die Annahme gemacht, daß die Normalen zur Bildebene vertikale Bilder von halber natürlicher Größe besitzen. Die Bildebene lassen wir mit der Ebene des Durchschnitts zusammenfallen und stellen den hinter der Bildebene liegenden Teil der Wendeltreppe dar; ihr Grundriß ist nach unten umgelegt. Zunächst sind die Punkte von a' und b' abgebildet, indem man von ihnen die Lote auf g fällt, und diese um die Hälfte verlängert. Die obere vordere und hintere Kante der ersten Stufe liegen um die Höhe h über ihren Grundrissen (die nicht eingezeichnet sind); die Bilder ihrer Endpunkte auf der zylinderförmigen Wand befinden sich senkrecht über den bzw. Grundrißbildern im Abstand h, die verlängerten Kanten treffen die Achse im Abstand h von O. Ebenso findet man die Bilder der Kanten aller übrigen Stufen, indem man die vertikalen Abstände ihrer Endpunkte von den Grundrißbildern und die ihrer Schnittpunkte mit der Achse gleich $2h$, $3h$ ... macht. Damit sind auch die vertikalen Kanten der Stufen bestimmt, während die Stufen nach innen und außen von horizontalen Kreisbogen begrenzt werden, deren Bilder zu den entsprechenden Bogenstücken von a'_s und b'_s kongruent sind. Die untere Fläche der Wendeltreppe ist eine Schraubenfläche mit horizontalen Erzeugenden, deren innere Randkurve b eine Schraubenlinie bildet. Sie ergibt sich als kongruente Kurve zur Schraubenlinie, welche die inneren Endpunkte der vorderen unteren Stufenkanten verbindet, und ist gegen diese etwas nach unten, um die Strecke d, verschoben. Den Umriß u_s dieser Schraubenfläche erhält man als Hüllkurve von einigen Erzeugenden, die aus den bez. vorderen unteren Stufenkanten durch eine vertikale Verschiebung um die Strecke d hervorgehen.

Die Lichtrichtung ist durch die Wahl von l_s und l_s' gegeben, L_* ist das Bild des ersten Spurpunktes von l. Die Lichtgrenze der zylinderförmigen Wandfläche und der Schlagschatten ihres oberen Randes a auf dieselbe ergibt sich in bekannter Weise aus dem Grundriß a' und bedarf keiner weiteren Erläuterung. Den Schatten der einzelnen Stufen auf die darunter liegende findet man mittels der inneren vertikalen Stufenkante, deren Schatten parallel zu l_s' wird; so gewinnt man den Schatten auf die dritte bis achte Stufe, soweit er von der darüber liegenden Stufe herrührt. Der Schatten a^*

von a bricht sich an der sechsten Stufe und endigt in K^*; die horizontale Fläche dieser Stufe schneidet die Achse in E und hat die Gerade EF zur Bildspur ($FK_* \parallel l_s'$). Der von a herrührende Schatten auf die sechste Stufe ist zu dem betr. Bogenstück von a kongruent; die Schatten der Kante KF auf die sechste, siebente und achte Stufe sind zu l_s' parallel. Die oberste Stufe wirft ebenfalls Schatten auf die unteren Stufen. Die Fläche der vierten Stufe hat die Bildspur CD, in ihr sucht man die senkrecht unter J und H_s liegenden Punkte, worauf sich sofort die Schatten J_* und H_* ergeben; die Schatten von GH auf die vierte bis siebente Stufe folgen daraus unmittelbar, ebenso die Schatten von AB auf diese Stufen. Um sich zu überzeugen, daß nicht der obere Teil der Schraubenlinie b im Lichte liegt und darum auf die Stufen Schatten wirft, ist der Schatten b_* von b auf die vierte Stufe gezeichnet worden. Zu diesem Zweck sind einzelne Punkte von b auf die Fläche dieser Stufe gelotet und mit Hilfe der Lotpunkte ihre Schatten bestimmt worden. Zieht man aber durch B_* den Schatten B_*A_* ($\parallel BA$), so erkennt man, daß b_* bereits innerhalb des Schattens der obersten Stufe zu liegen kommt. Daraus folgt zugleich, daß die die Wendeltreppe nach unten begrenzende Schraubenfläche im Schatten liegt. Die innere zylindrische Leibung der Wendeltreppe empfängt ebenfalls noch Schatten von AB. Die Schatten der vorderen oberen Stufenkanten auf die zylindrische Wandfläche sind kleine Ellipsenbogen, deren Tangenten in den Endpunkten jener Kanten leicht zu finden sind. Zieht man nämlich durch einen solchen Punkt, z. B. N_s, die Mantellinie n des Zylinders und in ihren Endpunkten die Tangenten an a_s' und a_s, so stellen diese die Bilder der Spurlinien der längs n berührenden Ebene in der unteren und oberen Grenzfläche des Zylinders dar; L_* und K sind ebenso die Spurpunkte von l. Die Projektion von l auf die genannte Tangentialebene verbindet also die Fußpunkte der von den Spurpunkten von l auf jene Tangenten gefällten Lote; die Bilder dieser Lote sind parallel zu der Stufenkante durch N_s. Zu der erwähnten Projektion von l ist die Tangente an den Stufenschatten in N_s parallel.

Wäre die Lichtgrenze der unteren Schraubenfläche zu bestimmen, so würde man am besten mittels der reduzierten Ganghöhe nach 467 Bd. I die Konstruktion in dem orthogonalen Grundriß vornehmen und dann ihre auf den Grundrissen der einzelnen Mantellinien gefundenen Punkte senkrecht hinaufschneiden auf deren Bilder.

Das Verfahren der orthogonalen axonometrischen Projektion.

45. Die darzustellende räumliche Figur denken wir uns mit einem rechtwinkligen Koordinatensystem verbunden und auf seine drei Ebenen Π_1, Π_2, Π_3 durch senkrechte Projektion bezogen. Das Ganze, die Raumfigur mit dem Koordinatensystem, projizieren wir senkrecht auf die Bildebene Π, von der wir annehmen, daß sie keiner Koordinatenebene parallel sei. Welches die zweckmäßigste Lage des Koordinatensystems gegen das Objekt ist, entscheidet sich nach dessen geometrischen Eigenschaften. Man wird die Achsen den wichtigsten Linien des Objektes parallel legen und etwa vorhandene Symmetrieebenen als Koordinatenebenen benutzen[6]).

Bezüglich der Bezeichnungen mag für unser gegenwärtiges Verfahren folgendes verabredet werden. Wir werden die Elemente der Originalfigur und ihre axonometrischen Bilder mit den gleichen Buchstaben benennen. Zur Unterscheidung beider aber setzen wir die Symbole, die das Original betreffen, in Klammern. Es bedeuten also z. B. P, P', P'', P''' die Bilder eines Punktes und seiner drei senkrechten Projektionen auf Π_1, Π_2, Π_3; der Originalpunkt heißt dagegen (P). Ebenso sollen g, g', g'', g''' die Bilder einer Geraden und ihrer drei Risse, dagegen (g) die Gerade selbst bezeichnen, usw. Die von Punkten des Originals nach ihren Bildern führenden Strahlen nennen wir wieder Sehstrahlen.

46. Vom Ursprung (O) seien auf den Koordinatenachsen drei Strecken (OX), (OY), (OZ) von der gleichen Länge k abgetragen; sie bilden das Achsenkreuz und um dessen Abbildung handelt es sich zuerst. Die genannten Strecken sind drei Kanten eines Würfels und erscheinen im Bilde verkürzt mit den Längen

$$l = OX, \quad m = OY, \quad n = OZ.$$

Die Verhältnisse

$$\lambda = \frac{l}{k}, \quad \mu = \frac{m}{k}, \quad \nu = \frac{n}{k}$$

heißen die Verkürzungsverhältnisse und stellen für jede in der betreffenden Achsenrichtung gezogene Strecke das Verhältnis der Bildlänge zur wahren Länge dar. Sind α, β, γ die Neigungswinkel der Koordinatenachsen gegen die Bildebene, also auch gegen ihre Projektionen, so hat man:

$$\lambda = \cos\alpha, \quad \mu = \cos\beta, \quad \nu = \cos\gamma.$$

Die Zahlen l, m, n heißen die Verhältniszahlen; nach 136 Bd. I erfüllen sie die Beziehung

$$l^2 + m^2 + n^2 = 2k^2,$$

woraus für die Verkürzungsverhältnisse

$$\lambda^2 + \mu^2 + \nu^2 = 2$$

folgt. — Die Spurpunkte A, B, C der Koordinatenachsen in der Bildebene bestimmen das Spurendreieck ABC; seine Seiten sind die Spurlinien der Koordinatenebenen; die Bilder der Achsen verlaufen durch seine Ecken bzw. rechtwinklig zur gegenüberliegenden Seite und treffen sich im Bilde O des Ursprungs (O).

47. Ist das Spurendreieck ABC gegeben (Fig. 38) und wird hinzugefügt, auf welcher Seite der Bildebene der Ursprung (O) liegen soll, so ist die Lage des Koordinatensystems gegen die Bildebene bestimmt. Der Schnittpunkt O der Höhenlinien AA_1, BB_1, CC_1 des Dreiecks ABC ist das Bild des Ursprungs; schneidet ferner CC_1 den über dem Durchmesser AB konstruierten Kreis in O_0, so ist O_0 eine Umlegung von (O) in die Bildebene um AB ($\angle AO_0B = R$). Trifft die Parallele zu AB durch O den Kreis um C_1 durch O_0 in O^0, so ist O^0O der Abstand des Ursprungs von der Bildebene. Um das Achsenkreuz abzubilden, trage man auf O_0A, O_0B, O^0C die Strecken O_0X_0, O_0Y_0, O^0Z^0 gleich k auf und projiziere sie senkrecht, bzw. parallel zu AB auf OA, OB, OC in die Bildstrecken OX, OY, OZ. Statt jeder dieser Strecken kann auch eine ihr gleiche in entgegengesetzter Richtung von O aus gezogen werden. — Die Seiten des Spurendreiecks ABC liegen in denjenigen Quadranten der Koordinatenebenen, welche den die Strecke $(O)O$ enthaltenden Oktanten des Raumes begrenzen. Der Schnittpunkt O seiner Höhenlinien liegt daher im Inneren des Dreiecks, und seine Winkel sind spitz.

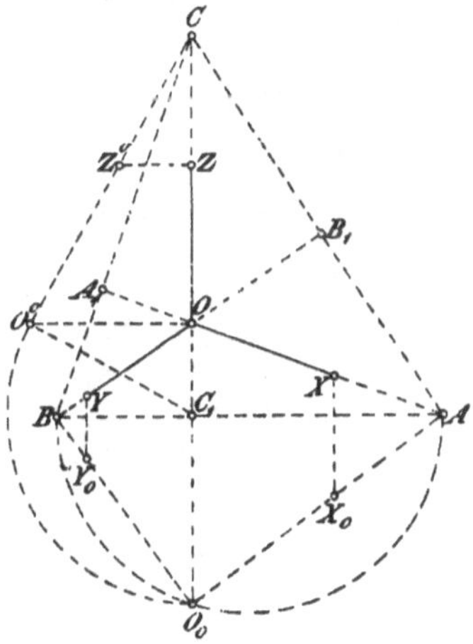

Fig. 38.

Sind die Richtungen OA, OB, OC der Achsenbilder gegeben, so ist das Spurendreieck der Form nach bestimmt. Zu seiner vollständigen Bestimmung, mithin auch zur Bestimmung der Lage des Koordinatensystems gegen die Bildebene, kann die Angabe des senkrechten

Abstandes $(O)O$ des Ursprungs von der Bildebene dienen. Aber auch ohne die letztere Angabe können die drei Verkürzungsverhältnisse

$$\lambda = \frac{OX}{(OX)}, \quad \mu = \frac{OY}{(OY)}, \quad \nu = \frac{OZ}{(OZ)}$$

nach dem Vorigen konstruiert werden (vgl. auch 135 Bd. I).

48. Sind andererseits die Verhältniszahlen l, m, n und damit k, folglich auch die Verkürzungsverhältnisse λ, μ, ν gegeben, so kann man daraus die Abbildung des Achsenkreuzes konstruieren; der Punkt O und die Richtung eines Achsenbildes bleiben willkürlich. Die Konstruktion kann nach 136 Bd. I erfolgen. Man bestimmt nämlich zuerst k gemäß der Relation $l^2 + m^2 + n^2 = 2k^2$, indem man aus l und m als Katheten ein rechtwinkliges Dreieck mit der Hypotenuse p, aus p und n als Katheten ein zweites mit der Hypotenuse q, und mit letzterer noch ein drittes gleichschenklig-rechtwinkliges Dreieck bildet, dessen Katheten die Länge k haben (Fig. 39). Die Wahl der Strecken l, m, n unterliegt, wegen der genannten Relation und weil jede einzelne von ihnen kleiner als k sein muß, einer Einschränkung: das Quadrat jeder einzelnen Strecke l, m, n muß kleiner sein als die Summe der Quadrate der beiden anderen. — Man denke sich (O) in der Bildebene Π gelegen und zeichne die Strecke OZ (etwa vertikal) mit der vorgeschriebenen Länge n. Durch OZ werde eine zur Bildebene senkrechte Ebene E gelegt; sie enthält (OZ). Ferner mögen die Strecken (OX) und (OY) um eine in O auf Π senkrechte Gerade in die Ebene E hereingedreht werden. Legt man dann E um OZ in Π um, so erscheinen die gedrehten Strecken (OX) und (OY), sowie (OZ) in ihren wahren Länge k, nämlich als drei Radien OL, OM, ON eines Kreises, deren senkrechte Projektionen auf den Durchmesser OZ die Längen $OP = l$, $OQ = m$, $OZ = n$ haben. Projiziert man L und M parallel zu OZ auf den zu ON senkrechten Durchmesser in die Punkte R und S, so bilden diese nach der Wieder-

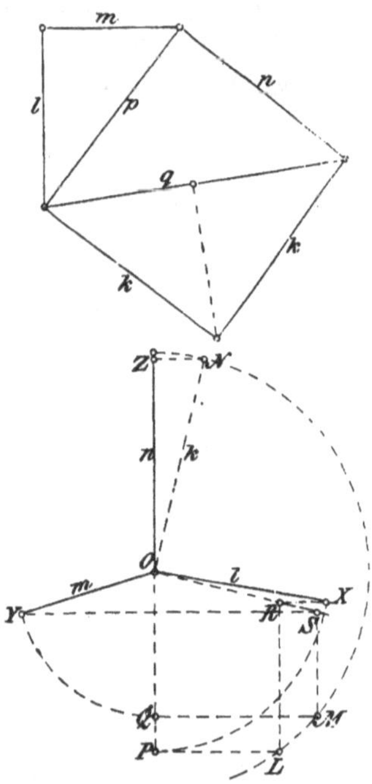

Fig. 39.

aufrichtung von E die senkrechten Projektionen von (X) und (Y) auf E. Die gesuchten Bilder X und Y müssen daher auf den Geraden liegen, die durch R und S senkrecht zu OZ gezogen sind, zugleich aber auf den Kreisen um O mit den Radien OP bzw. OQ. Hiernach sind sie konstruierbar. Man bemerkt, daß die Aufgabe, aus gegebenen Verhältniszahlen die Abbildung des Achsenkreuzes zu bestimmen, auch nach Annahme von OZ mehrere Lösungen zuläßt. Setzt man voraus, daß die Winkel XOY, YOZ, ZOX sämtlich stumpf seien, so existieren zwei zu OZ symmetrisch liegende Bilder des Achsenkreuzes; jedem derselben entsprechen zwei zu Π symmetrische Lagen des Achsenkreuzes, auch wenn der Ursprung in der Bildebene angenommen ist. Sodann kann jede Achsenrichtung in die entgegengesetzte verwandelt werden, endlich kann das Achsenkreuz zu sich selbst parallel in der Richtung senkrecht zu Π verschoben werden, ohne daß sich hierbei seine Abbildung oder die eines mit ihm verbundenen Objektes ändert.

49. Wird ein Gegenstand nach gegebenen Maßen gezeichnet, so empfiehlt es sich, Maßstäbe zu bilden, nach denen die Bildlängen der in den Achsenrichtungen verlaufenden Strecken leicht bestimmt werden können. Als natürlichen Maßstab bezeichnen wir den, der bei der Messung angewendet wurde. Als Maßstab des Bildes bezeichnen wir den, welcher zur Messung der in der Bildebene selbst gelegenen Figuren angewendet wird und dessen Einheiten die gleichbenannten Einheiten des natürlichen Maßstabes bedeuten (gleichviel ob man sich daß Objekt in seiner wahren Größe, oder verkleinert, oder vergrößert der Projektion unterworfen denkt).

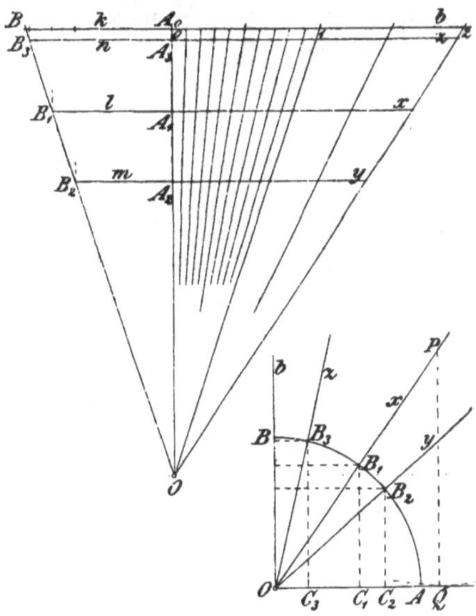

Fig. 40.

Aus dem Maßstab des Bildes leitet man die Verkürzungsmaßstäbe für die Achsen (oder kurz die Achsenmaßstäbe) ab, deren Einheiten die in der betreffenden Achsenrichtung am Objekte gemessenen Einheiten darstellen. Aus der Abbildung des Achsenkreuzes entnimmt man die Bildlängen l, m, n einer und derselben auf den drei Achsen aufgetragenen Strecke k und zeichnet k, l, m, n als Parallelen zwischen den Schenkeln eines spitzen Winkels, etwa als AB, $A_1 B_1$, $A_2 B_2$, $A_3 B_3$ zwischen den Schenkeln des $\angle AOB$. Trägt man dann von A aus auf der Geraden AB die Teile des Bildmaßstabes auf, so projizieren sich dieselben aus dem Zentrum O in die entsprechenden Teile der Achsenmaßstäbe für x, y, z (Fig. 40).

Ein anderes Verfahren zur Messung der Bildstrecken bedient sich eines sogenannten Sinusmaßstabes. Trägt man nämlich an die Linie OA die Winkel AOB_1, AOB_2, AOB_3 an, deren Sinus

$$\frac{B_1 C_1}{OB_1}, \quad \frac{B_2 C_2}{OB_2}, \quad \frac{B_3 C_3}{OB_3}$$

sich wie $l:m:n$ verhalten, so kann man die Bildlänge einer zur Achse (x), (y) oder (z) parallelen Strecke leicht bestimmen, indem man ihre Länge (im Maßstabe des Bildes) auf OB_1, OB_2 oder OB_3 von O aus aufträgt und von ihrem Endpunkt das Lot auf OA fällt, welches die gesuchte Bildlänge hat. Ist z. B. OP auf OB_1 die wahre Länge einer in der (x)-Richtung laufenden Strecke, so ist $PQ \perp OA$ die Länge ihres Bildes. Man hat nicht nötig, PQ wirklich zu ziehen, sondern findet PQ als Radius des um P gelegten und OA in Q berührenden Kreises durch Probieren mit dem Handzirkel.

50. Als Verhältniszahlen l, m, n nimmt man gern ganze Zahlen. Sind sie alle einander gleich, so heißt die Projektion isometrisch; sind zwei einander gleich, aber von der dritten verschieden, so heißt die Projektion dimetrisch (auch monodimetrisch); sind aber alle drei verschieden, so hat man eine trimetrische (oder anisometrische) Projektion. Die trimetrische ist den beiden anderen Projektionsarten vorzuziehen, weil bei jenen gelegentlich gewisse Symmetrieebenen eines Objektes sich als gerade Linien projizieren, nämlich Halbierungsebenen der Winkel des Koordinatensystems und zu ihnen parallele Ebenen. Denkt man sich eine Koordinatenachse (z) vertikal, wie dies der gewöhnlichen Stellung der Objekte und des Beschauers entspricht, so ist es zweckmäßig die Richtung der Sehstrahlen so zu wählen, daß die nach oben, vorn bzw. rechts gekehrten Seiten der Koordinatenebenen Π_1, Π_2, Π_3 sichtbar werden. Die Bildebene Π legt man senkrecht zu den Sehstrahlen (am einfachsten durch den Ursprung (O)). Axonometrische Bilder, bei denen die z-Koordinaten (Höhen) und x-Koordinaten (Breiten) nur wenig, die y-Koordinaten (Tiefen) aber verhältnismäßig stärker verkürzt sind, wirken am anschaulichsten.

Um die Wirkung der verschiedenen Projektionsarten einigermaßen beurteilen zu können, sind in Fig. 41 Abbildungen eines und desselben Würfels, bzw. eines und desselben regelmäßigen Oktaëders, dessen Achsen die Koordinatenachsen sind, zusammengestellt: *a*) in schiefer Projektion, *b*) in isometrischer, *c*) in dimetrischer, *d*) in trimetrischer orthogonaler Projektion. Der Anblick dieser Figuren lehrt bereits, daß die trimetrische orthogonale Projektion *d*) und demnächst die schiefe Projektion *a*) die anschaulichsten Bilder geben. Letztere ruft leichter den Eindruck der Verzerrung hervor, weil wir nicht gewöhnt sind, die Richtung unseres Blickes der schiefen

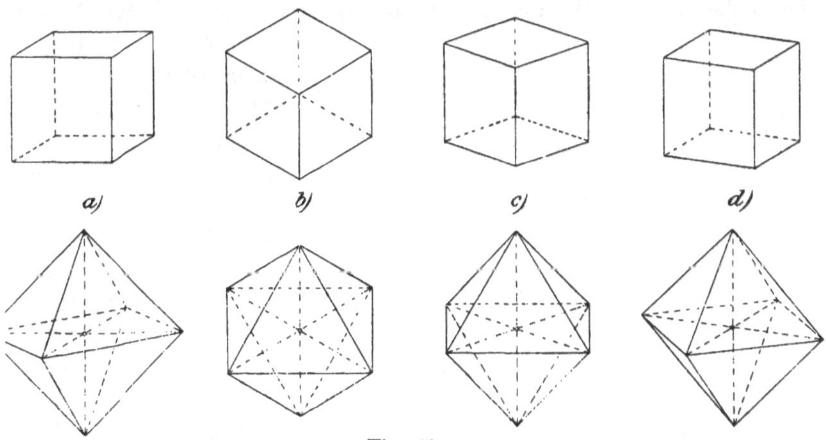

Fig. 41.

Projektion anzupassen. Den Grad der Verzerrung erkennt man am Bilde einer Kugel, deren scheinbarer Umriß bei der orthogonalen Projektion kreisförmig, bei der schiefen dagegen elliptisch ausfällt.

51. Im folgenden setzen wir überall die Abbildung des gleichschenkligen Achsenkreuzes, bzw. das Spurendreick, als gegeben voraus.

Die Darstellung der Punkte, Geraden und Ebenen in axonometrischer Projektion vollzieht sich nach denselben Grundsätzen wie bei der schiefen Projektion (vgl. 11—14).

Ein Punkt (P) wird durch sein Bild P und das Bild seiner senkrechten Projektion auf eine Koordinatenebene, z. B. P', dargestellt. Ebenso wird eine Gerade (g) durch ihr Bild g und das Bild g' ihres Grundrisses bestimmt. Zur Darstellung einer Ebene gehört die Angabe der Bilder zweier ihrer Spuren in den Koordinatenebenen. Über die vereinigte Lage von Punkten, Geraden, Ebenen, über ihre Verbindungs- und Schnittelemente und den Parallelismus ist nichts Neues zu sagen. Die hierauf bezüglichen Aufgaben werden analog den früheren gelöst. Dagegen bedarf die Behandlung der Probleme, die sich auf die rechtwinklige Stellung von Geraden und Ebenen, auf die Bestimmung von Winkeln und Abständen und der wahren Gestalt ebener Figuren beziehen, noch einer kurzen Erörterung.

52. Zuerst ist die Aufgabe zu lösen: in einer Koordinatenebene aus einem gegebenen Punkte (P) auf eine gegebene Gerade (g) das Lot (l) zu fällen (Fig. 42). Der Punkt (P) und die Gerade (g) sollen durch ihre Bilder gegeben sein; sie mögen beispielsweise in Π_1 liegen. A, B, C, seien die Spurpunkte der Achsen in der Bildebene (oder auch in einer zu ihr parallelen Ebene).

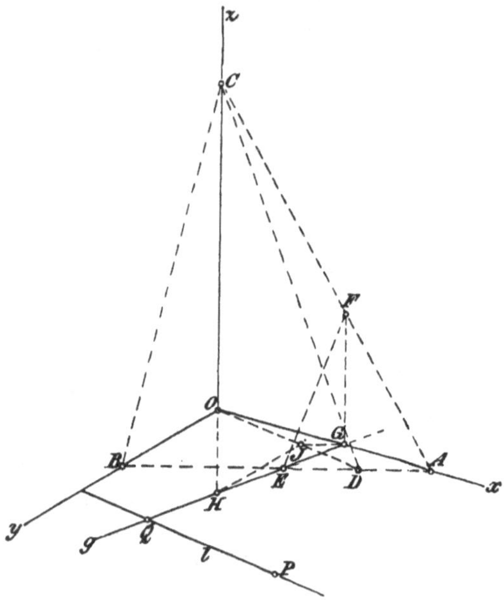

Fig. 42.

1. Lösung. Die Bildspur CD einer Ebene, die durch (z) normal zu (g) gelegt ist und (AB) in (D) schneidet, ist rechtwinklig zum Bilde g (67 Bd. I) und das Bild OD ihrer ersten Spur parallel zum Bilde des Lotes (l). Man findet l als die Parallele zu OD durch P.

2. Lösung. Die Bildspur EF der ersten projizierenden Ebene (EFG) von (g) ist normal zum Bilde des Lotes (l). Man findet l als die Normale zu EF durch P ($g \times AB = E$, $g \times x = G$, $GF \parallel z$, $AC \times GF = F$). Statt der projizierenden Ebene (EFG) kann man jede zu ihr parallele Ebene, z. B. die durch z, benutzen.

3. Lösung. Die Sehstrahlenebene durch (z) schneide (g) in (H), wobei $H = g \times z$. Die Höhenlinien des Dreiecks (GHO) in Π_1 schneiden sich in einem Punkte (J) und zwar ist $GJ \perp z$, $HJ \parallel y$; l geht parallel zu OJ durch P. Bei dieser Lösung werden nur die Achsenbilder, aber kein Spurendreieck gebraucht.

53. Um die wahre Länge einer Strecke (PQ) zu finden, die durch PQ und $P'Q'$ gegeben ist (Fig. 43), ziehe man $OM \#\ Q'P'$ und $MN \# PQ$, so liegt (M) in Π_1, (N) auf (z), und es ist $(MN) \# (PQ)$.

Das Spurendreieck ABC der durch M gelegten Bildebene Π in den Koordinatenebenen ist dadurch bestimmt, daß seine Seiten AB, BC, CA bzw. senkrecht zu z, x, y liegen und die erste AB durch M geht, MC ist die Bildspur der Ebene (MNO); wir legen letztere um MC in die Bildebene um und erhalten die wahre Länge von (PQ) als Umlegung MN^0 von MN. Die Umlegung O^0 von O liegt auf der Senkrechten zu MC durch O und, da $\angle\,(COM) = R$ ist, zugleich auf dem Kreise über dem Durchmesser CM; N^0 liegt auf CO^0 und NN^0 ist parallel zu OO^0. — Statt dieses Verfahrens kann man auch eine Parallelverschiebung des Koordinatensystems anwenden. Man ziehe $PR \# P'Q'$, so daß (R) auf (QQ') liegt, und mache (R) zum Ursprung und (RQ) zur z-Achse des verschobenen Koordinatensystems. Die Umlegung von (PQ) in die durch (P) gedachte neue Bildebene vollzieht man genau ebenso wie vorhin.

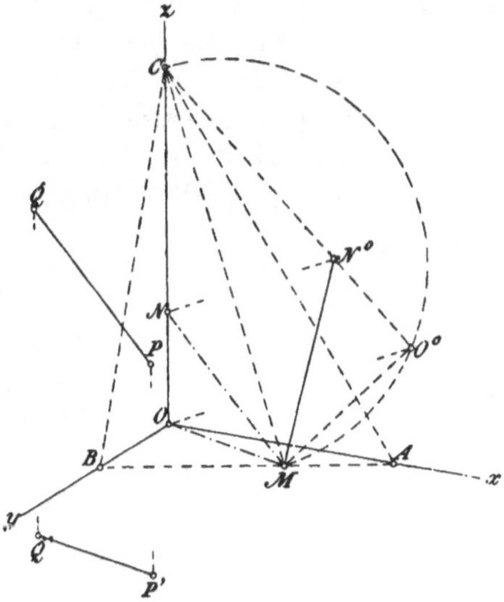

Fig. 43.

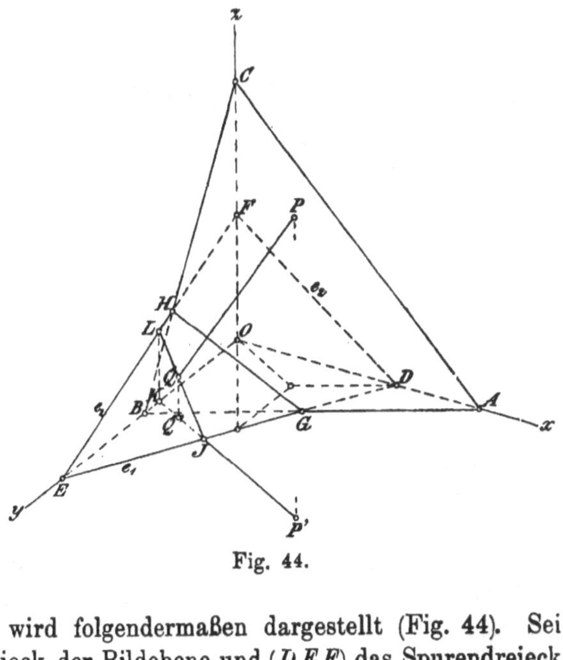

Fig. 44.

54. Das aus einem Punkte (P) auf eine Ebene E gefällte Lot (PQ) wird folgendermaßen dargestellt (Fig. 44). Sei ABC das Spurendreieck der Bildebene und (DEF) das Spurendreieck der Ebene E, also $DE = e_1$, $DF = e_2$, $EF = e_3$, so ist GH die Bildspur von E ($G = AB \times DE$, $H = BC \times EF$) und PQ liegt senkrecht zu GH. Ferner ist $(P'Q') \perp (e_1)$, also $P'Q'$ nach 52 bestimmbar. Schneidet aber $P'Q'$ das Spurbild e_1 in J und y in K, und liegt L auf e_3 so, daß $KL \parallel z$, so ist JL das Bild der Schnittlinie von E mit der ersten projizierenden Ebene von PQ und enthält Q.

55. Die Umlegung einer Ebene E um ihre Bildspur in die Bildebene (Fig. 45). Das Spurendreieck (DEF) der Ebene E

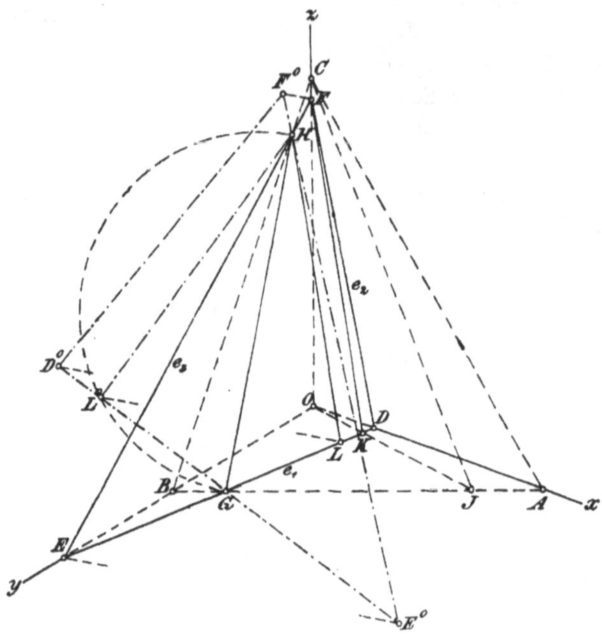

Fig. 45.

bestimmt mit dem Spurendreieck ABC der Bildebene die Spurlinie von E in Π, welche die Schnittpunkte der gleichnamigen Spurbilder, z. B. $G = AB \times DE$, $H = BC \times EF$ enthält. Die Bildspur CJ der normal zu (e_1) durch z gelegten Ebene ist rechtwinklig zu e_1, und diese Ebene (COJ) schneidet aus E eine erste Fallinie (FK) aus. Zieht man $HL \parallel FK$, so stellt $\angle GLH$ einen in E gelegenen rechten Winkel dar; die Umlegung L^0 von L in die Bildebene (um GH) liegt daher auf einem über dem Durchmesser GH konstruierten Halbkreise und auf dem aus L auf GH gefällten Lote; $GL^0 = e_1{}^0$ ist die Umlegung der Spurlinie (e_1). Auf ihr bestimmt man die Umlegung E^0 von (E) durch die Beziehung $EE^0 \parallel LL^0$ und damit $e_3{}^0$ als HE^0. —

Hiernach kann die wahre Gestalt ebener Figuren bestimmt werden, denn das Bild einer solchen ebenen Figur ist affin zu ihrer Umlegung in die Bildebene; die Bildspur der betreffenden Ebene ist die Affinitätsachse, das Bild irgend eines ihrer Punkte und seine Umlegung bestimmen einen Affinitätsstrahl ($\parallel L\,L^0$).

56. Um den Winkel zweier Geraden zu bestimmen, stelle man ihre Parallelen (g) und (h) durch den Ursprung (O) dar (Fig. 46), bestimme mit Hilfe des Spurendreiecks ABC ihre Spurpunkte in der Bildebene G und H und lege um ihre Verbindungslinie $e = GH$ den Ursprung und damit den gesuchten Winkel $\varphi = \angle\, GOH$ in die Bildebene um ($J = g' \times AB$, $G = g \times CJ$; $K = h' \times AB$, $H = h \times CK$). Die Linie e treffe die Seite BC des Spurendreiecks in L und ein über dem Durchmesser BC geschlagener Halbkreis die (zu BC normale) Linie x in O_0, so ist LO_0 die Umlegung der Strecke (LO) um BC. Zieht man aber OO^0 normal zu e und macht $LO^0 = LO_0$, so ist O^0 der um e umgelegte Ursprung und folglich $\angle\, GO^0H = \varphi$ der gesuchte Winkel in wahrer Größe. Man kann O^0 auch dadurch finden, daß man $OO^0 \perp e$ zieht und $(O^0 \dashv e)$ gleich der Hypotenuse eines Dreiecks mit den Katheten $(O \dashv e)$ und $O(O)$ macht.

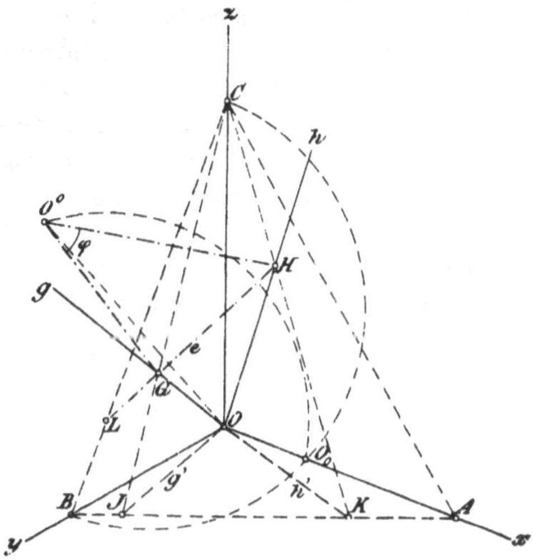

Fig. 46.

57. Wir wenden die axonometrische Projektionsmethode zuerst auf die Zeichnung von Kristallformen des tesseralen Systems an. Die Kristalle dieses Systems besitzen ein gleichschenklig-rechtwinkliges Achsenkreuz. Die Lage einer Kristallfläche denkt man sich durch die Verhältnisse der Abschnitte bestimmt, die sie auf den drei Achsen hervorbringt (indem man diese Abschnitte

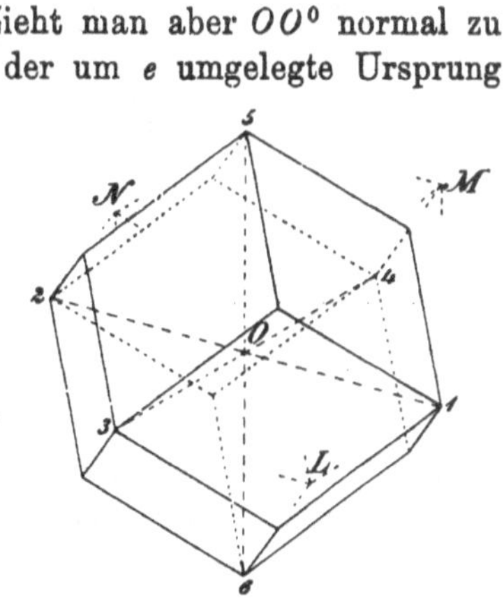

Fig. 47.

vom Ursprung O aus mißt). Bei einem Rhombendodekaëder z. B. (Fig. 47) gelten die Verhältnisse $1:1:\infty$, d. h. es schneidet jede Fläche zwei Achsen in gleicher Entfernung von O und die dritte Achse im Unendlichen. In den Koordinatenebenen laufen also die Spurlinien der (verlängerten) Seitenflächen parallel zu den Achsen (12), (34), (56) und in gleicher Entfernung von ihnen; sie schneiden sich paarweise in den Ecken dreier Quadrate, nämlich in (L), (M), (N) und den zu ihnen symmetrischen Punkten. Die Ecken jedes solchen Quadrates liefern, mit den beiden Endpunkten der zu ihm senkrechten Achse verbunden, je 8 der 24 Kanten des Rhombendodekaëders. Dieses kann daher mit großer Leichtigkeit gezeichnet werden, sobald nur das Achsenkreuz abgebildet ist. Die gezogenen Kanten treffen sich zu dreien in 8 Ecken, während sie in den 6 Endpunkten der Achsen zu vieren zusammenstoßen.

Es mag noch ein Vierundzwanzigflach (Trapezoëder) dargestellt werden, dessen Seitenflächen Achsenabschnitte machen, die

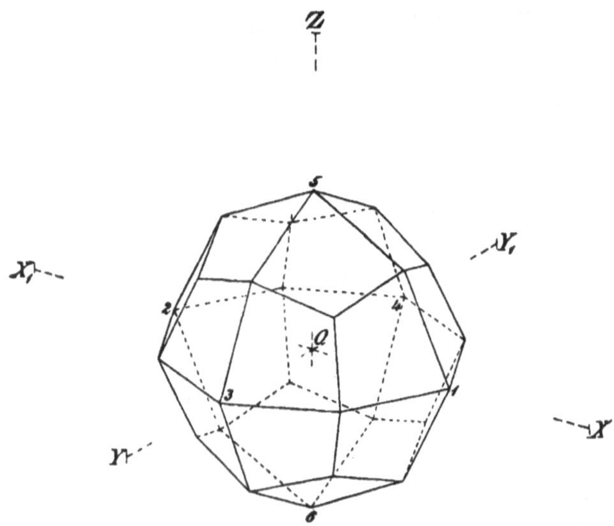

Fig. 48.

sich wie $1:2:2$ verhalten (Fig. 48). Sind X, X_1, Y, Y_1, Z, Z_1 die Bilder der Endpunkte des vollständigen Achsenkreuzes, so halbiere man die von O bis zu ihnen reichenden Strecken. Je zwei auf einer Achse liegende Halbierungspunkte sind mit den 4 Endpunkten der beiden anderen Achsen zu verbinden; man erhält so 24 Kanten des Trapezoëders. Außer den 6 auf den Achsen befindlichen Ecken hat man jetzt noch 12 weitere als Schnittpunkte je zweier Kanten;

es liegen nämlich in jeder Koordinatenebene 4, die wieder je mit den beiden Endpunkten der zu ihr senkrechten Achse zu verbinden sind. In den bisher aufgeführten 18 Ecken stoßen je 4 Kanten zusammen. Die zuletzt gezogenen 24 Kanten schneiden sich aber noch zu dreien in 8 neuen Ecken.

58. Darstellung einer Kugel in axonometrischer Projektion mit Eigen- und Schlagschattengrenzen (Fig. 49). Die Kugel berühre die Koordinatenebene Π_1 im Ursprung (O); durch ihr auf der z-Achse befindliches Zentrum C werde die Bildebene gelegt. Die Abbildung des Achsenkreuzes samt dem Spurendreieck

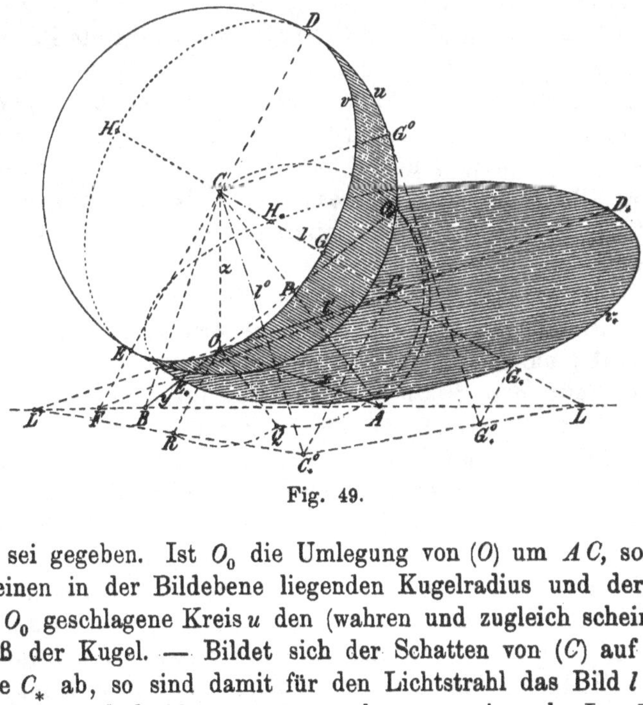

Fig. 49.

ABC sei gegeben. Ist O_0 die Umlegung von (O) um AC, so bildet CO_0 einen in der Bildebene liegenden Kugelradius und der um C durch O_0 geschlagene Kreis u den (wahren und zugleich scheinbaren) Umriß der Kugel. — Bildet sich der Schatten von (C) auf Π_1 im Punkte C_* ab, so sind damit für den Lichtstrahl das Bild $l = CC_*$ und das Grundrißbild $l' = OC_*$ gegeben; es sei noch $L = l \times AB$ und $L' = l' \times AB$. Die Lichtgrenze (v) auf der Kugel ist derjenige Hauptkreis, dessen Ebene normal zum Lichtstrahl steht; sein in der Bildebene liegender Durchmesser DE ist daher senkrecht zu l zu ziehen. DE trifft Π_1 in F auf AB; folglich stellt $D_* E_*$ auf FC_* den Grundrißschatten von DE dar, wenn DD_* und EE_* parallel zu l sind. Der zu DE senkrechte Durchmesser (GH) von v liegt in der Sehstrahlebene durch l und zwar normal zu (l); sein Bild GH und das seines Grundrißschattens $G_* H_*$ liegen auf l selbst. DE und

GH bilden die Achsen der Ellipse v; $D_* E_*$ und $G_* H_*$ sind konjugierte Durchmesser der Ellipse v_*, d. i. des Bildes der Schlagschattengrenze in Π_1. Um GH zu bestimmen, legt man die Sehstrahlenebene durch GH) um $l = CL$ in die Bildebene nieder; hierbei kommt C_* in die Lage C_*^0, wenn $C_* C_*^0 = (C_* \dashv \Pi)$ und $\perp l$ ist. Es besteht aber die Proportion:

$$(C_* \dashv \Pi) : (O \dashv \Pi) = C_* L' : O L',$$

denn L' ist die Bildspur der Geraden $(l') = (O C_*)$. Nun findet man $(O \dashv \Pi)$ als die Kathete OQ des rechtwinkligen Dreiecks OPQ mit der Hypotenuse $PQ (= PO_0)$; hierauf zeichnet man $OR = OQ$ und $C_* C_*^0$, beide senkrecht zu l, und findet C_*^0 auf $L'R$. Jetzt ist $l^0 = C C_*^0$ der umgelegte Lichtstrahl und $CG^0 (\perp l_0)$ der umgelegte Radius (CG); zugleich ist $C_*^0 L$ die umgelegte erste Spur der Ebene und G_*^0 der umgelegte erste Spurpunkt des Lichtstrahls durch $G (G^0 G_*^0 \parallel l^0)$. Projiziert man jetzt G^0 und G_*^0 senkrecht auf l, so ergeben sich die gesuchten Punkte G und G_* und daraus H und H_*. Schließlich sind die Ellipsen v und v_* in bekannter Weise zu zeichnen.

59. Achsenbild $Oxyz$ und Spurendreieck ABC seien wiederum gegeben. Auf der Grundrißebene Π_1 ruht ein gerader Kreiszylinder $\mathfrak{C}$; er berührt Π_1 längs der Mantellinie (OF), die mit der x-Achse zusammenfällt; die eine seiner beiden ebenen Endflächen liegt in Π_3, die andere dazu parallel. Neben dem Zylinder steht auf der Seite des Beschauers ein gerader Kreiskegel $\mathfrak{K}$; sein Grundkreis in Π_1 ist (k), (K) dessen Zentrum, und (S) die Kegelspitze. Zylinder und Kegel, sowie die Grenzen ihrer Eigen- und Schlagschatten sollen dargestellt werden (Fig. 50).

Es werde zuerst die Ebene Π_3 um ihre Spur BC in die Bildebene umgelegt. O_0 sei die Umlegung des Ursprungs (O_0 auf der Verlängerung von x, $\angle BO_0C = \mathrm{R}$). Das Zentrum M_0 des mit Π_3 umgelegten Endkreises m_0 von $\mathfrak{C}$ liegt auf der umgelegten z-Achse $O_0 C$; $N_0 O_0$ und $P_0 Q_0$ seien rechtwinklige Durchmesser. Das Bild des genannten Endkreises ist eine zum umgelegten Kreise affine Ellipse; BC ist die Affinitätsachse, O_0 und O sind affine Punkte und die Affinitätsstrahlen laufen parallel zu $x (\perp BC)$; somit ist die große Achse der Ellipse parallel zu BC und gleich dem Kreisdurchmesser. Den genannten rechtwinkligen Durchmessern des Kreises entsprechen konjugierte Durchmesser der Ellipse, nämlich NO auf z und $PQ \parallel y$. Durch M_0 ziehen wir $a = MD$, als Bild der Zylinderachse parallel zu x. Zu x parallel laufen auch die Umrißmantellinien des Zylinders, die in ihrer Verlängerung m_0 berühren. Der andere Endkreis wird als eine zur vorigen kongruente Ellipse abgebildet; D ist ihr Mittelpunkt; $EF \# NO$ und $GH \# PQ$ sind wieder konjugierte Durchmesser. Wir denken uns die Richtung des Lichtstrahles durch die seines Bildes und seines Grundrißbildes, also durch l und l', gegeben und leiten daraus das Bild l''' des Seitenrisses ab. Geht l''' durch M, l_0''' durch M_0 und treffen sich beide auf BC, so ist l_0''' der umgelegte Seitenriß eines Lichtstrahles, der die Zylinderachse schneidet. Die zu l''' parallelen Tangenten des Kreises $(NPOQ)$ bilden die

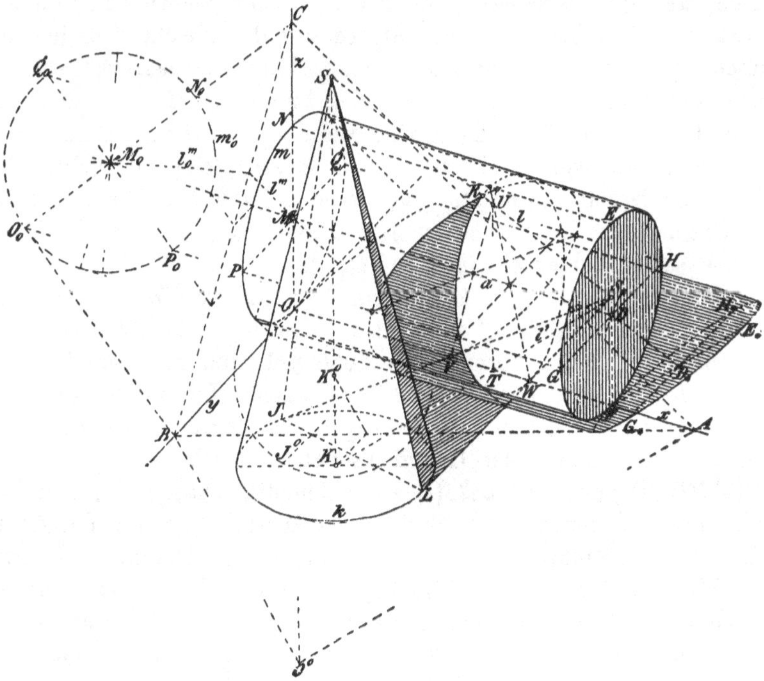

Fig. 50.

dritten Spuren der beiden Lichtstrahlebenen, die den Zylindermantel berühren; ihre Berührungslinien bilden die Grenze seines Eigenschattens und ihre ersten Spuren die seines Schlagschattens auf Π_1. Die Bilder jener Mantellinien gehen verlängert durch die beiden Punkte von m_0, deren Tangenten zu l_0''' parallel sind. Diese beiden Tangenten treffen $y_0 = BO_0$ in zwei Punkten, die auch auf den verlängerten Schlagschattenlinien liegen. — Ist $DD_* \parallel l$ und $FD_* \parallel l'$, ist ferner $D_* E_* = FD_*$, so ist FE_* der Schatten von FE, während GH einen dazu parallelen und gleichlangen Schatten $G_* H_*$ liefert. Der Schlagschatten des Endkreises besitzt alsdann die konjugierten Durchmesser FE_* und $G_* H_*$.

Es werde zweitens die Ebene Π_1 um AB in Π umgelegt; O^0 sei die Umlegung des Ursprungs (O^0 auf z, $\angle AO^0B = R$). Wir nehmen in der Umlegung den ersten Spurpunkt K^0 der Kegelachse und seinen Grundkreis k^0 an; ihre Bilder K und k sind dann hierzu afün; AB ist die Affinitätsachse, O^0 und O affine Punkte. Die Ellipse k kann mit Hilfe ihrer Achsen gezeichnet werden, die parallel bzw. senkrecht zu AB liegen. Senkrecht über ihrem Zentrum K werde das Bild S der Kegelspitze gewählt. Entsprechen sich S^0 und S durch die eben benutzte Affinität, so gilt das gleiche von den aus diesen Punkten an k^0 und k gelegten Tangentenpaaren; letzteres bildet den scheinbaren Umriß des Kegelmantels. Sind SS_* und KS_* parallel zu l bzw. l', so ist S_* das Bild des Grundrißschattens von S. Die Polare JL von S_* in bezug auf k wird leicht mit Hilfe des affinen Kreises k^0 bestimmt. Die Geraden SJ und SL stellen dann die Grenze des Eigenschattens auf dem Kegel, S_*J und S_*L die Grenze seines Schlagschattens auf Π_1 dar.

Der Kegel erzeugt Schlagschatten auf dem Zylinder. Die beiden Lichtebenen (SJS_*) und (SLS_*) schneiden nämlich den Zylindermantel in zwei Ellipsen. Der Schlagschatten wird von Stücken derselben begrenzt, die in dem gemeinsamen Punkte (R) auf (SS_*) beginnen und auf der sichtbaren Eigenschattengrenze des Zylinders endigen. Die Bilder der Grundrißschatten der Mantellinien durch $(E)(F)(G)(H)$ und der Achse (a) schneiden die Schatten JS_* und KS_* in Punkten, denen auf den Bildern der Mantellinien und der Achse selbst die Endpunkte je eines Paares konjugierter Durchmesser sowie der Mittelpunkte beider Bildellipsen entsprechen. Zwei dieser Durchmesser liegen in der Ebene durch (z), ihre Bilder schneiden sich in U ($T = x \times KS_*$, $TU \parallel z$, U auf SS_*); die beiden andern befinden sich in einer Parallelebene zu Π_1, ihre Bilder sind daher parallel zu JS_* und LS_*. Der Punkt (R) gehört der Mantellinie an, deren Schattenbild auf Π_1 durch S_* geht. Man ziehe also durch S_* eine Parallele zu x, durch ihren Schnittpunkt mit y eine Parallele zu l''', durch deren Schnittpunkt mit dem Ellipsenbogen NP wieder eine Parallele zu x; letztere trifft SS_* in R. Legt man noch an den Bogen NP in dem eben genannten Schnittpunkt die Tangente t und durch $t \times y$ eine Parallele zu x, so liefert sie auf S_*J und S_*L die Spurpunkte der beiden Tangenten, die in R das Bild des Kegelschattens auf dem Zylinder berühren.

ZWEITES KAPITEL.

Freie Perspektive.

Perspektive Darstellung von Ebene, Gerade und Punkt.

60. Zur perspektiven Darstellung oder Zentralprojektion eines räumlichen Gegenstandes bedarf man eines festen Punktes, des Augpunktes, und einer festen Ebene, der Bildebene, deren Lage zum Gegenstand gegeben ist. Indem man vom Augpunkte nach allen Punkten des Objektes Strahlen zieht, erhält man in ihren Schnittpunkten mit der Bildebene die Bilder dieser Punkte; die Gesamtheit dieser Bildpunkte macht das Bild des Objektes aus. Es ist sofort ersichtlich, daß hierbei jedem Raumpunkt ein bestimmter Bildpunkt zukommt, daß aber jeder Punkt der Bildebene noch unendlich vielen Punkten des Raumes als Bild zugehört, nämlich allen Punkten des Strahles, der den Punkt der Bildebene mit dem Augpunkte verbindet. Ein Raumpunkt ist somit durch sein perspektives Bild noch nicht bestimmt. Wir werden weiterhin sehen, wie seine räumliche Lage fixiert werden kann[7]).

Die Lage des Augpunktes oder des Zentrums der Perspektive gegen die Bildebene wird in der folgenden Weise bestimmt. Vom Augpunkte, der stets mit O bezeichnet werden soll, fälle man ein Lot auf die Bildebene; sein Fußpunkt A heißt der Hauptpunkt, seine Länge OA die Distanz. Sind Hauptpunkt sowie Größe und Richtung der Distanz bekannt, so kennt man auch die Lage des Augpunktes auf der einen oder anderen Seite der Bildebene. Um A als Mittelpunkt zieht man einen Kreis, den Distanzkreis d, dessen Radius gleich der Distanz ist.

Die Lage des Objektes gegen die Bildebene ist für die Gestalt des Bildes von wesentlicher Bedeutung. Wird Auge und Objekt festgehalten und nur die Lage der Bildebene geändert, so sind die betreffenden Bilder perspektive ebene Figuren (166 Bd. I). Verschiebt man die Bildebene parallel zu sich selbst, so erleidet die in ihr liegende Bildfigur eine ähnliche Vergrößerung oder Verkleinerung.

61. Die Bildebene teilt den Raum in zwei Teile, von denen der eine den Augpunkt enthält. Von diesem Teile wollen wir sagen, er liege vor der Bildebene, während wir von dem anderen Teil sagen, daß er hinter der Bildebene liege. Die Lage der Bildebene wird fast immer so gewählt, daß das darzustellende Objekt hinter ihr gelegen ist. Wir haben im ganzen dreierlei Raumpunkte zu unterscheiden. Erstens: Punkte hinter der Bildebene; ihre Bilder liegen zwischen ihnen und dem Auge. Zweitens: Punkte vor der Bildebene, die ihr näher liegen als das Auge; ihre Bilder liegen vom Augpunkt in der gleichen Richtung wie sie selbst, aber in größerer Entfernung wie diese. Drittens: Punkte vor der Bildebene, deren Abstand von ihr größer ist als die Distanz; ihre Bilder liegen vom Augpunkt aus in der entgegengesetzten Richtung wie sie selbst, d. h. der Augpunkt trennt den Raumpunkt und sein Bild. In dem dritten Fall nennt man das Bild virtuell nach einer gebräuchlichen Bezeichnungsweise der Optik, da hier nicht der Sehstrahl aus dem Auge nach dem Raumpunkt, sondern seine Verlängerung rückwärts über das Auge hinaus die Bildebene trifft. In den beiden ersten Fällen heißt das Bild reell. Der Gegenstand, dessen Bild wir entwerfen wollen, muß natürlich eine derartige Lage zur Bildebene und zum Auge einnehmen, daß sein Bild reell wird. Trotzdem sind öfters auch virtuelle Bilder von Punkten, Geraden usw. zu konstruieren, die als Hilfselemente dienen; für die Konstruktion reeller und virtueller Bilder ergibt sich kein Unterschied.

Hinsichtlich der Bezeichnung mag noch vorausgeschickt werden, daß die Bilder eines Raumpunktes P, einer Raumgeraden g usw. durch Anhängen des Index c an die betreffenden Zeichen, also P_c, g_c usw., gekennzeichnet werden sollen. Die Bildebene soll kurz durch Π bezeichnet werden.

62. Darstellung einer Ebene. Eine Ebene E im Raume legen wir fest, indem wir einerseits ihre Schnitt- oder Spurlinie e mit der Bildebene, andererseits ihre Stellung gegen diese angeben. Das letztere geschieht dadurch, daß wir durch das Auge O eine Parallelebene zu E legen und ihre Spurlinie e_∞ zeichnen (Fig. 51). Da jede Ebene durch O die Bildebene und die Ebene E in Geraden schneidet, von denen die eine das Bild der anderen ist, so ist jede Gerade in Π das Bild einer Geraden in E, und das Bild unserer Ebene überdeckt die ganze Bildebene. Speziell ist e_∞ das Bild der unendlich fernen Geraden von E, d. h. der Gesamtheit ihrer unendlich fernen Punkte, da $O e_\infty \parallel \mathsf{E}$ ist; e_∞ heißt die Fluchtlinie von E (vgl. 157—160 Bd. I). Parallele Ebenen besitzen die gleiche Fluchtlinie. Die Spurlinie e und die Fluchtlinie e_∞ liegen in der Bildebene Π und sind parallel; zu ihnen parallel ist auch die Verschwindungslinie e_v der Ebene E, deren Bild unendlich fern liegt, so daß $O e_v \parallel \Pi$ ist. Die Geraden e und e_v teilen E in drei Teile; der erste erstreckt sich von e bis ins Unendliche und liegt hinter der Bildebene, sein Bild in Π ist der Parallelstreifen zwischen e und e_∞. Den zweiten Teil von E bildet der Streifen zwischen e und e_v vor der Bildebene, sein Bild in Π dehnt sich von e bis ins Unendliche aus. Der dritte Teil von E liegt ebenfalls vor der Bildebene und erstreckt sich von e_v ins Unendliche, sein Bild ist virtuell und dehnt sich von e_∞ bis ins Unendliche aus. In Fig. 51 sind P_c, Q_c, R_c die Bilder von Punkten, die im ersten bzw. zweiten bzw. dritten Teile von E liegen.

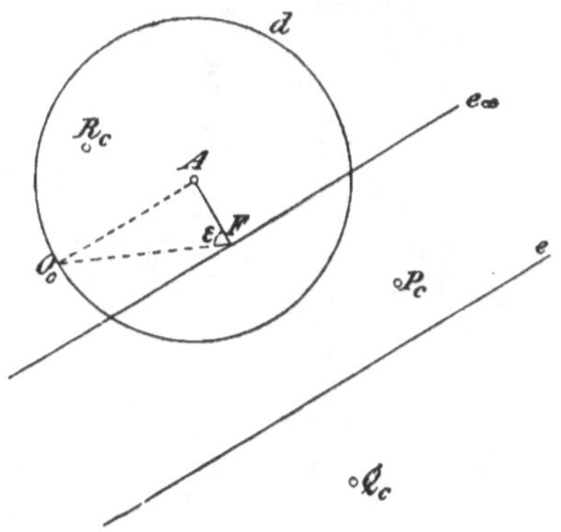

Fig. 51.

Fällt man vom Hauptpunkt A ein Lot AF auf e_∞, so ist OF eine Fallinie der Ebene Oe_∞ ($OF \perp e_\infty$), und es ist $\angle AFO = \varepsilon$ der Neigungswinkel der Ebene E gegen die Bildebene, da $E \parallel Oe_\infty$ ist. Man zeichnet den Winkel ε durch Umlegen des Dreieckes AFO um die Kathete AF in Π als $\triangle AFO_0$ ($AO_0 \perp AF$, O_0 auf d). Es ist sofort ersichtlich, daß $\varepsilon \gtreqless 45^0$ ist, je nachdem e_∞ den Distanzkreis d schneidet, berührt oder nicht trifft. Geht die Fluchtlinie einer Ebene durch den Hauptpunkt A, so ist die Ebene zur Bildebene normal.

Die zur Bildebene parallelen Ebenen können in der angegebenen Weise nicht bestimmt werden, sie besitzen weder erreichbare Spur- noch Fluchtlinien. Punkte und Linien in solchen Ebenen lassen sich durch Hilfsgeraden oder Hilfsebenen festlegen, wie wir weiterhin sehen werden.

Bei Ebenen durch das Auge O fallen Spur- und Fluchtlinie zusammen; die ganze Ebene projiziert sich als gerade Linie.

63. Darstellung einer Geraden. Eine Gerade g legen wir im Raume fest, indem wir einerseits ihren Schnitt- oder Spurpunkt G mit der Bildebene, andererseits ihre Richtung angeben. Das letztere geschieht in der Weise, daß wir durch das Auge O eine Parallele zu g legen und ihren Spurpunkt G_∞ zeichnen (Fig. 52). Jeder Strahl durch O, der g in einem Punkte trifft, schneidet Π in dem zugehörigen Bildpunkte. Speziell ist G_∞ das Bild des unendlich fernen Punktes von g, da $O G_\infty \parallel g$ ist; G_∞ heißt der Fluchtpunkt von g. $G G_\infty = g_c$ ist das Bild von g ($g_c = O g \times \Pi$). Parallele Geraden besitzen den gleichen Fluchtpunkt.

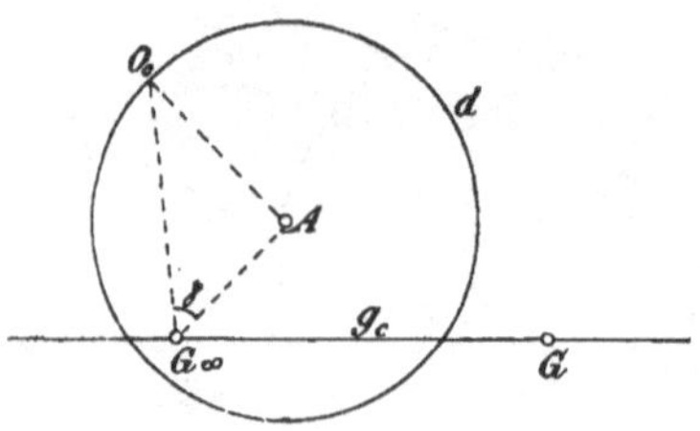

Fig. 52.

Wir betrachten außer dem Spurpunkt G und dem Fluchtpunkt G_∞ der Bildgeraden g_c noch den Verschwindungspunkt G_v auf g, dessen Bild ins Unendliche fällt ($O G_v \# G_\infty G$). Das Stück der Geraden hinter der Bildebene (mit dem Endpunkt G) hat die Strecke $G_\infty G$ zum Bilde. Die Strecke $G G_v$ hat ein Bild, das sich von G ins Unendliche erstreckt.

Der Teil von g, der über G_v hinaus liegt, hat ein virtuelles Bild, nämlich das Stück von g_v, das sich von G_∞ ins Unendliche zieht.

Der Neigungswinkel von g gegen die Bildebene ist $\gamma = \angle A G_\infty O$; er ergibt sich aus dem rechtwinkligen Dreiecke $A G_\infty O_0$, dessen Katheten bekannt sind ($O_0 A \perp A G_\infty$, O_0 auf d). Je nachdem G_∞ außerhalb, auf oder innerhalb d liegt, ist $\gamma \lesseqqgtr 45^0$. Alle Normalen zur Bildebene haben den Hauptpunkt A zum Fluchtpunkt.

Die zur Bildebene parallelen Geraden liefern Bilder, die zu ihnen selbst parallel sind; auf diesen Bildgeraden gibt es jedoch weder Spur- noch Fluchtpunkt. Eine solche Gerade kann also nicht in der vorher geschilderten Weise festgelegt werden, vielmehr muß man entweder einen Punkt auf ihr oder eine Ebene durch sie angeben. Bei Geraden durch das Auge O, fallen Spur- und Fluchtpunkt zusammen, sie projizieren sich als Punkte.

64. Liegt eine Gerade g in einer Ebene E, so liegen Spur- Flucht- und Verschwindungspunkt der Geraden bezüglich auf Spur- Flucht- und Verschwindungslinie der Ebene (G auf e, G_∞ auf e_∞, G_v auf e_v). Dies folgt unmittelbar aus der Definition der genannten Elemente. Natürlich gehört auch umgekehrt eine Gerade einer Ebene an, wenn ihr Spur- und Fluchtpunkt bezüglich auf der Spur- und Fluchtlinie der Ebene liegen. Ist eine Gerade zu einer Ebene parallel, so liegt ihr Fluchtpunkt auf der Fluchtlinie der Ebene.

65. Eine Ebene E soll in die Bildebene umgelegt werden (Fig. 53). Ist $\mathfrak{F}$ eine Figur in E und $\mathfrak{F}_e$ ihr Bild, so bleibt nach 163 Bd. I die perspektive Beziehung zwischen ihnen erhalten, wenn man $\mathfrak{F}$ mit der Ebene E um die Spur e dreht. Legt man eine

Ebene E um ihre Spur e in die Bildebene um, wobei die in ihr liegende Figur $\mathfrak{F}$ in $\mathfrak{F}^0$ übergehen mag, so sind $\mathfrak{F}^0$ und $\mathfrak{F}_c$ perspektiv. Legt man gleichzeitig das Auge O um ihre Fluchtlinie e_∞ als O^0 in die Bildebene um, dann ist O^0 das Zentrum der perspektivischen Beziehung zwischen $\mathfrak{F}^0$ und $\mathfrak{F}_c$. Der Beweis hierfür findet sich in 164 Bd. I; dort wird auch gezeigt, daß der Abstand von $e_v{}^0$ und e gleich dem Abstand von O^0 und e_∞ ist.

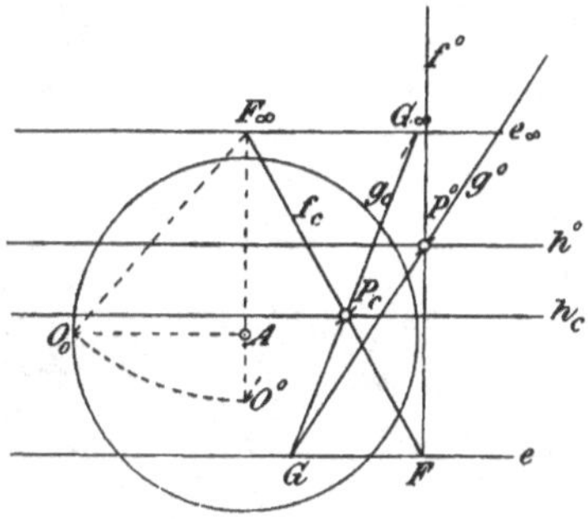

Fig. 53.

Man kann das vorstehende Resultat auch in die folgende Form kleiden. Jeder Punkt der Ebene E befindet sich nach seiner um die Spur e ausgeführten Umlegung in die Bildebene in gerader Linie mit seinem Bilde und dem um die Fluchtlinie e_∞ umgelegten Auge. Jede Gerade der Ebene E ist nach ihrer Umlegung um die Spur e parallel zu der Geraden, die ihren Fluchtpunkt mit dem um die Fluchtlinie e_∞ umgelegten Auge verbindet. So ist $g^0 \| G_\infty O^0$, denn die Parallelen g und $G_\infty O$ werden um die Parallelen e bzw. e_∞ gedreht.

Will man O um e_∞ umlegen, so fälle man von O auf e_∞ das Lot OF_∞ $(AF_\infty \perp e_\infty)$; das umgelegte Lot $O^0 F_\infty$ ist zu e_∞ normal, seine wahre Länge ist die Hypotenuse eines rechtwinkligen Dreieckes mit den Katheten AF_∞ und AO, das in der Figur um die Kathete AF_∞ umgelegt ist $(F_\infty O_0 = F_\infty O^0)$.

Die Fallinien der Ebene E haben Bilder mit dem Fluchtpunkte F_∞; denn sie stehen auf e senkrecht, für ihren Fluchtpunkt F_∞ gilt also die Beziehung $OF_\infty \perp e_\infty$. Die Hauptlinien von E besitzen Bilder, die zu e parallel sind; denn da sie e nicht schneiden, können es auch ihre Bilder nicht tun. Sind f_c und h_c die Bilder einer Fall- und einer Hauptlinie und ist $P_c = f_c \times h_c$, so liegt $P^0 = f^0 \times h^0$ mit P_c und O^0 in gerader Linie $(f^0 \perp e,\ h^0 \| e,\ f_c$ durch $F_\infty,\ h_c \| e)$.

66. Bestimmung der wahren Gestalt eines Dreieckes durch Umlegen um die Spur seiner Ebene (Fig. 54). Sei $P_c Q_c R_c$ das Bild des Dreieckes und seien e und e_∞ Spur- und Fluchtlinie der Ebene PQR, so bestimme man zunächst die Spur- und Fluchtpunkte der Dreiecksseiten Es sind A, A_∞ bzw. B, B_∞ bzw. C, C_∞ die Spur- und Fluchtpunkte von QR bzw. RP bzw. PQ, wenn

$Q_c R_c \times e = A$, $Q_c R_c \times e_\infty = A_\infty$ usw. ist. Legt man jetzt das Auge um e_∞ als O^0 in die Bildebene um, dann geht $Q^0 R^0$ durch A und ist zu $O^0 A_\infty$ parallel; ebenso gehen $R^0 P^0$ und $P^0 Q^0$ durch B und C und sind zu $O^0 B_\infty$ und $O^0 C_\infty$ parallel. Damit ist die wahre Gestalt $P^0 Q^0 R^0$ unseres Dreieckes gefunden; seine Ecken liegen mit den Ecken des Bilddreieckes $P_c Q_c R_c$ auf drei Strahlen durch O^0. In der Figur ist auch die Verschwindungslinie e_v nach e_v^0 umgelegt worden mit Hilfe der Beziehung $(e_v^0 \dashv e) = (O_0 \dashv e_\infty)$. Dann schneidet $P^0 R^0$ die Gerade e_v^0 in B_v^0, und es ist das Bild $P_c R_c$ zu der Verbindungslinie $O^0 B_v^0$ parallel; ähnlich verhält es sich auch mit den beiden anderen Seiten des Dreieckes.

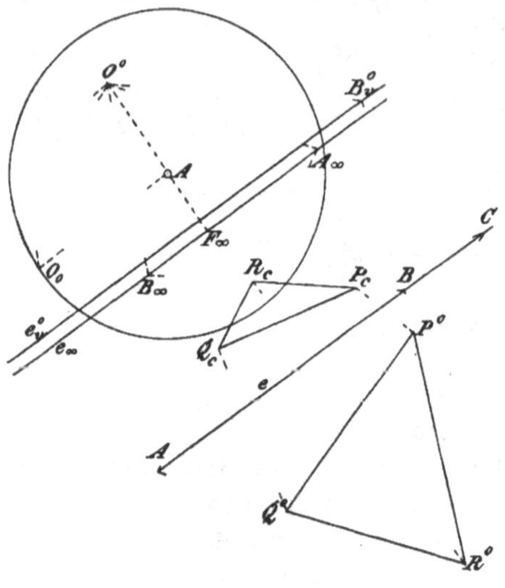

Fig. 54.

67. Bestimmung der wahren Länge einer Strecke, deren Bild gegeben ist. Es mögen das Bild $g_c = P_c Q_c$, der Spurpunkt G und der Fluchtpunkt G_∞ der Geraden $g = PQ$ bekannt sein. Wir legen durch PQ eine beliebige Ebene E, dann geht e durch G und e_∞ ($\| e$) durch G_∞, und wir erhalten die wahre Länge von PQ, indem wir genau wie vorher die Ebene E um ihre Spur umlegen (Fig. 55). Hierbei bestimmt sich O^0 ganz wie früher, und es ist $G_\infty O^0 = G_\infty O$ und $g^0 \| G_\infty O^0$; die Geraden $O^0 P_c$ und $O^0 Q_c$ schneiden auf g^0 die wahre Länge $P^0 Q^0$ aus.

Da die Richtung von e durch G beliebig ist, so kann auch $G_\infty O^0$ ($\| g^0$) jede beliebige Richtung annehmen; wir erhalten deshalb folgende Konstruktion der wahren Länge. Sind G und G_∞ Spur- und Fluchtpunkt einer Geraden g und ist PQ eine auf ihr liegende Strecke, deren Bild $P_c Q_c$ bekannt ist, so ziehe man durch G_∞ in beliebiger Richtung die Strecke $G_\infty O^0 = G_\infty O$, sowie durch G die Parallele g^0, dann wird die wahre Länge $P^0 Q^0$ der Strecke PQ durch die Strahlen $O^0 P_c$ und $O^0 Q_c$ auf g^0 ausgeschnitten. $G_\infty O^0$ findet sich als Hypotenuse des rechtwinkligen Dreieckes mit den Katheten $G_\infty A$ und AO; sie ist gleich der Entfernung des Fluchtpunktes G_∞ vom Auge O ($A O_1 \perp G_\infty A$, $A O_1 = A O$, $G_\infty O_1 = G_\infty O = G_\infty O^0$).

Das hier ausgesprochene allgemeine Resultat findet besonders in den folgenden beiden Weisen seine Verwendung. Liegt die Gerade g in der Ebene E, so bestimme man auf e_∞ einen der Punkte O^Δ oder O_Δ, für die $G_\infty O^\Delta = G_\infty O_\Delta = G_\infty O = G_\infty O^0$ ist; aus jedem dieser beiden Punkte projiziert sich eine jede Bildstrecke $P_c Q_c$ von g_c in wahrer Länge auf e ($P_\Delta Q_\Delta = PQ = P^0 Q^0$). Der Punkt O^Δ bzw. O_Δ heißt Teilungspunkt von g_c, weil er dazu dienen kann, jede Bildstrecke auf g_c so zu teilen, daß die wahren Längen dieser Teile in einem vorgeschriebenen Verhältnisse stehen.

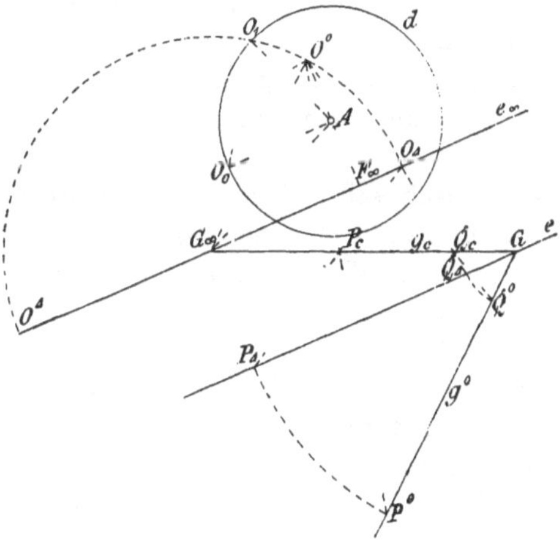

Fig. 55.

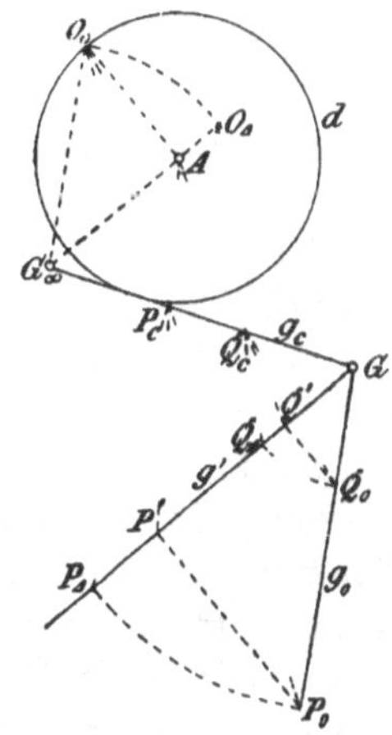

Fig. 56.

68. Legt man zweitens durch g eine Ebene senkrecht zur Bildebene, so ist $G_\infty A$ ihre Fluchtlinie und g' ($\parallel G_\infty A$ durch G) ihre Spurlinie; dabei ist g' die Orthogonalprojektion von g auf die Bildebene (Fig. 56). Legt man jetzt das Auge um $G_\infty A$ nach O_0 um ($O_0 A \perp G_\infty A$, O_0 auf d) und die Gerade g um ihre Orthogonalprojektion g' nach g_0 ($g_0 \parallel O_0 G_\infty$, g_0 durch G), so projiziert sich jede Bildstrecke $P_c Q_c$ von g_c aus O_0 in wahrer Größe auf g_0. Projiziert man $P_c Q_c$ aus A auf g', so erhält man die Orthogonalprojektion $P'Q'$ von PQ; denn die von P und Q auf die Bildebene gefällten Lote haben A zum Fluchtpunkte und ihre Spurpunkte P' und Q' liegen auf g'. Die Strecken $P'P_0$ und $Q'Q_0$ stehen auf g' senkrecht und geben die Abstände der Punkte P und Q von der Bildebene Π an. Trägt man $G_\infty O_\Delta = G_\infty O_0$ auf $G_\infty A$ auf, so ist O_Δ der Teilungspunkt von g_c hinsichtlich der zu Π normalen Ebene durch g; $P_c Q_c$ projiziert sich also aus O_A in der wahren Länge $P^A Q^A (= P_0 Q_0 = PQ)$ auf g'.

69. Die hier gegebene Darstellung der Ebene und der Geraden und im Anschluß daran die des Punktes auf der Geraden oder in der Ebene kann dazu benutzt werden, eine Reihe von Aufgaben zu lösen. Aus dem Bilde P_c und der orthogonalen Projektion P' eines Punktes, wobei $P_c P'$ durch den Hauptpunkt A gehen muß, ergibt sich sein Abstand von der Bildebene durch die Relation $PP' : OA = P'P_c : P_c A$. Es folgt das unmittelbar aus Fig. 56 und wird noch einfacher durch Umlegen von OP um seine orthogonale Projektion AP' erhalten. Aus dem Bilde g_c und der Projektion g' einer Geraden ergibt sich ihr Spurpunkt $G = g_c \times g'$ und ihr Fluchtpunkt $G_\infty = g_c \times G_\infty A$, wobei $G_\infty A \parallel g'$ ist. Ist die Gerade g zur Bildebene parallel, so ist $g_c \parallel g'$; ihr Abstand von der Bildebene ist gleich dem Abstand irgend eines Punktes P auf ihr, der sich wie vorher bestimmt ($P'P_c$ durch A).

Ein Punkt kann hiernach durch sein Bild und seine orthogonale Projektion, oder durch sein Bild und seinen Abstand von der Bildebene gegeben werden. Ebenso kann eine Parallele zur Bildebene durch ihr Bild und ihren Abstand, oder durch ihr Bild und ihre orthogonale Projektion bestimmt werden.

Aus Fig. 56 erkennt man weiter, daß sich der Abstand eines Punktes von der Bildebene zur Distanz auch wie die Abstände seines Bildes von Spur- und Fluchtpunkt einer durch ihn gelegten Geraden verhält ($PP' : OA = GP_c : P_c G_\infty$), oder wie die Abstände seines Bildes von Spur- und Fluchtlinie einer durch ihn gelegten Ebene. Ganz ebenso verhält sich der Abstand einer zur Bildebene parallelen Geraden zur Distanz, wie die Abstände ihres Bildes von Spur- und Fluchtlinie einer durch sie gelegten Ebene.

70. Die Schnittlinie s zweier Ebenen B und Γ hat den Spurpunkt $S = b \times c$ und den Fluchtpunkt $S_\infty = b_\infty \times c_\infty$. Der Schnittpunkt S einer Geraden g und einer Ebene E wird erhalten, indem man durch g eine beliebige Hilfsebene Δ legt, also ihre Spurlinie d durch G und ihre Fluchtlinie d_∞ ($\parallel d$) durch G_∞ zieht und die Gerade $i = \mathrm{E} \times \Delta$ mit g schneidet ($J = e \times d$, $J_\infty = e_\infty \times d_\infty$, $S_c = g_c \times i_c$). Ist g parallel zur Bildebene, so kann man eine zur Bildebene normale Hilfsebene durch sie legen; ihre Spurlinie ist g' ($\parallel g_c$) und ihre zu g_c parallele Fluchtlinie geht durch A. Die einfachen Figuren zu diesen Aufgaben sind weggelassen, da die gleichen Konstruktionen in den weiteren Aufgaben wiederkehren.

71. Durch einen Punkt P zu der Geraden k eine Parallele l zu ziehen. P liege auf einer Geraden g, also P_c auf $G G_\infty$, dann ist $L_\infty = K_\infty$, $l_c = L_\infty P_c$ und $LG \parallel L_\infty G_\infty$; denn LG und $L_\infty G_\infty$ bilden Spur- und Fluchtlinie der Ebene lg (Fig. 57). Hieraus ergeben sich auch Spur- und Fluchtlinie der Ebene kP, die auch die Parallele l enthält, erstere ist KL, letztere ist hierzu parallel und geht durch K_∞. Der Distanzkreis ist hier und weiterhin, wo er nicht gebraucht wird, weggelassen.

Durch einen Punkt P zu der Ebene E eine Parallelebene Δ zu legen. P mag durch sein Bild P_c und seine ortho-

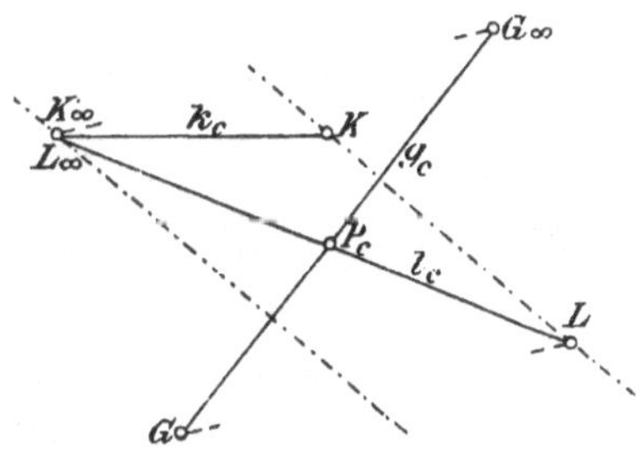

Fig. 57.

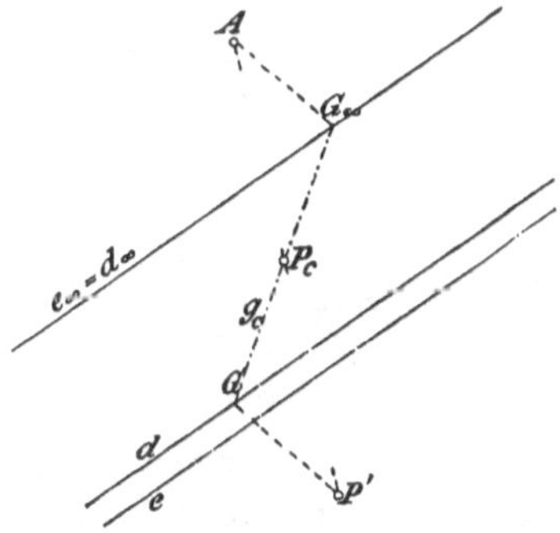

Fig. 58.

gonale Projektion P' gegeben sein ($P_c P'$ durch A, Fig. 58). Ziehen wir durch P irgend eine Gerade g parallel zu E (g_c durch P_c), so liegt ihr Fluchtpunkt G_∞ auf e_∞ und ihr Spurpunkt G auf einer Parallelen zu AG_∞ durch P'. Denn die Parallelen AG und $P'G$ bilden Flucht- und Spurlinie einer Ebene durch die Geraden PP' und g. Die gesuchte Ebene Δ enthält die Gerade g, besitzt also die Fluchtlinie $d_\infty = e_\infty$ und eine dazu parallele Spurlinie d durch G.

72. Durch einen Punkt P eine Gerade s zu legen, die zwei Gerade k und l trifft (Fig. 59). Der Punkt sei wieder durch sein Bild P_c und seine Orthogonalprojektion P' gegeben ($P_c P'$ geht durch A). Wir legen durch P eine Parallele d zu k, dann ist $D_\infty = K_\infty$ ihr Fluchtpunkt und $d_c = D_\infty P_c$ ihr Bild; ihr Spurpunkt D liegt auf einer Parallelen zu $K_\infty A$ durch P'. Denn PP' und d liegen in einer Ebene mit $D_\infty A$ als Flucht- und DP' als Spurlinie. Ebenso ziehen wir durch P eine Parallele e zu l, dann ist $L_\infty = E_\infty$ ihr Fluchtpunkt, $e_c = E_\infty P_c$ ihr Bild und $E = e_c \times P'E (\parallel L_\infty A)$ ihr Spurpunkt. Die gesuchte Gerade s erscheint nun als Schnitt der Ebenen

kd und le, also ist ihr Spurpunkt $S = DK \times EL$, während ihr Fluchtpunkt S_∞ auf den Geraden $K_\infty S_\infty$ ($\parallel KD$) und $L_\infty S_\infty$ ($\parallel LE$) liegt.

Soll man eine Gerade s zeichnen, die zwei Gerade k und l trifft und zu einer dritten, etwa g, parallel ist, so fällt S_∞ mit G_∞ zusammen und S ist der Schnittpunkt der Geraden KS($\parallel K_\infty G_\infty$) und LS($\parallel L_\infty G_\infty$).

Von einer Geraden $s = QR$ seien Spur- und Fluchtpunkt zu finden (Fig. 60). Die Punkte Q, R mögen zwei Ge-

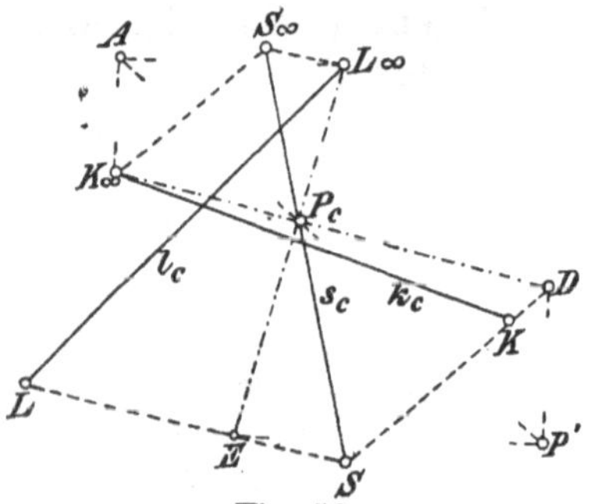

Fig. 59.

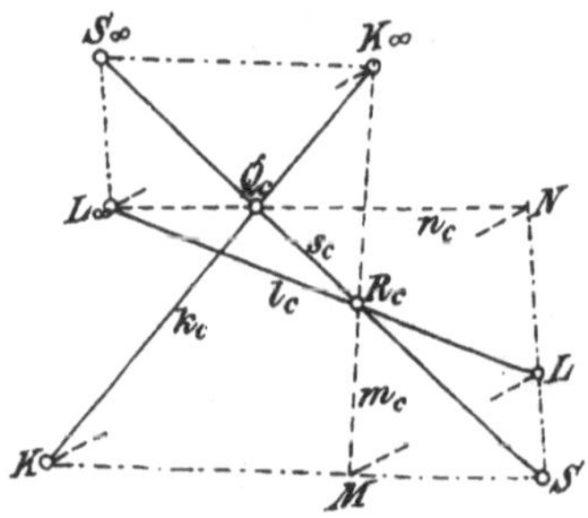

Fig. 60.

raden k bzw. l angehören und seien durch ihre Bilder Q_c und R_c auf den Bildgeraden k_c und l_c gegeben. Wir suchen nach 71 die Spur- und Fluchtlinien der Ebenen kR und lQ, indem wir durch R eine zu k parallele Gerade m ($M_\infty = K_\infty$, $ML \parallel M_\infty L_\infty$) und durch Q eine zu l parallele Gerade n legen ($N_\infty = L_\infty$, $NK \parallel N_\infty K_\infty$). Die Spurlinien von kR und lQ sind KM und LN, ihre Fluchtlinien gehen durch K_∞ bzw. L_∞; erstere schneiden sich im Spurpunkt S, letztere im Fluchtpunkt S_∞ der gesuchten Geraden s. Da wir $s_c = Q_c R_c$ kennen, genügt es, Spur- und Fluchtlinie von einer der beiden Ebenen kR bzw. lQ zu konstruieren.

73. In einer Ebene E durch einen gegebenen Punkt P die beiden Geraden mit dem Neigungswinkel γ gegen die Bildebene zu zeichnen (Fig. 61). Die Fluchtpunkte aller Geraden mit der Neigung γ gegen die Bildebene Π liegen auf einem Kreise c mit dem Mittelpunkte A. Der Radius dieses Kreises ist die eine Kathete eines rechtwinkligen Dreiecks, in dem die Distanz die zweite Kathete und γ den dieser gegenüberliegenden Winkel bildet. Die Schnittpunkte J_∞ und K_∞ von c und e_∞ sind die Fluchtpunkte der gesuchten Geraden i und k, ihre Spurpunkte J und K liegen auf e, und ihre Bilder JJ_∞ und KK_∞ gehen durch P_c.

Den Winkel β zweier Geraden k und l zu finden (Fig. 62). Da $OK_\infty \parallel k$ und $OL_\infty \parallel l$ ist, so ist $\beta = \angle K_\infty O L_\infty$; die wahre Größe dieses Winkels ergibt sich aber durch Umlegen des Auges O um die Gerade $K_\infty L_\infty$ in die Bildebene. Zu diesem Zwecke zieht man

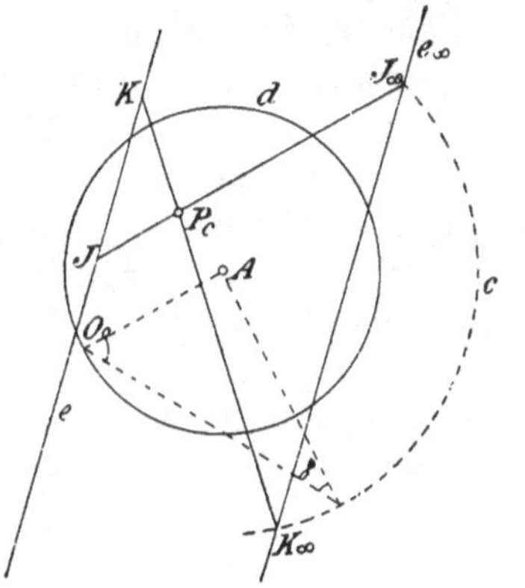

Fig. 61.

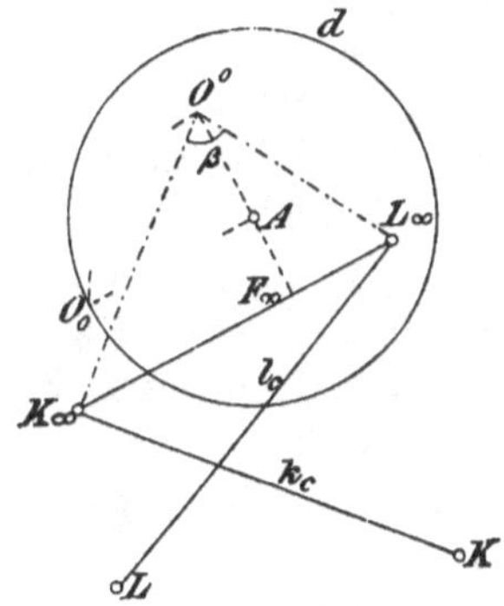

Fig. 62.

$AF_\infty \perp K_\infty L_\infty$ und $AO_0 \parallel K_\infty L_\infty$ (O_0 auf d) und trägt dann $O_0 F_\infty = OF_\infty$ auf AF_∞ als $O^0 K_\infty$ auf, dann ist $\beta = \angle K_\infty O^0 L_\infty$.

74. In einem Punkte P einer Ebene E eine Normale n von gegebener Länge zu errichten (Fig. 63). Ist e_∞ die Fluchtlinie von E und N_∞ der Fluchtpunkt von n, so folgt aus $n \perp$ E, daß auch $ON_\infty \perp Oe_\infty$ ist. Die Ebene Oe_∞ hat in der Bildebene die Spurlinie e_∞ und die orthogonale Projektion der Geraden ON_∞ ist AN_∞, deshalb ist auch $AN_\infty \perp e_\infty$ (67 Bd. I). Der Fluchtpunkt N_∞ der gesuchten Normalen liegt also auf der Verlängerung des vom Hauptpunkt A auf die Fluchtlinie der gegebenen Ebene gefällten Lotes AF_∞. Auf dieser Geraden bestimmt sich N_∞ durch die Beziehung $ON_\infty \perp OF_\infty$; zur Konstruktion lege man das Auge um AF_∞ in die Bildebene als O_0 um ($AO_0 \perp AF_\infty$, O_0 auf d) dann ziehe man $O_0 N_\infty$ normal zu $O_0 F_\infty$. Hieraus folgt zugleich die Relation $AN_\infty \cdot AF_\infty = (AO)^2$.

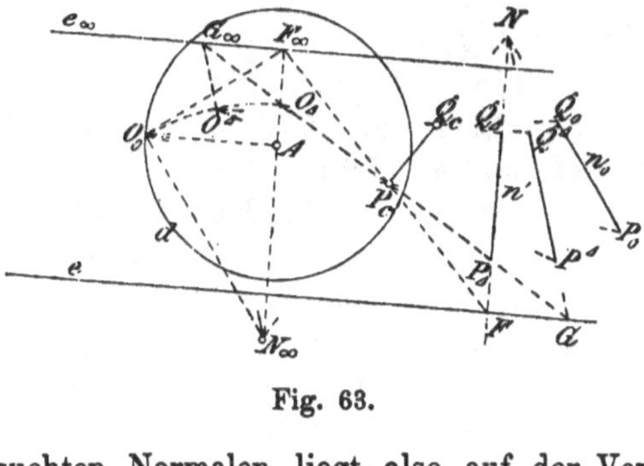

Fig. 63.

Das Bild der gesuchten Normalen ist $n_c = N_\infty P_c$, ihr Spurpunkt N ergibt sich folgendermaßen. Jede durch P verlaufende

Gerade der Ebene E bestimmt mit n eine Ebene, auf deren Spurlinie N liegt. Man wähle etwa die Falllinie durch P, deren Fluchtpunkt F_∞ ist und deren Bild durch P_c geht; dann liegt die Normale n in der Ebene mit der Fluchtlinie $N_\infty F_\infty$ und einer dazu parallelen Spurlinie durch F und ihr Spurpunkt N auf dieser Spurlinie ($NF \| N_\infty F_\infty \perp e_\infty$). Jetzt ist noch auf n_c ein Punkt Q_c zu finden, so daß PQ eine vorgeschriebene Länge besitzt. Man erreicht dieses durch Umlegen der Geraden n um ihre orthogonale Projektion $n' = NF$ und erhält so $n_0 \| O_0 N_\infty$ durch N und auf n_0 den Punkt $P_0 = n_0 \times O_0 P_c$. Trägt man auf n_0 die Strecke $P_0 Q_0$ gleich der gegebenen Strecke PQ auf, so ist $Q_c = N_c \times O_0 Q_0$.

Man kann auch den Teilungspunkt O_Δ auf $N_\infty F_\infty$ benutzen ($N_\infty O_\Delta = N_\infty O_0$) und von ihm aus P_c auf NF projizieren als P_Δ; macht man $P_\Delta Q_\Delta$ gleich der gegebenen Strecke, dann geht $Q_\Delta O_\Delta$ durch Q_c. Nimmt man statt der Falllinie durch P eine beliebige Gerade g der Ebene E (also $G G_\infty$ durch P_c, G auf e, G_∞ auf e_∞), so wird $NG \| N_\infty G_\infty$, und aus dem Teilungspunkte O^Δ auf $N_\infty G_\infty$ ($N_\infty O^\Delta = N_\infty O_0$) projiziert sich $P_c Q_c$ in wahrer Größe auf NG als $P^\Delta Q^\Delta$. Ist also P_c und die Länge der Normalen bekannt, so findet sich hiernach ihr Endpunkt Q_c. Es braucht kaum hervorgehoben zu werden, daß bei den genannten Konstruktionen sich zwei Lösungen ergeben, wenn nicht angegeben ist, auf welcher Seite der Ebene die Normale liegen soll.

In einem Punkte P einer Geraden n die Normalebene E zu errichten (Fig. 63). Diese Aufgabe ist die Umkehrung der vorigen, und es folgt aus der vorausgehenden Behandlung unmittelbar die Konstruktion von E. Man ziehe $N_\infty A$ und lege um diese Gerade das Auge O nach O_0 um, dann findet man auf $N_\infty A$ den Punkt F_∞ durch die Beziehung $F_\infty O_0 \perp N_\infty O_0$. Die Fluchtlinie e_∞ der gesuchten Ebene steht in F_∞ auf $N_\infty A$ senkrecht, ihre Spurlinie e ergibt sich in folgender Weise. Ein beliebiger Punkt G_∞ auf e_∞ ist der Fluchtpunkt einer bestimmten Geraden g durch P, die offenbar auch der gesuchten Ebene angehört. Da auch g und n in einer Ebene liegen, so gewinnt man G aus der Relation $NG \| N_\infty G_\infty$ ($G = NG \times G_\infty P_c$) und damit $e(\| e_\infty)$ durch G.

Eine Gerade n steht somit auf einer Ebene E senkrecht, wenn das vom Hauptpunkte A auf die Fluchtlinie e_∞ der Ebene gefällte Lot den Fluchtpunkt N_∞ der Geraden trägt und das Produkt der Abstände des Hauptpunktes von Fluchtpunkt und Fluchtlinie gleich dem Quadrat der Distanz ist. Dabei muß A zwischen Fluchtpunkt und Fluchtlinie liegen. Jede Gerade, deren Fluchtpunkt sich auf e_∞ befindet, ist zu n normal; jede Ebene, deren Fluchtlinie durch N_∞ geht, ist zu E normal.

75. Durch eine Gerade g eine Ebene B senkrecht zu einer gegebenen Ebene E zu legen (Fig. 64). Man bestimme wie vorher N_∞ ($N_\infty A \perp e_\infty$, $N_\infty A \times e_\infty = F_\infty$, $N_\infty O_0 \perp O_0 F_\infty$), so ist $N_\infty G_\infty = b_\infty$ die Fluchtlinie der gesuchten Ebene und die durch G gezogene Parallele b ihre Spurlinie. Die Schnittlinie $s =$ B $\times$ E ($S = b \times e$, $S_\infty = b_\infty \times e_\infty$) ist die orthogonale Projektion von g auf E und $R = s \times g$ der Schnittpunkt von g und E ($R_c = s_c \times g_c$). Fällt man von einem Punkte P der Geraden g auf E ein Lot, so liegt sein Fußpunkt Q auf s ($P_c Q_c$ durch N_∞, Q_c auf $S S_\infty$).

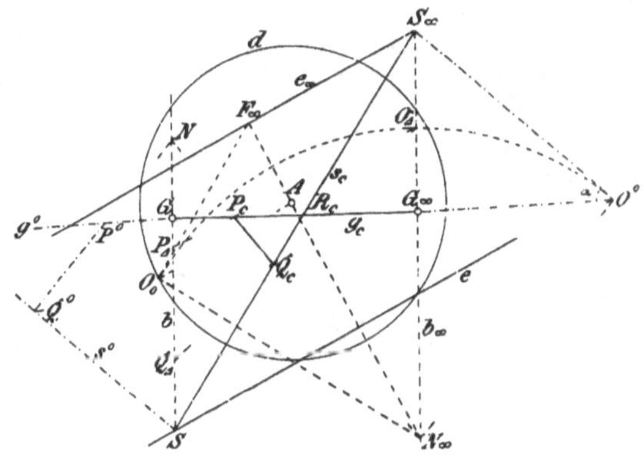

Fig. 64.

Durch Umlegen der Ebene B um ihre Spurlinie b gewinnt man einerseits den Winkel $\alpha = \angle g$ E $= \angle g s$ und andererseits die wahre Länge des Lotes PQ. Ist O^0 das um b_∞ umgelegte Auge ($O^0 A \perp b_\infty$, $N_\infty O^0 = N_\infty O_0$), so ist $\alpha = \angle G_\infty O^0 S_\infty$. Zugleich ist $P^0 Q^0$ die wahre Länge von PQ, wenn $P^0 Q^0 \parallel O^0 N_\infty$ durch N geht ($N = b \times P_c N_\infty$) und P^0, Q^0 auf den Strahlen $O^0 P_c$, $O^0 Q_c$ liegen. In der Figur sind auch g^0 und s^0 eingezeichnet ($g^0 \parallel G_\infty O^0$, $s^0 \parallel S_\infty O^0$). Die wahre Länge von PQ erhält man auch, wenn man die Strecke $N_\infty O_0$ auf b_∞ als $N_\infty O_\Delta$ aufträgt und die Bildstrecke $P_c Q_c$ von O_Δ auf b als $P_\Delta Q_\Delta$ projiziert.

76. Gegeben eine Ebene E und eine Gerade g; man soll in E die beiden Geraden suchen, die mit g einen bestimmten Winkel β einschließen (Fig. 65). Sind e, e_∞ und G, G_∞ bekannt, so bestimme man zunächst wie vorher den Fluchtpunkt N_∞ der Normalen von E ($N_\infty A \perp e_\infty$, $N_\infty A \times e_\infty = F_\infty$, $N_\infty O_0 \perp O_0 F_\infty$). Die Fluchtpunkte K_∞ und L_∞ der gesuchten Geraden k und l müssen erstens auf e_∞ liegen und zweitens muß $\angle K_\infty O G_\infty = \angle L_\infty O G_\infty = \beta$ sein. Betrachtet man aber das Dreikant mit den Kanten $O K_\infty$, $O G_\infty$ und $O M_\infty$, wo $M_\infty = e_\infty \times G_\infty N_\infty$ ist, so sind seine letzten beiden Kanten bekannt, während man die erste Kante $O K_\infty$ durch folgende Überlegung erhält. Die Seite $M_\infty O G_\infty$ des Dreikantes steht auf der Seite $M_\infty O K_\infty$ senkrecht, denn $G_\infty M_\infty$ (∥ E) geht durch N_∞; außerdem kennt man zwei Kantenwinkel oder Seiten desselben (vergl. 112 Bd. I), nämlich $\angle K_\infty O G_\infty = \beta$ und $\angle M_\infty O G_\infty = \angle M_\infty O^0 G_\infty$, wenn O^0 das um $N_\infty G_\infty$ umgelegte Auge ist ($O^0 A \perp N_\infty G_\infty$, $N_\infty O^0 = N_\infty O_0$). Hieraus ergibt sich seine dritte Seite $\gamma = \angle M_\infty O K_\infty$, indem man zu dem genannten Dreikant ein kongruentes mit den Kanten $O^0 M_\infty$, $O^0 G_\infty$ und $O^0 H$ zeichnet. Dazu trage man nach 117 Bd. I an $O^0 G_\infty$ den Winkel $G_\infty O^0 H_\Delta = \beta$ an, wähle H_Δ in beliebigem Abstande von O^0, ziehe $H_\Delta H' \perp O^0 G_\infty$, dann ist H' auf $O^0 M_\infty$ die orthogonale Projektion von H und die Kanten $O^0 M_\infty$ und $O^0 H$ schließen den gesuchten $\angle \gamma$ ein, so daß $\gamma = \angle H' O^0 H^\Delta$ ist ($H^\Delta H' \perp O^0 M_\infty$, $H^\Delta O^0 = H_\Delta O^0$).

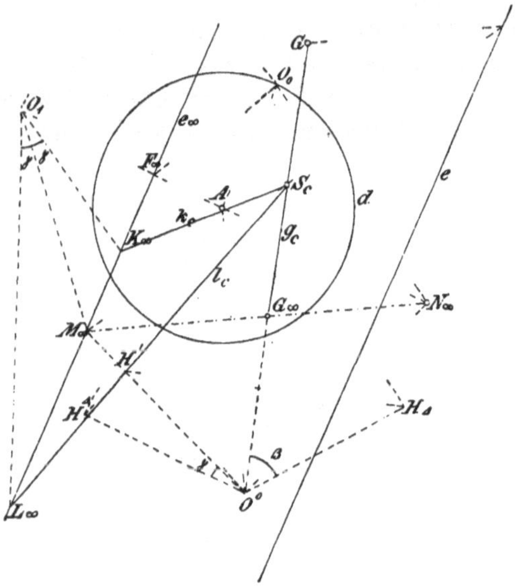

Fig. 65.

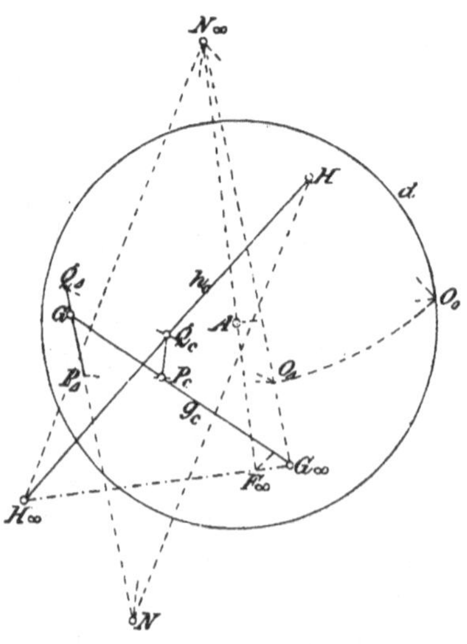

Fig. 66.

Legt man schließlich noch das Auge um e_∞ nach O_1 um und zieht durch O_1 die beiden Geraden, die mit $O_1 M_\infty$ den $\angle \gamma$ einschließen, so treffen sie e_∞ in den gesuchten Fluchtpunkten K_∞ und L_∞. Ist S_c das Bild von $S = g \times E$ (70), so sind $S_c K_\infty$ und $S_c L_\infty$ die Bilder der verlangten Geraden, deren Spurpunkte dann auf e liegen.

77. Die gemeinsame Normale zweier Geraden g und h zu finden (Fig. 66). Die Verbindungslinie $G_\infty H_\infty$ der Fluchtpunkte beider Geraden ist die Fluchtlinie für alle Ebenen, die zu den beiden Geraden parallel laufen. Die gesuchte Gerade ist zu diesen Ebenen normal, ihr Fluchtpunkt N_∞ wird deshalb nach 74 aus der Fluchtlinie $G_\infty H_\infty$ gefunden ($N_\infty A \perp G_\infty H_\infty$, $N_\infty A \times G_\infty H_\infty = F_\infty$, $(AO)^2 = AF_\infty \cdot AN_\infty$). Die gemeinsame Normale $n = PQ$ liegt einerseits mit g, andererseits mit h in einer Ebene, ihr Spurpunkt N liegt also auf den Geraden NG ($\| N_\infty G_\infty$) und NH ($\| N_\infty H_\infty$). $NN_\infty = n_c$ schneidet g_c und h_c in den Punkten P_c und Q_c. Es soll noch die wahre Länge des Abstandes PQ der beiden Geraden gezeichnet werden. Nach 67 trage man $N_\infty O = N_\infty O^0$ auf $N_\infty G_\infty$ als $N_\infty O_\Delta$ auf, dann projiziert sich $P_c Q_c$ aus O_Δ auf NG in seiner wahren Größe $P_\Delta Q_\Delta$.

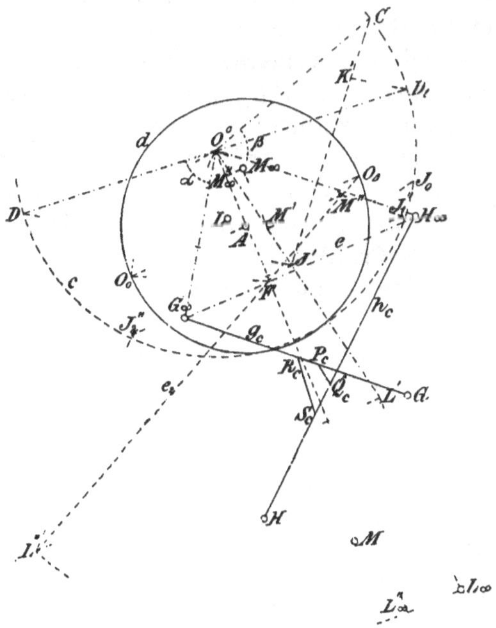

Fig. 67.

78. Die Geraden zu zeichnen, die mit einer gegebenen Geraden g einen bestimmten Winkel α und mit einer gegebenen Geraden h einen bestimmten Winkel β einschließen (Fig. 67). Die Aufgabe wurde bereits in 103 Bd. I für orthogonale Projektion behandelt, hier soll nun die Konstruktion für Zentralprojektion durchgeführt werden. Ist l eine Gerade von der vorgeschriebenen Beschaffenheit, so gelten für die Fluchtpunkte der Geraden g, h, l die Beziehungen: $\angle\, G_\infty O L_\infty = \alpha$ und $\angle\, H_\infty O L_\infty = \beta$. Die beiden Rotationskegel mit dem gemeinsamen Scheitel O und den Achsen OG_∞ bzw. OH_∞, deren Mantellinien mit den zugehörigen Achsen den Winkel α bzw. β einschließen, schneiden sich in vier Geraden (99 Bd. I), die zu den gesuchten Geraden parallel laufen und unter denen sich auch die Gerade OL_∞ befindet. Es kommt also alles darauf an, die Schnittlinien dieser Kegel zu konstruieren. Zu diesem Zwecke drehen wir die Kegelachsen $O G_\infty$ und $O H_\infty$ und mit ihnen die Kegelflächen selbst um $e = G_\infty H_\infty$, bis das Auge O in die Bildebene nach O^0 gelangt ($O^0 A \perp e$, $O^0 A \times e = F$, $O^0 F = O_0 F$, $O_0 A \parallel e$, O_0 auf d), und bestimmen zunächst die gemeinsamen Geraden dieser gedrehten Kegelflächen nach 99 Bd. I. Ist $\angle D O^0 G_\infty = \alpha$, so ist $D O^0$ eine in der Bildebene Π liegende Mantellinie des Kegels mit der Achse $O^0 G_\infty$; ebenso ist $O^0 C$ eine in Π liegende Mantellinie des Kegels mit der Achse $O^0 H_\infty$, wenn $\angle C O^0 H_\infty = \beta$ ist. Um O^0 als Mittelpunkt beschreiben wir eine Kugel, die Π in c und die Mantellinien $O^0 D$ und $O^0 C$ in D, D_1 bzw. C, C_1 schneiden mag. Diese Kugelfläche schneidet die Kegel in je zwei Kreisen, deren Ebenen zu $O^0 G_\infty$ bzw. $O^0 H_\infty$ normal sind; ihre senkrechten Projektionen werden von zwei zu $O^0 G_\infty$ normalen Geraden durch D und D_1 und von zwei zu $O^0 H_\infty$ normalen Geraden durch C und C_1 gebildet. Die beiden Kreise durch C bzw. D schneiden sich in zwei Punkten J_1 und J_2, deren gemeinsame orthogonale Projektion auf Π der Punkt J' ist ($C J' \perp O^0 H_\infty$, $D J' \perp O^0 G_\infty$). Die Abstände der Punkte J_1 und J_2 von der Bildebene sind gleich $J_0 J'$, wenn $J_0 J' \perp O^0 J'$ ist und J_0 auf c liegt. $O^0 J_1$ und $O^0 J_2$ sind zwei gemeinsame Mantellinien der gedrehten Kegelflächen; sie besitzen noch zwei weitere $O^0 K_1$ und $O^0 K_2$, deren gemeinsame orthogonale Projektion $O^0 K'$ ist ($C K' \perp O^0 H_\infty$, $D_1 K' \perp O^0 G_\infty$), auf die wir jedoch nicht weiter eingehen wollen.

Wir legen jetzt durch e eine Ebene E, die zur Ebene $O e$ symmetrisch liegt in bezug auf die Bildebene; sie wird die Strahlen $O^0 J_1$ und $O^0 J_2$ in zwei Punkten L bzw. M schneiden. Führen wir nun um e eine der früheren entgegengesetzte Drehung aus, so daß O^0 wieder nach O gelangt, dann nehmen die beiden Kegel wieder ihre ursprüngliche Lage an, während E mit der Bildebene zur Deckung kommt. Demnach gehen bei dieser neuen Drehung die Punkte L und M in zwei Punkte L_∞ und M_∞ der Bildebene über; $O L_\infty$ und $O M_\infty$ sind zu zweien der gesuchten Geraden parallel, d. h. L_∞ und M_∞ sind die Fluchtpunkte dieser Geraden. Um diese Punkte zu zeichnen, benutzen wir Π als Grundrißebene und eine dazu senkrechte Ebene durch $O^0 A F$ als Aufrißebene; dann liegt O in der Aufrißebene, die wir um $O^0 A$ so umlegen, daß O nach O_0 gelangt. Nun ist J' die erste Projektion von J_1 und J_2 und es sind J_1'' und J_2'' ihre zweiten Projektionen ($J' J_1'' J_2'' \perp O^0 A$, $J_1'' J_2'' = 2 J' J_0$); zugleich ist $e_2 = F O_\Delta$ die zweite Spur der Ebene E, wenn $O_0 O_\Delta$ ein Durchmesser von d ist, denn es muß $\angle O_\Delta F O^0 = \angle O^0 F O_0$ sein. Hieraus ergeben sich $L'' = e_2 \times O^0 J_2''$ und $M'' = e_2 \times O^0 J_1''$ und ihre ersten Projektionen L' und M' auf $O^0 J'$ ($L'' L' \parallel M'' M' \perp O^0 A$), sowie durch Drehung um e die Punkte L_∞ und M_∞ (L_∞'' auf $O^0 A$, $L_\infty'' F = L'' F$, $L_\infty L_\infty'' \parallel e$, $L_\infty L' \perp e$).

Die Gerade l mit dem Fluchtpunkt L_∞, welche die gegebenen Geraden g und h trifft, besitzt einen Spurpunkt L, in dem sich die Spurlinien der Ebenen $g\,l$ und $h\,l$ schneiden ($G L \parallel G_\infty L_\infty$, $H L \parallel H_\infty L_\infty$). In gleicher Weise findet man M, den Spurpunkt von m. Die Gerade l trifft die gegebenen Geraden g und h in P und Q, die Gerade m trifft sie in R und S; es existieren noch zwei weitere Geraden von der verlangten Art, sie sind jedoch nicht in die Zeichnung eingetragen.

Perspektive Darstellung von Körpern und Flächen.

79. Bei dieser Darstellung werden wir öfters von der orthogonalen Projektion dieser Gebilde auf gewisse Hilfsebenen Gebrauch machen und behandeln deshalb jetzt die Frage nach dem Zusammenhang der Darstellung von Punkten, Geraden und Ebenen in orthogonaler und Zentralprojektion. Dabei werden wir drei wesentlich verschiedene Fälle unterscheiden.

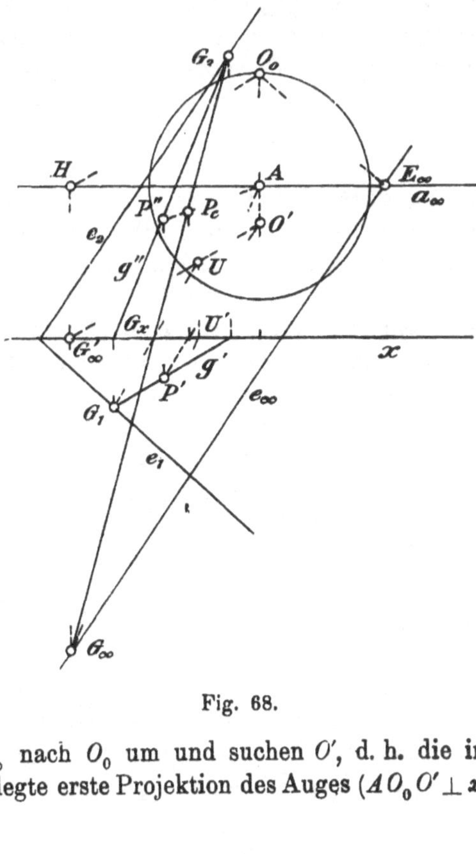

Fig. 68.

Erstens: Die eine Projektionsebene Π_2 fällt mit der Bildebene Π zusammen, die andere Π_1 ist zu ihr zu senkrecht (Fig. 68). Sei x die Schnittlinie der Projektionsebenen Π_1 und Π_2, A der Hauptpunkt und d der Distanzkreis. Dann ziehen wir durch $A = O''$ die Fluchtlinie a_∞ ($\parallel x$) von Π_1, legen das Auge um a_∞ nach O_0 um und suchen O', d. h. die in gleichem Sinne um x umgelegte erste Projektion des Auges ($A O_0 O' \perp x$,

$O_0 O' = (A \dashv x)$). Sind nun e_1, e_2 die Spuren einer Ebene E, so ist $e = e_2$ ihre Spur in der Bildebene und ihre Fluchtlinie e_∞ ($\parallel e$) geht durch den Fluchtpunkt E_∞ von e_1 (E_∞ auf a_∞ $E_\infty O_0 \parallel e_1$). Sind g', g'' die Projektionen einer Geraden g, so fällt ihr Spurpunkt G in der Bildebene mit G_2 zusammen, während ihr Fluchtpunkt G_∞ sich aus $O G_\infty \parallel g$ ergibt ($A G_\infty \parallel g''$, $O' G_\infty' \parallel g' \parallel O_0 H$, $G_\infty' H G_\infty \perp x$). Aus den Projektionen P', P'' eines Punktes P findet man sein Bild P_c als Spurpunkt der Geraden $O P$ in der Bildebene; man errichtet also im Punkte $O' P' \times x$ auf x eine Normale, diese schneidet $A P''$ in P_c.

Das Bild g_c einer Geraden g wurde soeben durch Konstruktion ihres Spur- und Fluchtpunktes gewonnen; es läßt sich indes auch leicht der Schnittpunkt G_x des Bildes g_c mit der Geraden x angeben. G_x ist der Schnittpunkt von x mit der Ebene $O g$, die Parallelen g und $O G_\infty$ treffen also Π_1 in zwei Punkten G_1 und U, deren Verbindungslinie x in G_x schneidet ($O' U \parallel g'$, $A G_\infty \times x = U''$, $U U'' \perp x$). Diese Konstruktion ist besonders von Bedeutung, wenn die Bilder von einer Anzahl paralleler Geraden gefunden werden sollen, deren Spurpunkte in Π_1 bekannt sind. Man hat dann zunächst G_∞ und U zu suchen, darauf projiziert man die ersten Spurpunkte der einzelnen Geraden aus dem Punkte U auf x und verbindet diese Projektionen mit G_∞, so sind diese Linien die gesuchten Bildgeraden.

80. Zweitens: Die Ebene Π_2 schließt mit der Bildebene einen Winkel α ein, die Ebene Π_1 steht auf Π_2 und der Bildebene senkrecht (Fig. 69). Es sei x wiederum die Schnittlinie der Projektionsebenen, ferner seien a und a_∞ ($\parallel a$ durch A) Spur- und Fluchtlinie von Π_1, b ($\perp a$) und b_∞ ($\parallel b$) Spur- und Fluchtlinie von Π_2. Dann lege man Π_2 um b und gleichzeitig das Auge um b_∞ nach O^0 um; dabei mögen die umgelegten Punkte und Geraden von Π_2 ebenso wie die Punkte und Geraden in Π_2 selbst bezeichnet werden; eine Verwechselung wird sich bei der Darlegung leicht vermeiden lassen. Ferner lege man Π_1 um a und gleichzeitig das Auge um a_∞ nach O_0 um; auch hier sollen die umgelegten Punkte und Geraden in Π_1 die gleiche Bezeichnung wie die Punkte und Geraden in Π_1 selbst erhalten. In der Figur erscheint die x-Achse zweimal, nämlich um a umgelegt als $x \parallel O_0 B_\infty$ und um b umgelegt als $x \perp b$. Nun zeichnet man noch O' und O'', die ebenfalls mit Π_1 und Π_2 in die Bildebene umgelegt sind ($O' A \perp a$, $O_0 O' = (A \dashv a)$, $B A B_\infty \perp b$, $B_\infty O_0 \parallel B O_0'' \perp O_0 O_0''$, $B O'' = B O_0''$), sowie den Fluchtpunkt Y_∞ aller zu Π_2 normalen Geraden ($O_0 Y_\infty \perp O_0 B_\infty$).

Sind P', P'' die orthogonalen Projektionen eines Punktes P, so kann man ihre Bilder P_c', P_c'' in der früheren Weise konstruieren.

Natürlich sind die Projektionen P', P'' so zu wählen, daß die Fußpunkte der von ihnen auf die x-Achse gefällten Lote von $a \times b$ gleichweit abstehen, sich also decken, wenn die beiden Geraden x durch Drehung zur Deckung gebracht werden. Man ziehe durch P'' und O^0 irgend zwei Parallelen, schneide sie mit b bzw. b_∞ in R und S, dann trifft die Verbindungslinie RS die Gerade $O^0 P''$ in P_c''; ähnlich ergibt sich P_c'. Da sich in P die in P' und P'' auf Π_1 und Π_2 errichteten Normalen schneiden, so schneiden sich in P_c das von P_c' auf a gefällte Lot und die Gerade $P_c'' Y_\infty$.

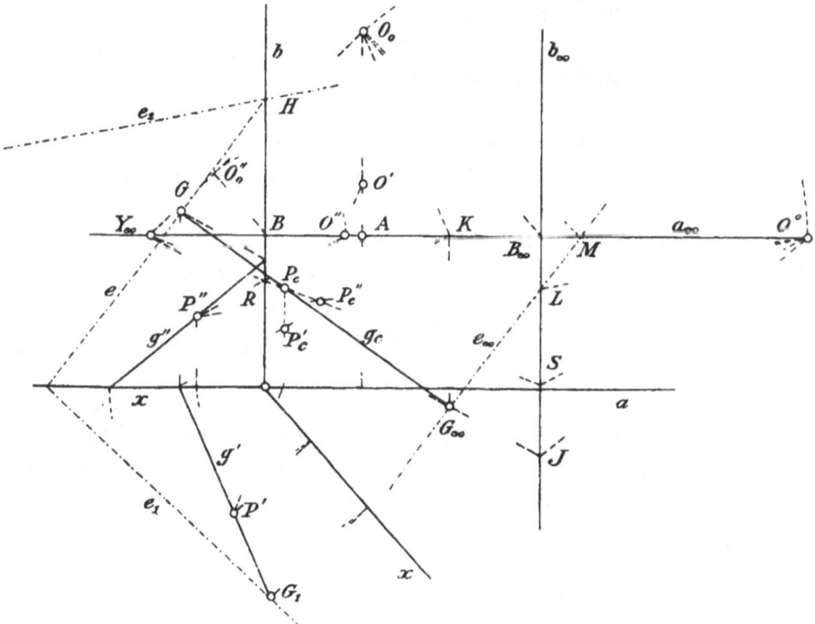

Fig. 69.

Die Konstruktion von P_c aus P' und P'' läßt sich noch wesentlich einfacher gestalten, ohne vorher die Bilder dieser Projektionen zu zeichnen. Die Gerade PP' ist zu Π_1 normal, ihr Bild steht in $Q = a \times O'P'$ auf a senkrecht und trägt P_c. Die Gerade PP'' ist zu Π_2 normal, ihr Bild liegt in der Ebene OPP''. Diese schneidet Π_2 in $O''P''$ und die Spurlinie b in $R = b \times O''P''$; demnach ist $Y_\infty R$ das Bild von PP'' und geht ebenfalls durch P_c. Die Konstruktion von P_c erfordert also nur das Ziehen der vier Geraden $O'P'$, $O''P''$, $QP_c(\perp a)$ und $Y_\infty R$; dabei kann an Stelle der Geraden $O''P''$ in Π_2 die in die Bildebene umgelegte Gerade $O''P''$ treten, da es nur auf ihren Schnittpunkt R mit b ankommt.

Es kann vorkommen, daß Y_∞ auf b oder in der Nähe von b liegt, dann wird die Gerade $Y_\infty R$ — das Bild von PP'' — ungenau, und man benutzt besser ihren Schnittpunkt S mit b_∞. S liegt in der Ebene OPP'', diese schneidet die Ebene Ob_∞ in einer zu $O''P''$ parallelen Geraden durch O; demnach ist O^0S zu der umgelegten Geraden $O''P''$ parallel.

Sind g', g'' die orthogonalen Projektionen einer Geraden g, so liegt sie in den beiden Ebenen, die in g' bzw. g'' auf Π_1 bzw. Π_2 senkrecht stehen. Ist J der Fluchtpunkt der Geraden g'' in Π_2 (J auf b_∞, $O^0J \| g''$), so besitzt die erste der genannten Ebenen die Fluchtlinie JY_∞ und eine dazu parallele Spurlinie durch $g'' \times b$. Ist ebenso K der Fluchtpunkt der Geraden g' in Π_1 (K auf a_∞, $O_0K \| g'$), so gehen Spur- und Fluchtlinie der zweiten Ebene durch $g' \times a$ bzw. K und sind zu a normal. Die Spur- und Fluchtlinien beider Ebenen schneiden sich in dem Spurpunkt G bzw. Fluchtpunkt G_∞ der gesuchten Geraden g.

Kennt man von einer Ebene E die orthogonalen Spuren e_1 und e_2 (ihre Schnittpunkte mit den bez. Geraden x haben den gleichen Abstand von $a \times b$), so geht ihre Fluchtlinie e_∞ durch die Fluchtpunkte L und M von e_2 und e_1 (L auf b_∞, $O^0L \| e_2$, M auf a_∞, $O_0M \| e_1$) und ihre Spurlinie e ($\| e_\infty$) durch den Punkt $H = e_2 \times b$.

81. Drittens: Beide Projektionsebenen Π_1 und Π_2 sind gegen die Bildebene geneigt. Seien wiederum a, a_∞ bzw. b, b_∞ Spur- und Fluchtlinien von Π_1 bzw. Π_2, seien ferner X und X_∞ Spur- und Fluchtpunkt der Schnittlinie x beider Ebenen, seien endlich Y_∞ bzw. Z_∞ die Fluchtpunkte der Normalen von Π_2 bzw. Π_1 (Z_∞ auf b_∞, Y_∞ auf a_∞). Dann suche man zunächst die Projektionen O', O'' des Auges und lege sie mit den Ebenen Π_1 und Π_2 in die Bildebene um. Aus den Projektionen P', P'' eines Punktes findet man jetzt sein Bild, indem man a mit $O'P'$ und b mit $O''P''$ schneidet und diese Punkte mit Z_∞ bzw. Y_∞ verbindet; diese Geraden schneiden sich in dem gesuchten Bilde P_c. Man erkennt die Richtigkeit des Gesagten unmittelbar aus der voranstehenden Nummer.

Die Flucht- und Spurlinie einer Ebene E verbinden die Flucht- und Spurpunkte ihrer orthogonalen Spuren e_1 und e_2. Der Fluchtpunkt einer Geraden g erscheint als Schnittpunkt zweier Geraden, von denen die eine den auf a_∞ liegenden Fluchtpunkt von g' mit Z_∞, die andere den auf b_∞ liegenden Fluchtpunkt von g'' mit Y_∞ verbindet.

82. Das schiefe Prisma und sein Normalschnitt (Fig. 70). Sei E (e, e_∞) die Ebene des Grundpolygons $BCD\ldots$, so legen wir das Auge um e_∞ nach O^0 um und nehmen das Polygon in der

Umlegung um e als $B^0 C^0 D^0 \ldots$ an; dann findet man nach 66 sein Bild $B_c C_c D_c \ldots (C^0 D^0 \times e = M,\ O^0 M_\infty \parallel C^0 D^0,\ M_\infty$ auf e_∞, $M M_\infty = C_c D_c$, $O^0 C^0$ durch C_c). Ist nun BJ eine Prismenkante und ist ihre orthogonale Projektion BH auf die Grundebene E als $B_0 H_0$, sowie die Höhe JH des Prismas bekannt, so gewinnt man sein Bild nach 80. Man lege durch das Auge eine Ebene Π_1 senkrecht zu e,

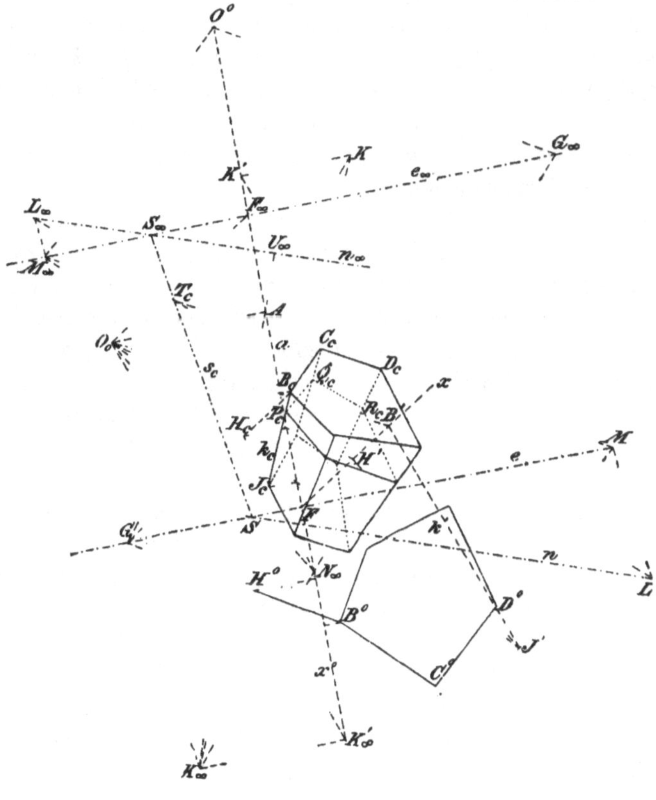

Fig. 70.

die also auch zu E normal ist und sie in einer Fallinie x schneidet; Spur- und Fluchtlinie dieser Ebene bildet das von A auf e gefällte Lot $a = FF_\infty$. Diese Ebene legen wir um die Linie a in die Bildebene um ($O_0 A \parallel e$, $O_0 A =$ Distanz, $x \parallel O_0 F_\infty$, x durch F), und suchen in ihr die orthogonale Projektion der Kante BJ. Indem wir von B^0 und H^0 auf x^0 Lote fällen und die Abstände ihrer Fußpunkte von F auf x auftragen, erhalten wir B' und H' und daraus J' ($J'H' \perp x$, $J'H' = JH$). Die Kante $k = JB$ erscheint als Schnitt zweier Ebenen, von denen die erstere in $J'B'$ auf Π_1 und die letztere in HB auf E senkrecht steht. Spur- und Fluchtlinie jener Ebene sind zu a normal in den Punkten K' und K_∞' ($K' = J'B' \times a$, $O_0 K_\infty' \parallel J'B'$). Spur- und Fluchtlinie dieser Ebene gehen durch G und G_∞ ($G = H^0 B^0 \times e$, $O^0 G_\infty \parallel H^0 B^0$) und letztere enthält noch den Fluchtpunkt N_∞ aller zu E normalen Geraden. Damit ergeben sich Spur- und Fluchtpunkt K und K_∞ der Kante k als Schnitte der genannten Spur- und Fluchtlinien. Die Bilder aller parallelen Kanten des Prismas sind nach K_∞ gerichtet; als Endpunkt von k_c findet sich $J_c = B_c K_\infty \times H_c N_\infty$. Nach 80 liegen B_c, H_c und J_c auch auf Geraden, die auf a in den Schnittpunkten mit $O_0 B'$, $O_0 H'$ und $O_0 J'$ senkrecht stehen. Die Bilder paralleler Seiten der Endpolygone des Prismas schneiden sich auf e_∞.

Bestimmt man auf AK_∞ den Punkt U_∞ gemäß der Relation: $K_\infty A . A U_\infty = (AO)^2$, so ist die in U_∞ auf AK_∞ errichtete Normale n_∞ die Fluchtlinie aller zu den Prismenkanten senkrechten Ebenen. Durch die Wahl der Spur n ($\parallel n_\infty$) wird eine bestimmte Normalebene N herausgegriffen, und es soll der in ihr liegende Normalschnitt gezeichnet werden. Zieht man durch K und K_∞, den Spur- und Fluchtpunkt der Kante BJ, irgend zwei Parallele und schneidet sie mit n bzw. n_∞, so geht die Verbindungslinie dieser Punkte durch das Bild P_c der auf BJ liegenden Ecke des Normalschnittes. Wäre dagegen P_c als Ecke eines Normalschnittes gegeben, so würde sich durch Umkehrung der Konstruktion die Spur n der Ebene des Normalschnittes ergeben. Um eine Seite des Normalschnittes zu erhalten, hat man eine Seitenfläche des Prismas mit N zu scheiden. Die Grundlinie CD hat den Fluchtpunkt M_∞, also ist $M_\infty K_\infty$ die Fluchtlinie der Seitenfläche durch CD und ihr Schnittpunkt L_∞ mit n_∞ der Fluchtpunkt einer Seite unseres Schnittes. Der zugehörige Spurpunkt L liegt auf n, und es ist $LM \parallel M_\infty K_\infty$; auf LL_∞ liegt das Bild der Seite QR. Die Geraden CD und QR treffen sich in einem Punkte T von $s = \mathsf{E} \times \mathsf{N}$, ihre Bilder gehen also durch den nämlichen Punkt T_c von s_c. Die Sichtbarkeit der Kanten des Prismas erkennt man sofort aus der gegenseitigen Lage von O_0, x und J'. Offenbar liegen Prisma und Auge zu verschiedenen Seiten der Ebene E.

83. Der schiefe Zylinder und sein Schnitt (Fig. 71). Gegeben sei eine Ebene E (e, e_∞), in ihr liege ein Kreis k als Basiskurve des Zylinders; ferner sei der Fluchtpunkt M_∞ seiner Mantellinien und die schneidende Ebene Δ (d, d_∞) bekannt. Man suche zunächst das Bild k_c des Kreises k, indem man ihn um e nach k^0 und das Auge um e_∞ nach O^0 umlegt. Ein Durchmesser von k_c

ist das Bild FF_∞ der durch den Mittelpunkt K gehenden Falllinie ($K^0 F \perp e$), seine Endpunkte liegen mit denen des umgelegten Durchmessers auf Strahlen durch O^0. Genauer erhält man diese Endpunkte, wenn man den betreffenden Durchmesser von k^0 um F dreht, bis er sich mit der Spur e deckt; dann liegen seine End-

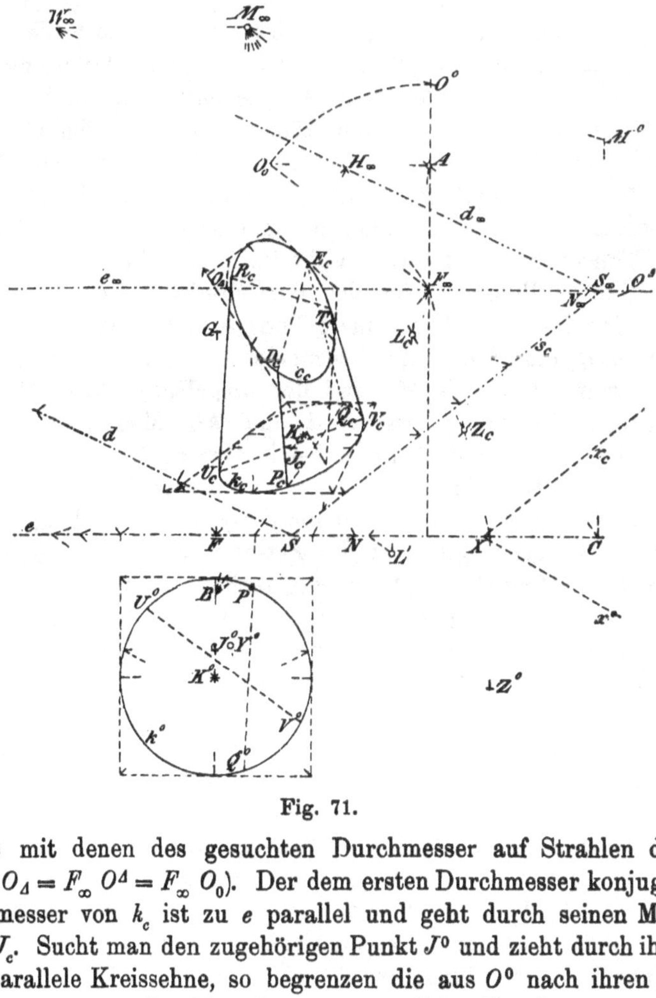

Fig. 71.

punkte mit denen des gesuchten Durchmesser auf Strahlen durch $O_\varDelta (F_\infty O_\varDelta = F_\infty O^\varDelta = F_\infty O_0)$. Der dem ersten Durchmesser konjugierte Durchmesser von k_c ist zu e parallel und geht durch seinen Mittelpunkt J_c. Sucht man den zugehörigen Punkt J^0 und zieht durch ihn die zu e parallele Kreissehne, so begrenzen die aus O^0 nach ihren Endpunkten gezogenen Strahlen den zu e parallelen Durchmesser von k_c.

Faßt man die perspektive Bezeichnung zwischen k^0 und k_c mit dem Zentrum O^0, der Achse e und der Fluchtlinie e_∞ ins Auge, so entspricht dem Mittelpunkt J_c von k_c, als Pol der unendlich fernen Geraden, der Pol J^0 der Verschwindungslinie e_v in bezug auf k^0.

Da die Entfernung der Geraden e_v von e gleich der des Punktes O^0 von e_∞ ist (164 Bd. I), so trage man auf $K^0 F$ die Strecke $FG = F_\omega O^0$ auf, dann besitzen die von G an den Kreis k^0 gelegten Tangenten parallele Bilder, die k_c in den Endpunkten des zu e parallelen Durchmessers berühren.

Die Bilder der Mantellinien unseres Zylinders laufen verlängert durch M_∞, sein scheinbarer Umriß wird also von den beiden aus M_∞ an k_c gelegten Tangenten gebildet. Sind U_c, V_c ihre Berührungspunkte mit k_c, so ist M_∞ der Pol von $U_c V_c$; die entsprechende Sehne $U^0 V^0$ von k^0 ist also die Polare eines Punktes M^0, der dem Punkte M_∞ bei der perspektiven Beziehung von k_c und k^0 entspricht ($M_\infty M^0$ durch O^0, $M_\infty C$ durch F_∞, $CM^0 \perp e$). Man kann die Sache auch folgendermaßen auffassen. Die aus dem Auge an den Zylinder gelegten Tangentialebenen berühren ihn im wahren Umriß, sie schneiden sich in einer Parallelen zu den Mantellinien durch das Auge O. Diese trifft die Ebene E in einem Punkte M, so daß die Tangenten von k in U und V sich in M schneiden. M_∞ ist das Bild von M, daher entsprechen sich M_∞ und der umgelegte Punkt M^0 in der perspektiven Beziehung zwischen k_c und k^0. Man zeichne deshalb M^0, $U^0 V^0$ und dann die entsprechende Gerade $U_c V_c$.

Um das Bild der Schnittkurve c unseres Zylinders mit der Ebene Δ zu gewinnen, kann man die perspektive Beziehung zwischen c_c und k_c benutzen. M_∞ ist das Zentrum und s_c ($s = \Delta \times \mathsf{E}$) die Achse dieser Perspektive; dabei entsprechen sich die Bilder je zweier Geraden von E und Δ, die in einer zu den Mantellinien parallelen Ebene liegen. Jede zu e und den Mantellinien parallele Ebene besitzt die Fluchtlinie $M_\infty W_\infty$ ($\parallel e$), sie schneidet Δ in einer Geraden mit dem Fluchtpunkte W_∞ (auf d_∞) und E in einer Parallelen zu e. Bei der perspektiven Beziehung zwischen k_c und c_c entsprechen also den Parallelen zu e die Geraden durch W_r (speziell e_∞ und d_∞), folglich entspricht der unendlich fernen Geraden des ersten Systems eine Parallele zu s_c durch W_∞. Ähnlich entspricht der unendlich fernen Geraden des zweiten Systems eine Parallele x_c zu s_c durch X auf e, wenn $SX = S_\infty X_\infty = W_\infty M_\infty$ ist. Dem Pol Y_c von x_c in bezug auf k_c entspricht hiernach der Mittelpunkt von c_c. Man suche also $x^0 (O^0 X_\infty)$ und seinen Pol Y^0 in bezug auf k^0 und ziehe durch Y^0 zwei konjugierte Polaren. Dann zeichne man ihre Bilder — es sind konjugierte Polaren von k_c — diesen entsprechen zwei konjugierte Durchmesser von c_c.

In der Zeichnung geht die Konstruktion von einem dem Kreise k^0 umschriebenen Quadrate aus, dessen Seiten zu e parallel bzw. normal sind, dessen Diagonalen also mit e einen Winkel von 45^0 einschließen.

Die Bilder der Diagonalen (Fluchtpunkte O_Δ bzw. O^Δ) und der Quadratseiten, sowie ihrer Berührungspunkte sind gezeichnet, daraus ergibt sich k_c. Das Quadrat ist die Grundfläche eines Prismas, dessen Seiten den Zylinder längs je einer Mantellinie berühren. Das Prisma wird von Δ in einem Viereck geschnitten, dessen Bild der Ellipse c_c umgeschrieben ist. Der Fluchtpunkt zweier Quadratseiten ist F_∞, folglich ist $H_\infty = d_\infty \times M_\infty F_\infty$ der Fluchtpunkt der entsprechenden Seiten des Vierecks; die anderen Quadratseiten sind zu e parallel, folglich haben die zugehörigen Viereckseiten den Fluchtpunkt W_∞. Überhaupt liegen die Fluchtpunkte entsprechender Geraden in Δ und E auf d_∞ und e_∞ so, daß ihre Verbindungslinie durch M_∞ geht, ihre Spurpunkte auf d und e liegen auf einer Parallelen hierzu. Hierdurch bestimmen sich Seiten, Diagonalen und Berührungssehnen des der Ellipse c_e umschriebenen Vierecks. Die Umrißlinien berühren c_c in R_e und T_c, und es schneiden sich $R_c T_c$ und $U_c V_c$ auf s_c; in der Figur ist noch der Schnittpunkt von $R_c T_c$ mit einer Viereckseite gezeichnet.

Die Ellipse c_c läßt sich aus diesem umgeschriebenen Viereck einfach zeichnen, da sich nach 256 Bd. I die Diagonalen und die Verbindungslinien der Berührungspunkte der Gegenseiten eines jeden umschriebenen Vierecks in einem Punkte schneiden. Nimmt man also drei feste Tangenten der Kurve und verbindet die Berührungspunkte zweier, so bildet jeder Punkt der Verbindungslinie den Diagonalschnittpunkt eines umgeschriebenen Vierecks, von dem drei Seiten auf den festen Tangenten liegen. Man erhält so beliebig viele Tangenten mit ihren Berührungspunkten.

Wir wollen nun noch die Lichtgrenze auf dem Zylinder für einen beliebigen leuchtenden Punkt L konstruieren. L sei durch sein Bild L_c und seine orthogonale Projektion L' gegeben. Die Tangentialebenen durch L an den Zylinder berühren ihn in den Mantellinien der Lichtgrenze und haben die durch den leuchtenden Punkt gehende Parallele zu den Mantellinien gemein. Letztere schneidet die Basisebene E in einem Punkte $Z(N_\infty = e_\infty \times M_\infty A$, $N L' \parallel M_\infty A$, N auf e, $Z_c = M_\infty L_c \times N N_\infty)$; die von ihm an den Kreis k gelegten Tangenten berühren denselben in zwei Punkten P und Q der Lichtgrenze. Man suche zuerst Z^0 und seine Polare $P^0 Q^0$ in bezug auf k^0 und daraus $P_c Q_c$; die Mantellinien der Lichtgrenze treffen die Ellipse c in zwei Punkten D und E, und es schneiden sich die Geraden $D_c E_c$, $P_c Q_c$ und s_c in dem nämlichen Punkte B. Flucht- und Spurpunkte der Geraden $P_c Q_c$, $D_c E_c$ sind nach dem oben Gesagten sofort anzugeben.

Über den sichtbaren und unsichtbaren Teil des Zylinders kann man sich in folgender Weise orientieren. Seine Mantellinien liegen ebenso gegen die Ebene E, wie $O M_\infty$ gegen die Ebene $O e_\infty$, und zwar nicht nur der Richtung, sondern auch dem Sinne nach, wie man leicht aus der Lage ihrer Bilder gegen M_∞ erkennt. Infolgedessen liegen Zylinder und Auge auf der nämlichen Seite der Basisebene E, so daß die Fläche des Basiskreises unsichtbar ist. Noch einfacher kommt man zum Ziele, wenn man bedenkt, daß der sichtbare Teil des Zylindermantels dem Auge und folglich dem Punkte $M = \mathsf{E} \times M_\infty O$ zugekehrt ist. Da der Kreisbogen $U^0 P^0 V^0$ dem Punkte M^0 zugekehrt ist, ist der Teil des Zylindermantels sichtbar, der durch den Kreisbogen UPV auf E geht. Aus gleichen Gründen ist der Teil des Zylindermantels durch PVQ beleuchtet, da $P^0 V^0 Q^0$ dem Punkte Z^0 zugekehrt ist.

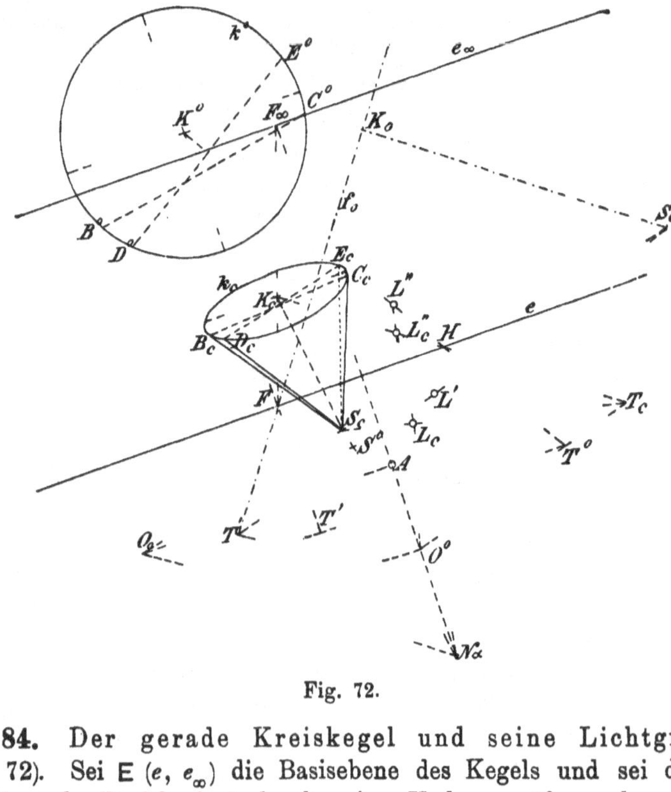

Fig. 72.

84. Der gerade Kreiskegel und seine Lichtgrenze (Fig. 72). Sei E (e, e_∞) die Basisebene des Kegels und sei der in ihr liegende Basiskreis k durch seine Umlegung k^0 gegeben; dann konstruieren wir zunächst das Bild k_c dieses Kreises ganz wie in der vorausgehenden Nummer. Hierauf legen wir durch die Kegelachse eine Hilfsebene Π_1 senkrecht zur Bildebene und legen sie um ihre Spurlinie in die Bildebene um. Diese Ebene ist normal zur Spur e, da die Kegelachse auf E normal steht; sie schneidet deshalb E in einer Falllinie f durch den Kreismittelpunkt K ($AF_\infty \perp e_\infty$, $K^0 F \perp e$, $A O_0$ = Distanz, $f_0 \parallel O_0 F_\infty$, f_0 durch F). Wir errichten jetzt im Punkte K_0 ($FK_0 = FK^0$) auf f_0 eine Normale $K_0 S_0$ gleich der Kegelhöhe, dann geht der Strahl $O_0 S_0$ durch das Bild S_c des Kegelscheitels S. Dieses Bild liegt aber auch auf dem Bilde $K_c N_\infty$ der in K auf E errichteten Normalen (N_∞ auf AF_∞, $N_\infty O_0 \perp O_0 F_\infty$) und ist hierdurch bestimmt. Der scheinbare Umriß des Kegels wird von den beiden aus S_c an k_c gelegten Tangenten gebildet, die man dadurch findet, daß man zuerst die entsprechenden Tangenten an k^0 sucht. Bei der perspektiven Zuordnung von k_c und k^0 entspricht S_c ein Punkt S^0; von ihm aus gehen zwei Tangenten an den Kreis k^0, deren Berührungspunkte B^0 und C^0 sein mögen. Die entsprechenden Bildpunkte B_c und C_c auf k_c gehören dem Umriß an.

Die Lichtgrenze des Kegels für einen leuchtenden Punkt L besteht aus den beiden Mantellinien, deren Tangentialebenen durch L gehen. Diese Ebenen enthalten die Gerade LS und folglich auch ihren Schnittpunkt T mit der Basisebene E; sie schneiden daher E in den aus T an k gezogenen Tangenten, deren Berührungspunkte D und E sein mögen. Somit sind SD und SE die Mantellinien der Lichtgrenze. Ist L auf einer Geraden g (G, G_∞) gegeben, so lege man durch sie eine Ebene senkrecht zu E und schneide sie mit ihr in h ($H_\infty = e_\infty \times G_\infty N_\infty$, H auf e, $HG \parallel N_\infty G_\infty$). Dann ist $T_c = h_c \times L_c S_c$ das Bild des gesuchten Punktes T, und die aus ihm an k_c gelegten Tangenten berühren diese Kurve in den gesuchten Punkten D_c und E_c. Um sie zu zeichnen, bestimme man wieder in der perspektiven Beziehung zwischen k_c und k^0 den entsprechenden Punkt T^0 zu T_c und die Berührungspunkte D^0, E^0 der von ihm an k^0 gelegten Tangenten; diesen entsprechen dann rückwärts D_c und E_c. In der Figur sind die orthogonalen Projektionen L' und L'' des Punktes L auf die Ebenen Π_1 und E als bekannt vorausgesetzt. L' ist um die Spur von Π_1 nach L', L'' um die Spur e nach L'' umgelegt (die Projektionen und ihre Umlegungen tragen die nämliche Bezeichnung). Dabei sind die Projektionen in der bekannten Weise miteinander verknüpft, d. h. die Fußpunkte der Lote, die man von L' auf f_0 und von L'' auf FK^0 fällt, stehen gleichweit von F ab. Es ergibt sich die Projektion von T auf Π_1 als $T' = S_0 L' \times f_0$ und daraus der um die Spur e umgelegte Punkt T' auf $K^0 F$ ($FT' = FT'$). Demnach ist T^0 der Schnittpunkt der Geraden $K^0 L''$ mit der Parallelen zu e durch T', woraus dann D^0, E^0 und die Punkte T_c, D_c, E_c folgen ($K^0 T^0 \times e = H$, $T_c = K_c H \times O^0 T^0$). Schneidet man noch $K_c H$ mit $L'' O^0$, so erhält man L_c'' und L_c als Schnittpunkt von $L_c'' N_\infty$ mit $S_c T_c$.

Der sichtbare Teil des Kegelmantels ist der Geraden SO zugekehrt; er geht durch den Teil des Kreises k, der dem Punkte $SO \times \mathsf{E}$ zugekehrt ist (dessen Bild mit S_c zusammenfällt, da dieser auf der Strecke SO liegt). Durch Umlegung um die Spur e gelangt dieser Schnittpunkt nach S^0, dem der Kreisbogen $B^0 D^0 C^0$ zugekehrt ist, so daß der Bogen $B_c D_c C_c$ auf dem sichtbaren Teile des Kegelmantels liegt. Ähnlich erkennt man, daß der Teil des Mantels durch DCE im Lichte liegt.

85. Die Kugel (Fig. 73). Legt man vom Auge O den Tangentialkegel an eine Kugel K, so berührt er dieselbe in einem Kreise k — dem wahren Umriß der Kugel — während er die Bildebene in einem Kegelschnitte k_c — dem scheinbaren Umrisse — schneidet. Um k_c zu konstruieren, benutzen wir eine zur Bildebene normale Hilfsebene Π_2 durch das Auge O und den Mittelpunkt M der Kugel. Letzterer mag durch sein Bild M_c und seine orthogonale Projektion M' gegeben sein, außerdem sei der

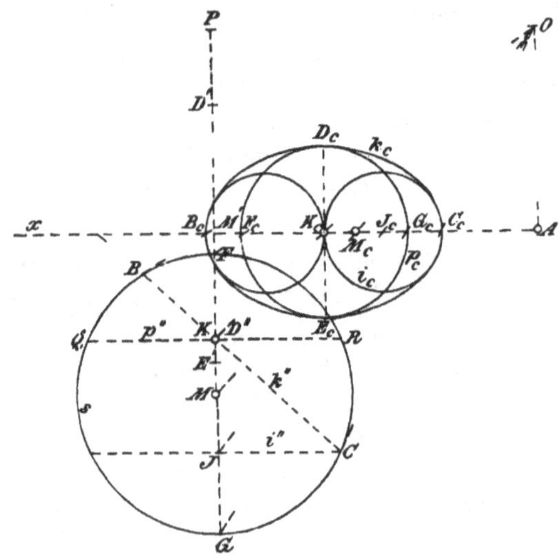

Fig. 73.

Radius r der Kugel bekannt. Die Hilfsebene Π_2 legen wir um ihre Spur $x = M' M_c A$ um, dann gelangt der Kugelmittelpunkt nach $M (AO \perp x,\ AO = \text{Distanz},\ MM' \perp x,\ M = MM' \times OM_c)$ und der in Π_2 liegende Kugelkreis nach s (die umgelegten Punkte sind ebenso bezeichnet, wie die Punkte in Π_2 selbst). Die Ebene des wahren Umrisses k steht auf Π_2 senkrecht; dieser schneidet s in zwei Punkten B und C, deren Tangenten durch O laufen. Das Bild $B_c C_c$ der Kugelsehne BC ist die große Achse des scheinbaren Umrisses k_c und ihr Mittelpunkt K_c ist das Bild des Punktes K der Sehne BC, der dem zur Bildebene normalen Kugeldurchmesser angehört ($K = MM' \times BC$). Ist nämlich $M'P \# AO$, so ist OP die Polare von K, denn sie muß erstens durch den Pol O von BC gehen und zweitens auf MK senkrecht stehen. Demnach sind die vier Strahlen OB, OC, OK, OP harmonisch (29 Bd. III) und folglich auch ihre Schnittpunkte mit x; einer derselben ist aber unendlich fern, also halbiert K_c die Strecke B_cC_c. Das Bild der Kugelsehne DE, die in K auf Π_2 senkrecht steht, stellt die kleine Achse des scheinbaren Umrisses dar; denn DE ist zur Bildebene parallel, so daß D_cE_c zu x normal wird. Zur Konstruktion kann man die orthogonalen Projektionen von D und E auf die Bildebene benutzen, und zwar liegen D', E' zu x symmetrisch, und es ist $D'E' = QR$ (der zu x parallelen Kugelsehne durch K); dann tragen AD' und AE', die gesuchten Bildpunkte D_c und E_c.

Alle zur Bildebene parallelen Kugelkreise liefern kreisförmige Bilder; sie schneiden den wahren Umriß k in je zwei Punkten, während ihre Bilder den scheinbaren Umriß k_c in den entsprechenden Punkten berühren. So gehört zu dem zur Bildebene parallelen Kugelkreise p mit dem Mittelpunkt K als Bild der Kreis p_c mit dem Durchmesser D_cE_c; sein auf x liegender Durchmesser ist das Bild der Kugelsehne QR. Da p_c den scheinbaren Umriß in den Endpunkten des Durchmessers D_cE_c berührt, folgt wiederum, daß D_cE_c zugleich kleine Achse von k_c ist. Legt man durch C den zur Bildebene parallelen Kugelkreis i mit dem Mittelpunkt J, so berührt er k in C; sein Bild i_c ist deshalb der Krümmungskreis der Ellipse k_c im Endpunkt C_c ihrer großen Achse, J_c ist der zugehörige Krümmungsmittelpunkt. Analog ergibt sich der Krümmungskreis im Punkte B_c. Die Bilder F_c, G_c der Endpunkte des zur Bildebene normalen Kugeldurchmessers FG sind die Brennpunkte der Ellipse k_c. Denn der Rotationskegel mit dem Scheitel O und dem Leitkreise k wird von der Tangentialebene im Punkte F der Kugel in einer Ellipse mit dem Brennpunkte F geschnitten (86 Bd. III). Diese Ellipse ist zu k_c ähnlich und in ähnlicher Lage mit O als Ähnlichkeitszentrum, woraus die vorstehende Behauptung folgt.

Der scheinbare Umriß k_c kann demnach auch in der Weise bestimmt werden, daß man auf x die Bilder der Punkte B, C, F und G zeichnet und um F_c mit der halben großen Achse als Radius einen Kreis schlägt; dieser geht dann durch die Endpunkte der kleinen Achse.

86. Die Lichtgrenze auf der Kugel bei Zentralbeleuchtung (Fig. 74). Wir bestimmen zunächst in der vorher geschilderten Weise den wahren Umriß k und den scheinbaren Umriß k_c der Kugel, indem wir durch das Auge O und den Kugelmittelpunkt M eine Ebene Π_2 senkrecht zur Bildebene legen. In der umgelegten Ebene Π_2 seien, wie vorher, der Schnittkreis mit s, das Auge mit O, die Berührungspunkte der von O an s gelegten Tangenten mit B und C und der Schnittpunkt von BC mit dem zu Π normalen Kugeldurchmesser mit K bezeichnet. Wir wollen nun die beiden Fälle

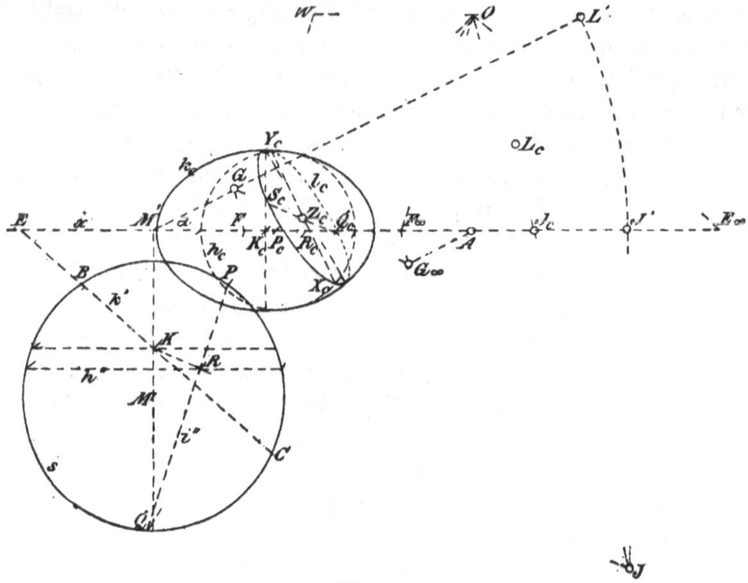

Fig. 74.

behandeln, wo der leuchtende Punkt in der Ebene Π_2 liegt und wo er eine allgemeine Lage besitzt. Der erste Fall läßt sich leicht erledigen und der zweite kann dann auf ihn zurückgeführt werden.

Ist J der leuchtende Punkt in Π_2 und sind J' und J_c auf x gegeben, so zeichne man den mit Π_2 umgelegten Punkt J. Die Polarebene des leuchtenden Punktes schneidet die Kugel in der Lichtgrenze i. Die von J an den Kreis s gelegten Tangenten berühren ihn also in den Endpunkten eines der Lichtgrenze i angehörigen Durchmessers PQ. Da er alle zur Bildebene parallelen Sehnen von i halbiert, so ist sein Bild P_cQ_c (auf x) ein Durchmesser und zwar eine Achse von i_c. Die andere Achse U_cV_c ist das Bild derjenigen Sehne UV von i, deren Pol der Verschwindungspunkt W von PQ ist ($WO \parallel x$); denn die Bilder der Tangenten WU, WV werden zu x parallel. Nun ist JK die Polare von W in bezug auf s, denn K ist der Pol von OW und J der Pol von PQ. Demnach liegt $R = PQ \times JK$ auf der Polarebene des Punktes W in bezug auf die Kugel; folglich steht UV in R auf Π_2 senkrecht. Die Punkte U, V liegen auf einem zur Bildebene parallelen Kugelkreise h, dessen Ebene durch R geht; sein Bild h_c schneidet deshalb die in R_c auf x errichtete Normale in den Bildpunkten U_c, V_c. Das Bild ι_c der Lichtgrenze hat somit die Achsen $P_c Q_c$ und $U_c V_c$.

Wie ändern sich nun die Verhältnisse, wenn an Stelle des leuchtenden Punktes J ein leuchtender Punkt L tritt, der aus J durch eine Drehung um den Kugeldurchmesser MM' ($\perp \Pi$) hervorgeht ($M'J' = M'L'$, $\angle J'M'L' = \alpha$, L_c' auf AL', $J_c L_c \parallel J'L'$, da $JL \parallel \Pi$ ist)? Dann geht offenbar auch die Lichtgrenze l für den leuchtenden Punkt L aus dem Kreise ι durch Drehung um die Achse MM' hervor; speziell mögen hierbei die Punkte P, Q, U, V von ι in die Punkte S, T, X, Y von l übergehen. Die Bilder der Sehnen ST und XY von l sind alsdann konjugierte Durchmesser des Bildes l_c der Lichtgrenze l. Denn ST halbiert alle zur Bildebene parallelen Sehnen von l, und der Pol der Sehne XY, oder der gedrehte Punkt W, liegt in der Verschwindungsebene, d. h. in der zur Bildebene parallelen Ebene durch das Auge. Da alle Punkte eine Drehung um den gleichen Winkel α und um die gleiche Achse MM' erfahren, sind die Sehnen PS und QT zu $J'L'$ parallel und also auch ihre Bilder. Die Punkte X, Y liegen auf h, ihre Bilder auf h_c, und es ist $X_c Y_c$ zu $M'L'$ normal, da $XY \perp M'L'$ ist und beide Linien zur Bildebene parallel laufen.

Sind F, F_∞ Spur- und Fluchtpunkt der Geraden PQ, so ergeben sich aus ihnen Spur- und Fluchtpunkt G und G_∞ der gedrehten Geraden ST ($\angle FM'G = \angle F_\infty AG_\infty = \alpha$, $M'G = M'F$, $AG_\infty = AF_\infty$). Zieht man durch P_c, Q_c, R_c Parallele zu $J'L'$, so schneiden sie auf GG_∞ den Durchmesser $S_c T_c$ von l_c und seinen Mittelpunkt Z_c aus ($Z = ST \times XY$). Das von Z_c auf $M'L'$ gefällte Lot trifft h_c in den Endpunkten X_c, Y_c des zu $S_c T_c$ konjugierten Durchmessers von l_c, wodurch diese Kurve bestimmt ist. Die Lichtgrenze l und der Umriß k schneiden sich in zwei Punkten, ihre Bilder l_c und k_c berühren sich in den Bildern dieser Punkte. Spur- und Fluchtlinie der Ebene der Lichtgrenze stehen auf $M'L'$ senkrecht und gehen durch G bzw. G_∞; Spur- und Fluchtlinie der Ebene des Umrisses stehen auf x senkrecht und gehen durch $E(= BC \times x)$ bzw. E_∞ ($OE_\infty \parallel BC$). Daraus ergibt sich das Bild der Schnittlinie beider Ebenen, das durch die genannten Berührungspunkte hindurchgeht.

Um hiernach für einen beliebigen leuchtenden Punkt L die Lichtgrenze l auf der Kugel und ihr Bild l_c zu finden, hat man folgendermaßen zu verfahren. Man drehe L um den zur Bildebene normalen Kugeldurchmesser MM' in die Lage J, so daß die gedrehte Ebene durch das Auge O geht. Diese möge die Kugel im Kreise s schneiden, dann suche man die Polare PQ von J in bezug auf s, schneide sie mit JK in R und lege durch R eine Ebene parallel zur Bildebene; sie wird die Kugel in einem Kreise h schneiden. Jetzt zeichne man die Bilder P_c, Q_c, R_c und h_c, sowie Spur- und Fluchtpunkt von PQ, alsdann Spur- und Fluchtpunkt der gedrehten Geraden ST. Auf dieser Bildgeraden liegt ein Durchmesser S_cT_c von l_c, während der konjugierte Y_cX_c auf $M'L'$ senkrecht steht und von h_c begrenzt wird.

87. Rotationsflächen. Soll der Umriß u_c einer Rotationsfläche, deren Achse d zur Bildebene parallel ist, gefunden werden, so suche man zunächst das Bild d_c der Achse und das Bild m_c der zur Bildebene parallelen Meridiankurve m. Läßt man jetzt m_c um d_c rotieren, so entsteht eine zur ursprünglichen Fläche ähnliche Rotationsfläche; das Ähnlichkeitszentrum liegt in O, so daß beide Flächen den nämlichen scheinbaren Umriß aufweisen. Wir können deshalb gleich annehmen, daß die Achse d und die Meridiankurve m der Rotationsfläche, deren scheinbaren Umriß wir suchen sollen, in der Bildebene liegen (Fig. 75).

Ist k ein beliebiger Parallelkreis unserer Fläche, der m in H und J treffen mag, so wird sie (374 Bd. I) längs k von einem Rotationskegel berührt, durch dessen Spitze S auf d die Tangenten von m in den Punkten J und H gehen. Die beiden Tangenten von S an das Bild k_c des Parallelkreises bilden den scheinbaren Umriß des Rotationskegels; sie berühren k_c in zwei Punkten C_c und E_c, in denen sie zugleich den Umriß u_c berühren. Denn C und E auf k gehören dem wahren Umriß des Kegels an; ihre Tangentialebenen gehen somit durch O, und da sie zugleich die Rotationsfläche tangieren, liegen C und E auch auf u. Während aber k den wahren Umriß u auf der Fläche schneidet, muß sein Bild k_c den scheinbaren Umriß u_c berühren; u_c und k_c berühren sich also in C_c und E_c, so daß SC_c und SE_c die bezüglichen Tangenten sind. Um die Punkte C_c und E_c zu bestimmen, legen wir k um JH als k_0 in die Bildebene um und benutzen die perspektive Beziehung zwischen k_c und k_0. Die Fluchtlinie aller Parallelkreisebenen ist das vom Hauptpunkte A auf die Achse d gefällte Lot AB. Das um AB in die Bildebene umgelegte Auge O_0 ist das Zentrum jener perspektiven Beziehung, JH ist ihre Achse, AB ihre Fluchtlinie. Nun suchen wir zu S den entsprecheuden Punkt S_0, indem wir SA ziehen, in ihrem Schnittpunkte G mit JH auf dieser eine Normale errichten und dieselbe mit SO_0 in S_0

schneiden. In der Tat entspricht der Geraden GA die Gerade $GS_0 (\parallel AO_0)$ und SO_0 geht durch S_0. Die von S_0 an k_0 gelegten Tangenten mögen diesen Kreis in C_0 und E_0 berühren und JH in

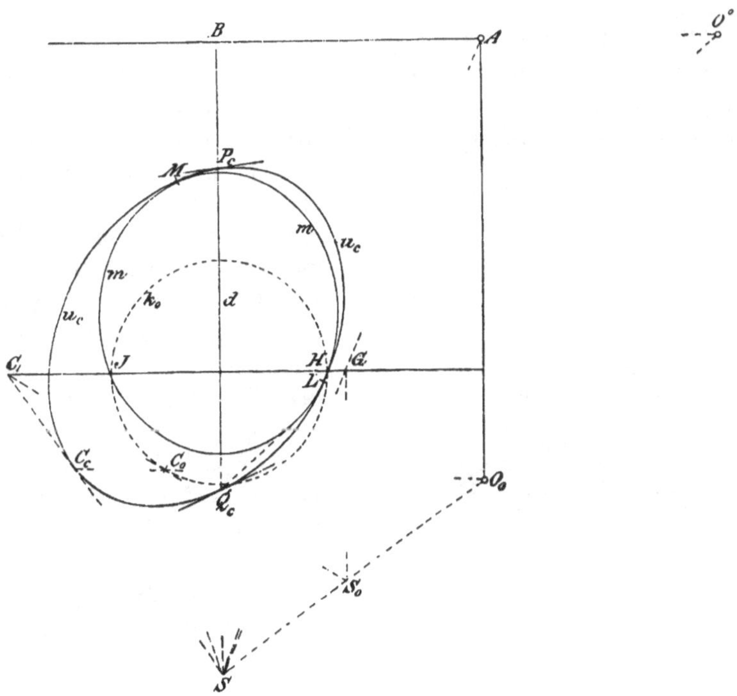

Fig. 75.

C_1 und E_1 schneiden, dann sind SC_1 und SE_1 die entsprechenden Tangenten an k_c, ihre Berührungspunkte C_c und E_c liegen auf $O_0 C_0$ bzw. $O_0 E_0$.

Der scheinbare Umriß u_c berührt die Meridiankurve m in zwei Punkten L und M, deren Tangenten durch A gehen. Die Tangentialebenen unserer Fläche in L und M sind nämlich zur Bildebene senkrecht, sie enthalten deshalb die Gerade AO, gehen also durch das Auge, so daß ihre Berührungspunkte dem Umriß angehören. Liegt in der Ebene Od die Meridiankurve n und wird sie von den aus O an sie gelegten Tangenten in P und Q berührt, so gehören diese Punkte dem Umriß u an. Ihre Bilder P_c und Q_c werden auf d von den Strahlen OP und OQ ausgeschnitten; man konstruiert sie durch Umlegen der Ebene Od in die Bildebene (O^0 auf AB, $O^0B = O_0B$, O^0P_c und O^0Q_c tangieren m). Nun ist der Umriß u zur Ebene Od

symmetrisch, seine Tangenten in P und Q stehen sonach auf Od senkrecht. Demnach gehen die Tangenten von u_c in P_c und Q_c durch den Fluchtpunkt N_∞ aller Normalen der Ebene Od (N_∞ auf AB $N_\infty O_0 \perp O_0 B$).

88. Auch bei beliebiger Richtung der Rotationsachse d gegen die Bildebene kann die vorher beschriebene Konstruktion mit einer kleinen Abänderung verwendet werden (Fig. 76). Durch die Achse d lege man eine Normalebene zur Bildebene und drehe dieselbe um ihre Spur d' in die Bildebene, so erhält man d'', m''; zugleich drehe man das Auge um AF_∞ ($\parallel d'$) nach O''. Jeder Punkt K von d ist der Mittelpunkt eines Parallelkreises k' seine Ebene sei Λ, ihre Spur- und Fluchtlinie seien l und l_∞ ($l_\infty \parallel l \perp d'$, l durch $M = k'' \times d'$, $F_\infty O'' \parallel k''$, l_∞ durch F_∞). Ist S auf d wieder der Scheitel des Kegels, der die Fläche längs k tangiert, und S_c auf d_c sein Bild ($S_c = O''S'' \times d_c$), so sind die Tangenten von S_c an k_c zu bestimmen. Legt man k um l nach k_0 und O um l_∞ nach O_0 um ($O_0 F_\infty = O'' F_\infty$), so sind k_0 und k_c perspektiv. Dem Punkt S_c entspricht S_0 ($F_\infty S_c \times l = G$, $GS_0 \parallel F_\infty A$, S_0 auf $O_0 S_c$); die Tangenten aus S_0 an k_0 berühren in C_0 und E_0, denen die Punkte C_c und E_c entsprechen ($S_0 C_0 \times l = C_1$, $S_0 E_0 \times l = E_1$, $C_c = S_c C_1 \times O_0 C_0$, $E_c = S_c E_1 \times O_0 E_0$). Der Umriß u_c geht durch C_c und E_c und berührt daselbst die Geraden $S_c C_c$ und $S_c E_c$.

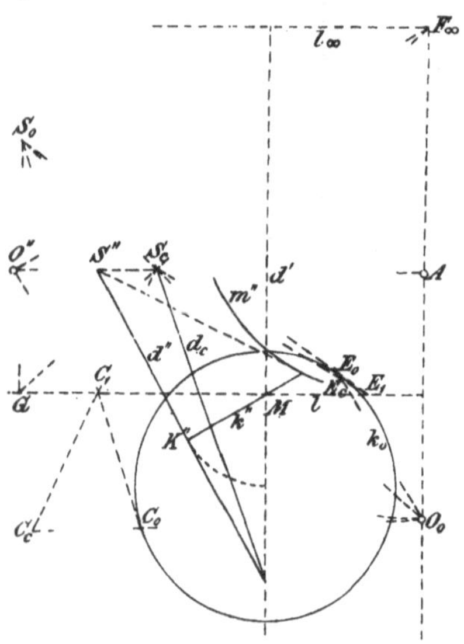

Fig. 76.

Ist die Rotationsachse senkrecht zur Bildebene, so sind die Bilder der Parallelkreise selbst Kreise und der scheinbare Umriß umhüllt alle diese Kreise.

89. Den Umriß einer Fläche 2. Grades zu zeichnen, von der drei konjugierte Durchmesser im Bilde gegeben sind (Fig. 77). Es seien M_c das Bild des Mittelpunktes und $A_c B_c$, $C_c D_c$, $E_c F_c$ die Bilder der konjugierten Durchmesser, dann werden diese durch M_c und die bezüglichen Fluchtpunkte X_∞, Y_∞ und Z_∞ harmonisch geteilt. Denn jeder Durchmesser wird durch den Mittelpunkt und den unendlich fernen Punkt harmonisch geteilt. Man konstruiere also entweder direkt zu A_c, B_c, M_c den vierten harmonischen Punkt usw., oder man zeichne die Punkte $A_cD_c \times B_cC_c$ und $A_cC_c \times B_cD_c$, die auf $X_\infty Y_\infty$ liegen, usw. Nun ergeben sich die Bilder p_c, q_c, r_c der zugehörigen Diametralschnitte sofort; so geht p_c durch A_c, B_c, C_c, D_c und berührt daselbst die Geraden A_cY_∞, B_cY_∞, C_cX_∞, D_cX_∞;

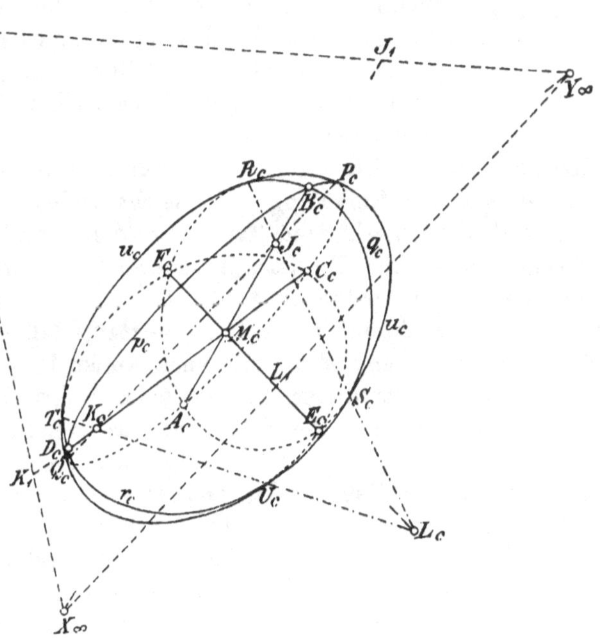

Fig. 77.

beliebig viele Punkte und Tangenten von p_c findet man mit Hilfe umgeschriebener Vierseite (256 Bd. I).

Längs p wird die Fläche von einem Zylinder berührt, dessen Mantellinien zu EF parallel laufen; ihre Bilder gehen durch Z_∞, und die beiden von Z_∞ an p_c gelegten Tangenten bilden den scheinbaren Umriß des Zylinders. Berühren diese Tangenten die Ellipse p_c in den beiden Punkten P_c und Q_c, so gehen die gemeinsamen Tangentialebenen von Zylinder und Fläche in P und Q durch das Auge. Demnach liegen P_c und Q_c auf dem Umriß u_c der Fläche, und dieser berührt in diesen Punkten die Ellipse p_c. Ganz analog wird der Umriß u_c die Kurven q_c und r_c in je zwei Punkten R_c, S_c bzw. T_c, U_c berühren. Die Konstruktion gestaltet sich wie folgt. Man schneide A_cB_c, C_cD_c, E_cF_c mit den Seiten des Dreiecks $X_\infty Y_\infty Z_\infty$ bezüglich in J_1, K_1, L_1 und suche die drei Punkte J_c, K_c, L_c, die mit jenen zusammen die drei genannten Strecken harmonisch teilen $((A_cB_cJ_cJ_1) = -1$, usw.). Da A_cB_c die Polare von Y_∞ in bezug auf p_c ist, liegt der Pol von $Y_\infty Z_\infty$ auf A_cB_c und zwar in J_c; analog stellt K_c den Pol von $X_\infty Z_\infty$ in bezug auf p_c vor. Somit ist J_cK_c die Polare von Z_∞ in bezug auf p_c, und es sind $Z_\infty K_1$, $Z_\infty K_c$, sowie $Z_\infty J_1$, $Z_\infty J_c$ harmonische Polaren von p_c. Diese beiden Geradenpaare definieren aber eine Involution, deren Doppelstrahlen die gesuchten Tangenten von p_c sind (32 Bd. III); ihre Berührungspunkte liegen auf J_cK_c. Diese Doppelstrahlen ergeben sich nach 235 Bd. I unter Zuhilfenahme eines Kreises.

Hiernach lassen sich also die drei Paar Berührungspunkte des Umrisses u_c mit den Kurven p_c, q_c, r_c leicht finden und aus sechs Punkten und den zugehörigen Tangenten der Umriß u_c zeichnen. Die Ebene des wahren Umrisses u schneidet die drei gegebenen Durchmesser in den Punkten J, K und L.

Es mag hier darauf hingewiesen werden, daß drei beliebige Strecken A_cB_c, C_cD_c und E_cF_c, die einen Punkt M_c gemein haben, nicht immer die Bilder dreier Achsen eines Ellipsoides darstellen. Das ist offenbar nur dann der Fall, wenn das Dreieck ihrer Fluchtpunkte $((A_cB_cM_cX_\infty) = -1)$ spitzwinklig ist. Denn sein Höhenschnittpunkt ist der Hauptpunkt, und dieser liegt stets zwischen dem Fluchtpunkt einer Geraden und der Fluchtlinie einer zu ihr normalen Ebene (74). Falls es sich um die Bilder der Achsen handelt, kann man auch die Länge der Achsen sofort angeben, da man ja Hauptpunkt und Auge in diesem Falle kennt. Freilich muß noch die Entfernung des Mittelpunktes von der Bildebene bekannt sein, sonst ergeben sich nur die Verhältnisse der Achsen.

90. Haben wir es mit drei konjugierten Durchmessern einer beliebigen Fläche 2. Grades zu tun, so werden einer oder zwei von diesen Durchmessern imaginär sein, was jedoch die obige Konstruktion nur wenig ändert. Ist z. B. AB ein imaginärer Durchmesser, d. h. sind A, B die Gleichpunkte der auf dieser Geraden liegenden Involution harmonischer Pole der Fläche (vgl. 211—213 Bd. III), so ergibt sich X_∞ wie vorher, dagegen bildet J_c mit J_1 zusammen ein Punktepaar der Involution, die durch die beiden Paare $X_\infty M_c$ und A_cB_c definiert ist. Die Tangenten aus Z_∞ an p_c sind wieder die Doppelstrahlen der Involution, der die Strahlenpaare durch K_1, K_c und J_1, J_c angehören.

DRITTES KAPITEL.

Angewandte Perspektive

Allgemeines.

91. Das perspektive Bild eines räumlichen Gegenstandes erleichtert uns seine Vorstellung in höherem Maße als seine Darstellung in orthogonaler oder schiefer Parallelprojektion. Der Grund davon ist, daß die geometrischen Gesetze der Zentralprojektion dem Vorgange beim Sehen wirklicher Dinge insofern genau entsprechen, als man von dem „Körperlich-Sehen" abstrahiert, das durch das Zusammenwirken beider Augen zustande kommt. Denn beim Sehen mit einem Auge erzeugen die vom Objekte ausgehenden Lichtstrahlen, durch die Augenlinse vereinigt, auf der Netzhaut ein perspektives Bild. Man kann folglich auch jede perspektive Zeichnung in eine solche Lage zum Auge bringen, daß sich die Netzhautbilder ihrer Linien mit denen der entsprechenden Linien des Gegenstandes decken und hierdurch wird der höchste Grad von Anschaulichkeit erreicht, den eine Zeichnung gewähren kann. Dagegen kann man aus einer Perspektive die wahren Größen von Strecken und Winkeln nicht so einfach und genau entnehmen wie aus einer Parallelprojektion. Bei letzterer ergeben z. B. parallele und gleiche Strecken auch parallele und gleiche Bilder, während bei der Zentralprojektion sowohl die Richtung als auch die Größe ihrer Bilder verschieden ausfällt, usw. Man wird also die Art der Projektion nach dem Zwecke wählen, den man durch die Darstellung erreichen will. Kommt es vor allem anderen auf die anschauliche Wirkung an, wie in der Malerei und den zeichnenden Künsten, so hat man die Zentralperspektive zu wählen. Wir haben uns darauf zu beschränken, die Anwendung ihrer Regeln auf solche Objekte zu zeigen, die geometrisch gesetzmäßige Formen haben. Dies trifft namentlich für die architektonischen Gegenstände zu; und wie es bei diesen üblich ist, wollen wir uns die abzubildenden Figuren durch Grund- und Aufriß gegeben denken; an ihre Stelle kann natürlich auch die Angabe von Maßen treten. Wir erkennen also die Hauptaufgabe der angewandten Perspektive darin, in einer gegebenen Ebene und für einen gegebenen Augenpunkt das perspektive Bild eines durch Grund- und Aufriß gegebenen Objektes zu konstruieren[8]).

Die zur Lösung dieser Aufgabe dienlichen Methoden sind größtenteils bereits im vorhergehenden Kapitel entwickelt worden. Die dort bewiesenen Sätze werden wir uns jetzt für die Anwendungen zurechtzulegen haben.

92. Wir denken uns eine horizontale Ebene Π_1, die Grundebene oder Bodenfläche; auf ihr und über ihr sollen sich die Objekte befinden. Die Bildebene Π stellen wir vertikal, so daß jede vertikale Gerade des Raumes auch ein vertikales Bild erhält; dies trägt wesentlich zur Erhöhung der Anschaulichkeit bei, weil unser Auge infolge vielfältiger Übung für die Abweichung gerader Linien von der vertikalen Richtung sehr empfindlich ist. Die Schnittlinie g der Bildebene Π mit der Grundebene Π_1 heißt die Grundlinie (Grundschnitt, Basislinie). Das Auge O (Augpunkt, Gesichtspunkt) wird vor Π und oberhalb Π_1 gewählt. Die Parallelebene zu Π durch das Auge heißt die Verschwindungsebene; sie enthält die Verschwindungslinien aller Ebenen und die Verschwindungspunkte aller Geraden des Raumes. Die senkrechte Projektion A des Auges O auf die Bildebene Π heißt der Hauptpunkt (Fig. 78) und die Länge OA die Distanz. Die Parallelebene H zu Π_1 durch O wird die Horizontebene und ihre Schnittlinie h mit Π wird Horizont (Horizontlinie) genannt; h ist die Fluchtlinie aller horizontalen Ebenen und trägt die Fluchtpunkte aller horizontalen Geraden, insbesondere den Hauptpunkt A als Fluchtpunkt aller Normalen zu Π. Der Distanzkreis wird in Π um A beschrieben, seine Schnittpunkte D, D_1 mit h heißen die Distanzpunkte. Die Fluchtlinien der unter 45° gegen Π geneigten Ebenen berühren d, die Fluchtpunkte der Geraden von der Neigung 45° gegen Π liegen auf d; speziell sind D und

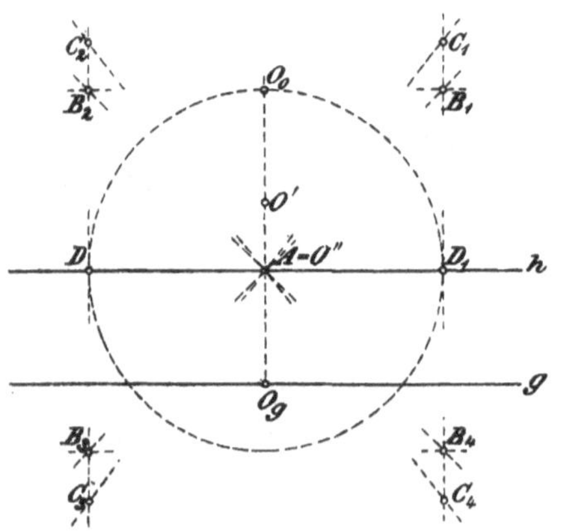

Fig. 78.

D_1 die Fluchtpunkte der Horizontalen mit der Bildneigung von 45°.

Das Objekt wird hinter der Bildebene befindlich angenommen. Seinen Grundriß entwerfen wir in der Grundebene Π_1 und legen ihn um die Grundlinie g in die Bildebene um, so daß der hinter der Bildebene befindliche Teil von Π_1 nach unten kommt, der oberhalb g liegende Teil von Π aber für das perspektive Bild des Objektes frei bleibt. Die umgelegten Elemente des Grundrisses werden ebenso bezeichnet wie diese selbst. Das Auge O gelangt bei gleichsinniger Drehung um den Horizont h in den Punkt O_0 des Distanzkreises $(A O_0 \perp h)$, der schlechthin als das umgelegte Auge bezeichnet wird. Der Grundriß O' des Auges findet sich auf $A O_0$ und zwar ist $(O' \dashv g)$ gleich der Distanz, mithin auch $O_0 O' = (A \dashv g)$. Die Aufrißebene Π_2 stellen wir natürlich vertikal und parallel zu den wichtigsten wagrechten Kanten des Gegenstandes. Die Schnittlinie $\Pi_1 \times \Pi_2$ bezeichnen wir wie früher durch x. Die meisten Objekte und namentlich die architektonischen besitzen vertikale Seitenflächen in zwei zueinander rechtwinkligen Stellungen, die wir kurz als Frontflächen bezeichnen können. Ist die Bildebene Π zu einer Front des Gegenstandes parallel, so gibt sein Bild eine gerade Ansicht; anderenfalls spricht man von einer schrägen Ansicht.

Im ersten Falle läßt man die Aufrißebene Π_2 mit der Bildebene Π und folglich x mit g zusammenfallen. Im zweiten Falle wird Π_2 parallel zu einer Front und folglich gegen Π geneigt angenommen. Wir ziehen durch den Bildspurpunkt von x auf g die Vertikale $z = \Pi_2 \times \Pi$ und die Horizontale y rechtwinklig zu x. Den Aufriß legen wir um z in Π um und benennen die umgelegten Aufrißelemente ebenso wie diese selbst. Die Umlegung suche man so einzurichten, daß das perspektive Bild und der Aufriß des Objektes sich nicht gegenseitig in störender Weise verdecken. Wichtig ist es, die Fluchtpunkte X_∞, Y_∞ der Achsen x und y $(O_0 X_\infty \parallel x$, $O_0 Y_\infty \parallel y$, X_∞ und Y_∞ auf $h)$, sowie den umgelegten Aufriß O'' des Auges anzugeben. O'' liegt auf h und die von O' bzw. O'' auf x bzw. g gefällten Lote sind von $g \times x \times z$ gleich entfernt (vgl. Fig. 83).

93. Die Konstruktion der Perspektive eines Punktes P mit gegebenem Grund- und Aufriß P', P'' richtet sich danach, ob Π_2 mit Π identisch ist oder nicht, d. h. ob eine gerade oder schräge Ansicht des Objektes verlangt wird. Wir stellen die einfachsten Verfahren kurz zusammen.

Erstens: bei gerader Ansicht.

α) Man zieht in Π_1 durch P' zwei Gerade normal bzw. unter 45^0 geneigt gegen g. Ihre Spurpunkte seien N und M auf g; ihre Fluchtpunkte sind der Hauptpunkt A und einer der Distanzpunkte

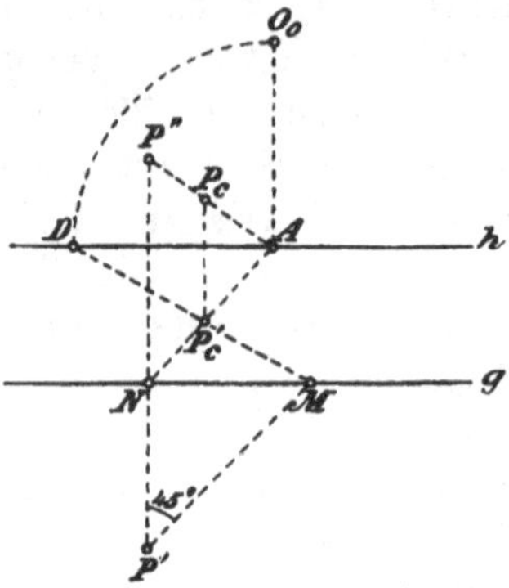

Fig. 79.

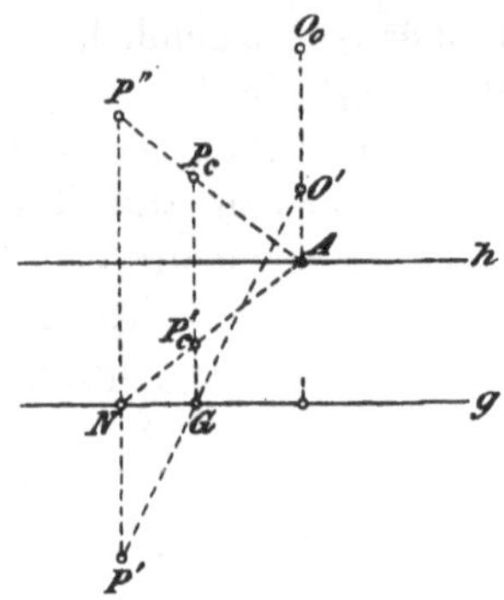

Fig. 80.

D; ihre Bilder NA und MD schneiden sich im Bilde P_c' des Grundrisses P'. Das Bild von PP' geht vertikal durch P_c, das Bild von PP'' ist $P''A$; ihr Schnittpunkt P_c ist folglich die Perspektive von P (Fig. 79).

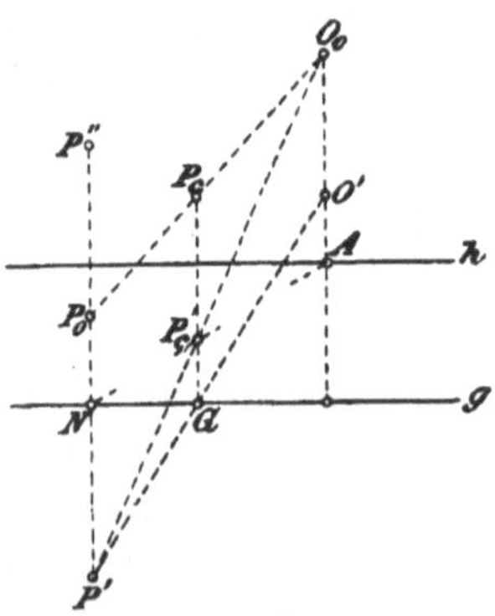

Fig. 81.

β) Die Vertikalebene durch OP schneidet Π_1 in $O'P'$ und Π in der Vertikalen durch $G = g \times O'P'$, die auf $P''A$ das Bild P_c bestimmt. P_c' wird wieder auf NA gefunden (Fig. 80).

γ) Trägt man auf die Vertikale $P''P'$ den zweiten Tafelabstand des Punktes als $P''P_0 = NP'$ auf, legt also $P''P$ als $P''P_0 \parallel AO_0$ in die Bildebene um, so liegt P_c auf O_0P_0 (vgl. 80). Man findet also P_c, wenn man die Vertikale durch $G = g \times O'P'$ mit O_0P_0 schneidet. Speziell findet man P_c' auf derselben Vertikalen und auf O_0P' (Fig. 81). Handelt es sich nur um die Bestimmung von P_c, so ergibt sich P_c als Schnittpunkt von P_0O_0 mit $P''A$.

Zweitens: bei schräger Ansicht.

δ) Eine in Π_1 beliebig durch P' gezogene Gerade m habe das Bild MM_∞ ($M = m \times g$, M_∞ auf h, $O_0M_\infty \parallel m$), so ist $P_c' = MM_\infty \times O_0P'$. Zieht man $MQ \# P'P$, also $\perp g$ und $= (P'' \dashv g)$, so ist $M_\infty Q$ das Bild von $PQ \parallel m$ und geht durch P_c (Fig. 82).

ε) Das Bild der zu Π_2 normalen Linie PP'' geht durch den Fluchtpunkt N_∞ $(= Y_\infty)$ der Normalen von Π_2; andererseits liegt es in der Ebene OPP'', die auch O'' enthält und die z-Achse in $H = O''P'' \times z$ trifft; folglich ist $HN_\infty = P_cP_c''$ dieses Bild (80). Auf ihm wird P_c mittels der Vertikalen durch $G = O'P' \times g$ bestimmt (Fig 83).

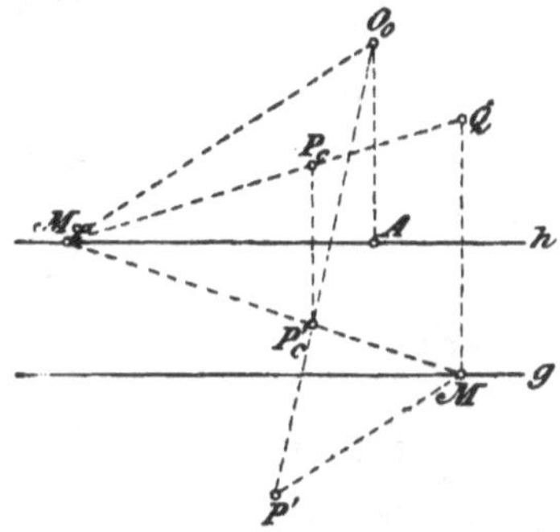

Fig. 82.

Die unter β) bzw. ε) genannten Methoden sind die einfachsten. Bei β) hat man drei, bei ε) vier gerade Linien zu ziehen. Das eine Verfahren geht aus dem anderen hervor, wenn man Π_2 mit Π, folglich g mit x, sowie O'' und N_∞ mit A zusammenfallen läßt. Die Konstruktion ε) läßt sich auch durch einen mechanischen Apparat (Perspektograph) ausführen, denn werden P und demgemäß P', P'' bewegt, so drehen sich die Geraden $O'P'$, $O''P''$ um die festen Punkte O' bzw. O'' und führen die Punkte G, H auf den festen Geraden g bzw. z; die vertikale Gerade wird zu sich selbst parallel verschoben und die Gerade HP_c dreht sich um den festen Punkt N_∞.

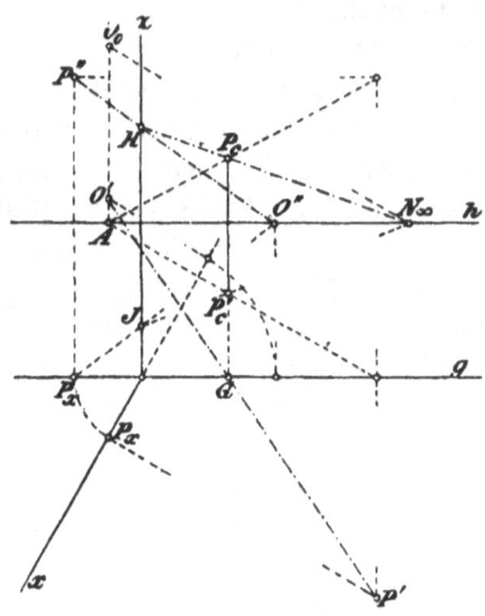

Fig. 83.

94. Das Bild einer geraden Linie ist durch die Bilder zweier ihrer Punkte bestimmt. Aber je kürzer die von ihnen begrenzte Strecke ausfällt, desto weniger genau ergibt sich die Richtung der Bildgeraden. Man ermittelt daher besser zuerst ihren Fluchtpunkt. Hierdurch wird nicht allein die Genauigkeit der Zeichnung erhöht, sondern auch Mühe erspart, denn an den Objekten treten oft zahlreiche parallele Linien auf, deren Bilder nach demselben Fluchtpunkte laufen.

Der Fluchtpunkt einer Geraden ist die Bildspur J_∞ des zu ihr parallelen Sehstrahles $OJ_\infty = i$. Fällt Π_2 mit Π, also x mit g zusammen, so zieht man Grund- und Aufriß des Sehstrahles durch Grund- und Aufriß des Auges, d. h. i' durch O' und i'' durch A (Fig. 84). Die Vertikale durch $J' = i \times g$ trifft i'' in J_∞ und den Horizont h in dem Fluchtpunkte J'_∞ der Horizontalprojektion der Geraden. — Liegt Π_2 gegen Π geneigt, so zeichne man die Fluchtlinie z_∞ ($\| z$) von Π_2, lege O um z_∞ nach O_Δ um und bestimme Y_∞. Die Parallele zu i'' durch O_Δ schneidet dann z_∞ im Fluchtpunkte von i''; seine Verbindungslinie mit Y_∞ aber bestimmt J_∞ auf der Vertikalen durch J' (vgl. 80).

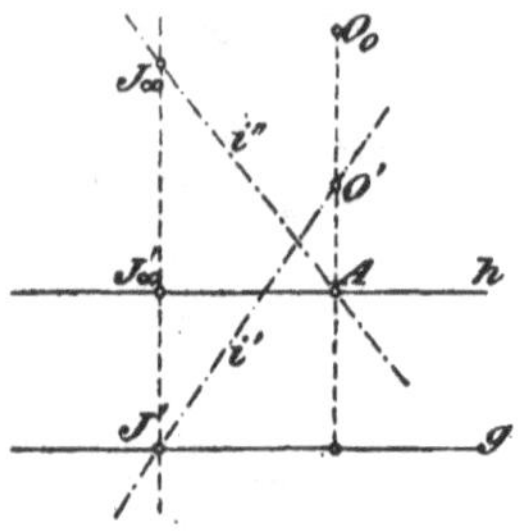

Fig. 84.

95. Wir erwähnen zwei besondere Arten von Fluchtpunkten die oft benutzt werden. Bei architektonischen Gegenständen stoßen häufig schräge Begrenzungsflächen von gleicher Neigung gegen die Grundebene in schrägen Kanten zusammen. Bei gerader Ansicht sind diese Kanten parallel zu den Diagonalen eines Würfels, dessen Kanten parallel und senkrecht zu Π und Π_1 liegen, oder parallel zu den Diagonalen einer ebenso gestellten quadratischen Säule. In dem ersten Falle sind ihre Fluchtpunkte die Ecken B_1, B_2, B_3, B_4 des dem Distanzkreise umgeschriebenen Quadrates mit je zwei horizontalen und vertikalen Seiten (vgl. Fig. 78); im anderen Falle liegen die Fluchtpunkte C_1, C_2, C_3, C_4 auf den Vertikalen durch die Distanzpunkte D und D_1 und auf den beiden Geraden, die durch A parallel zu den Aufrissen gezogen sind. Bei schräger Ansicht hat man das vorhin angegebene Verfahren zur Bestimmung der Fluchtpunkte einzuschlagen.

96. Sieht man von der Grundebene Π_1 ab, deren Spur- uud Fluchtlinie als g und h stets angegeben werden müssen, so kommt die Darstellung einer Ebene durch Spur- und Fluchtlinie in der angewandten Perspektive nicht vor. Wohl aber werden diese Elemente zu konstruktiven Zwecken gebraucht. Bei vielen Gegenständen ist es zweckmäßig, von vornherein die Fluchtlinien zu bestimmen: erstens für die Frontebenen und zweitens für die Diagonalebenen, welche die von jenen gebildeten rechten Winkel halbieren.

97. Im II. Kapitel sind die Grundaufgaben der darstellenden Geometrie durch Zentralprojektion gelöst worden. Wir haben daher hier nur wenige Aufgaben mit Bezug auf die besondere Art zu besprechen, in der sie am häufigsten angewandt werden. Sie betreffen:

1. die Teilung vertikaler und horizontaler Strecken, sowie in Verbindung hiermit
2. die ähnliche Verkleinerung der Zeichnung durch Reduktion der Distanz,
3. die Darstellung von Kreisen und Ellipsen in horizontalen oder vertikalen Ebenen,
4. die Schattenkonstruktion.

98. Die Teilung einer zur Bildebene parallelen, also speziell jeder vertikalen Strecke erfolgt im Bilde nach demselben Verhältnis wie im Original. Um sie auszuführen, muß das Bild einer Teilstrecke bekannt sein. Ist auf einer Vertikalen vom Punkte P aus die Strecke PQ abzutragen, so ziehe man durch das Bild R_c ihres Grundspurpunktes R eine beliebige Gerade, die g in S und h in M_∞ schneiden mag, errichte in S die Vertikale und schneide sie mit $M_\infty P_c$ in M (Fig. 85); dann ist $SMPR$ ein Rechteck und SM die wahre Länge von RP. Macht man MN auf SM der wahren Länge von PQ gleich, so geht NM_∞ durch Q_c.

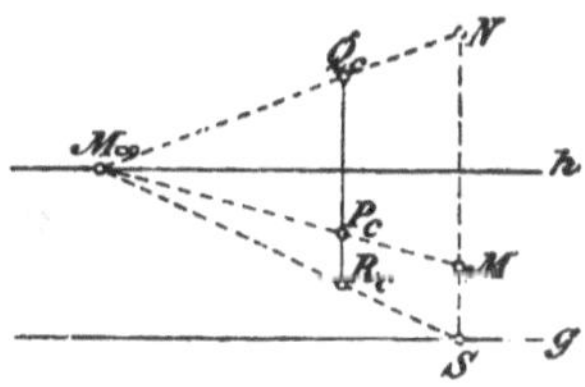

Fig. 85.

99. Die Teilung einer horizontalen Strecke erfolgt nach 67. Seien M und M_∞ Spur- und Fluchtpunkt einer in Π_1 liegenden Geraden m, welche die Strecke PQ trägt. Dreht man m und $M_\infty O_0$ um M bzw. M_∞ in gleichem Sinne, bis sie mit g bzw. h zusammenfallen, so gelangen die Punkte P, Q und O_0 in die Lagen P_Δ, Q_Δ und O_Δ (Fig. 86) und die Geraden $O_\Delta P_\Delta$, $O_\Delta Q_\Delta$ schneiden $m_c = MM_\infty$ in den gesuchten Punkten P_c, Q_c. Hierbei heißt O_Δ der Teilungspunkt der Geraden m und aller ihrer Parallelen. Legt man nämlich eine solche Horizontale um ihren Spurpunkt in die Bildebene parallel zu h um, so treffen die von O_Δ nach den Punkten der umgelegten Geraden gezogenen Strahlen die Bildgerade in den zugehörigen Bildpunkten.

100. In den Anwendungen tritt es oft ein, daß einer oder mehrere der Punkte, die zur Konstruktion nötig sind, außerhalb der Zeichenfläche liegen. Man hilft sich dann durch eine Reduktion, d. h. durch eine ähnliche Verkleinerung der Zeichnung, wie sie sich ergeben würde, wenn man bei ungeändertem Objekt und Auge die Bildebene zu sich parallel in der Richtung AO verschiebt und hierdurch die ursprüngliche Distanz auf ihren n^{ten} Teil reduziert.

Statt der unzugänglichen Elemente benutzt man die reduzierten Elemente, die wir durch den oberen Index r bezeichnen. Sie befinden sich mit jenen in ähnlicher Lage, und zwar ist der

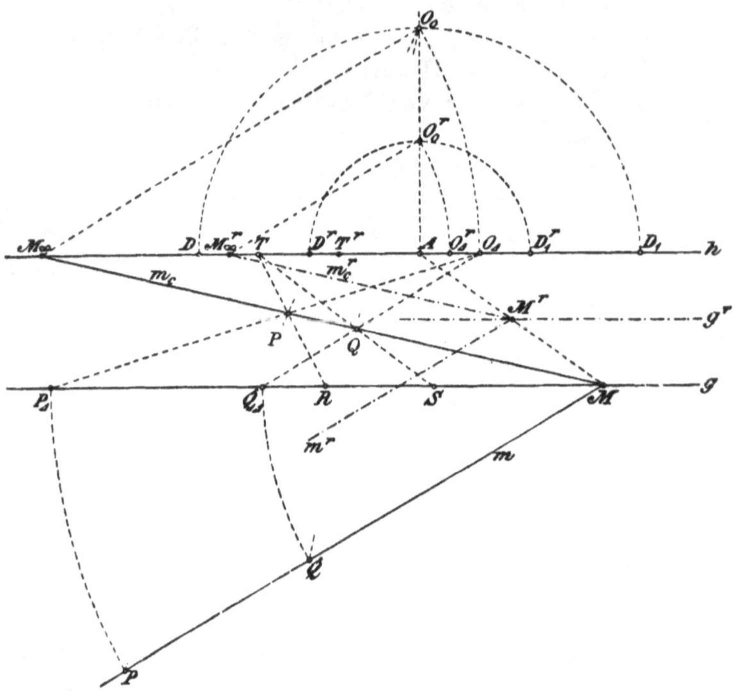

Fig. 86.

Hauptpunkt A das Ähnlichkeitszentrum; ihre Abstände von A aber verhalten sich zu denen der ursprünglichen Elemente wie $1:n$, wo n eine passend gewählte ganze Zahl bedeutet (in der Figur $n = 2$).

Ist das umgelegte Auge O_0 unzugänglich, so trägt man auf AO_0 die Strecke $AO_0{}^r = \frac{1}{n} \cdot$ Distanz auf; $O_0{}^r$ ist das reduzierte umgelegte Auge. Man findet dann den Fluchtpunkt M_∞ aus dem reduzierten Fluchtpunkte M_∞^r, indem man $O_0{}^r M_\infty^r \parallel m$ und $AM_\infty = n \cdot AM_\infty^r$ macht. Fällt M_∞ auch außerhalb der Zeichenfläche, so zeichnet man den reduzierten Spurpunkt M^r, indem man $AM^r = \frac{1}{n} \cdot AM$ abträgt, dann ist $m_c \parallel M^r M_\infty^r$ durch M zu ziehen. Man findet ferner den Teilungspunkt $O_\varDelta$ aus dem reduzierten Teilungspunkte $O_\varDelta^r$ durch die Beziehungen: $M_\infty^r O_0{}^r = M_\infty^r O_\varDelta^r$, $AO_\varDelta = n \cdot AO_\varDelta^r$. Sind $MP_\varDelta$ und $MQ_\varDelta$ auf g die wahren Längen der Strecken MP und MQ, so gehen $O_\varDelta P_\varDelta$ und $O^\varDelta Q_\varDelta$ durch P_c und Q_c.

Ist O_Δ unzugänglich, so mache man auf h die Strecke $M_\infty T = \frac{1}{n} \cdot M_\infty O_\Delta = M_\infty^r O_\Delta^r$ und auf g zugleich $MR = \frac{1}{n} \cdot MP$ und $MS = \frac{1}{n} \cdot MQ$, so gehen TR und TS offenbar wieder durch P_c und Q_c. Kann hierbei M_∞ nicht gezeichnet werden, so mache man zuerst $M_\infty^r T^r = \frac{1}{n} \cdot M_\infty^r O_\Delta^r$ und dann $AT = n \cdot AT^r$. Ist endlich auch M nicht benutzbar, so bedient man sich der reduzierten Grundlinie, die man parallel zu h in dem Abstand $= \frac{1}{n} \cdot (g \dashv h)$ zieht; auf ihr findet man den reduzierten Spurpunkt M^r, indem man in dem Abstand $= \frac{1}{n} \cdot (A \dashv m)$ von A die Linie $m^r \parallel m$ zieht. Die weitere Konstruktion gründet sich auf die perspektiv-ähnliche Beziehung zwischen den gegebenen Elementen und den reduzierten wie umgekehrt zwischen den hieraus gefundenen und den gesuchten Elementen.

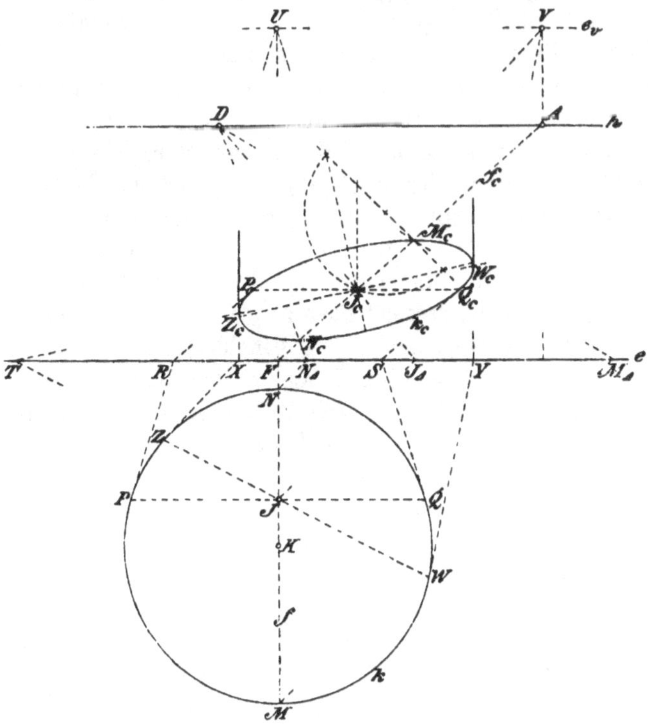

Fig. 87.

101. Abbildung eines horizontalen Kreises (Fig. 87). Die Ebene E des Kreises k hat den Horizont h zur Fluchtlinie, die Spur e und die Verschwindungslinie e_v sind zu h parallel. Der Abstand $(e \dashv h)$ hängt von der Lage der Ebene E ab, der Abstand $(e_v \dashv e)$ ist gleich der Distanz $(O_0 \dashv h)$. Wir betrachten nur den gewöhnlichen Fall, wo der Kreis k die Verschwindungslinie e_v nicht trifft, sein Bild also eine Ellipse wird. Der Kreis sei durch seine Umlegung um e gegeben. Die Umlegungen seiner Elemente werden ebenso wie diese selbst bezeichnet. K sei der Mittelpunkt und MN auf f der zu e rechtwinklige Durchmesser; sein Bild M_cN_c findet man auf $f_c = FA$ nach 83. Ist J_c der Mittelpunkt von M_cN_c und liegt der Punkt J auf MN zu J_c perspektiv, so entspricht umgekehrt der zu e parallelen Kreissehne PQ durch J der zu M_cN_c konjugierte Durchmesser P_cQ_c ($\parallel e$ durch J_c) der Bildellipse k_c. Ist $U = f \times e_v$, und schneiden die Kreistangenten UP, UQ die Spur e in R, S, so sind ihre Bilder RP_c und SQ_c parallel zu f_c. Durch die konjugierten Durchmesser M_cN_c und P_cQ_c ist die Elipse k_c bestimmt; ihre Achsen können nach 22 Bd. I gefunden werden. Die vertikalen Tangenten der Ellipse (die z. B. als Umrißlinien einer über dem Grundkreise k stehenden runden Säule öfters gezeichnet werden müssen) entsprechen den Tangenten des Kreises k aus dem Punkte $V = AO_0 \times e_v$ und gehen durch deren Schnittpunkte X, Y mit der Spurlinie e. Sind W, Z die Berührungspunkte der Kreistangenten und ist $T = e \times WZ$, so liegen die Berührungspunkte W_c, Z_c der Ellipsentangenten auf dem Durchmesser TJ_c. Häufig benutzt man zur Abbildung des horizontalen Kreises k ein ihm umschriebenes Polygon, z. B. ein regelmäßiges Achteck, dessen Seiten zu g teils parallel, teils senkrecht, teils unter 45^0 geneigt sind. Die Fluchtpunkte seiner Seiten sind bez. der unendlich ferne Punkt von h, der Hauptpunkt A und die beiden Distanzpunkte D, D_1. Die Seiten bilden zwei dem Kreise k umgeschriebene Quadrate, deren Diagonalen den Seiten des Achtecks parallel laufen und ihre Berührungspunkte mit k bestimmen. Die Abbildung der geschilderten Figur ergibt demnach acht Punkte der Bildellipse nebst den zugehörigen Tangenten. Die Einzelheiten der Konstruktion ergeben sich bei ihrer Ausführung ohne Schwierigkeit.

102. Die Abbildung einer Ellipse mit vertikaler Achse (bez. eines vertikalen Kreises), die z. B. als Gewölblinie vorkommen kann, ergibt sich aus 101. An Stelle der Horizontalen e, e_v, h treten die Vertikalen n, n_v, n_∞ als Spur-, Verschwindungs- und Fluchtlinie der vertikalen Ebene, die die abzubildende Kurve enthält. Ferner tritt an Stelle der Geraden f die horizontale Achse der Ellipse (oder der horizontale Kreisdurchmesser), an Stelle von O_0 das um n_∞ in die Bildebene umgelegte Auge O^0 und statt des Distanzpunktes D hat man das um F_∞ auf n_∞ niedergedrehte

Auge O_Δ zu benutzen (Fig. 88). — In der Figur sind die einzelnen Elemente ebenso bezeichnet, wie die entsprechenden in Fig. 87. Eine nähere Erläuterung erscheint daher überflüssig. — Wie vorher kann auch hier, und allgemein bei jedem Kegelschnitte, die per-

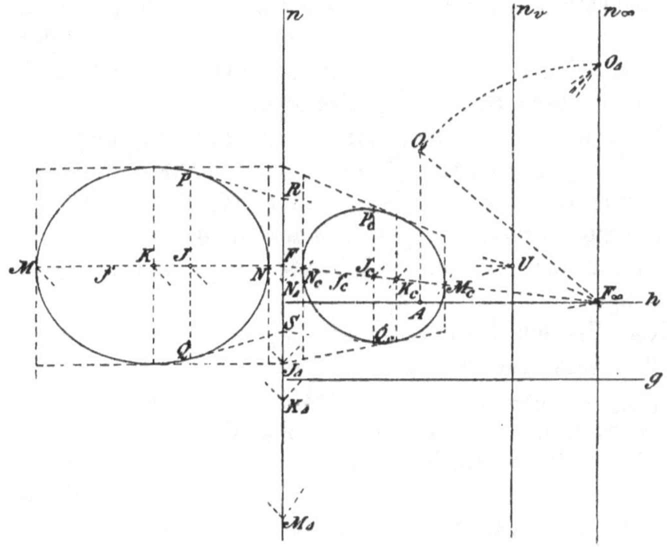

Fig. 88.

spektive Abbildung mit Hilfe eines ihm umgeschriebenen Vierseits erfolgen (vgl. 83).

103. Schattenkonstruktion. Als Lichtquelle denken wir uns einen Punkt L (über der Grundebene Π_1) durch sein Bild L_c und Grundrißbild L_c' gegeben ($L_c L_c' \perp h$). Von L_c gehen alle Bilder der Lichtstrahlen, von L_c' die ihrer Grundrisse aus. Man spricht von Zentral- oder Parallelbeleuchtung, je nachdem sich der leuchtende Punkt L in endlicher Entfernung vom Objekte befindet oder unendlich weit liegt. Beide unterscheiden sich aber nicht wesentlich; denn solange L nicht in die Verschwindungsebene fällt, was selten angenommen wird, sind die Bilder L_c und L_c' Punkte im Endlichen. Je nach der Lage von L gegen die Verschwindungsebene ist das Bild reell oder virtuell.

Die Beleuchtung der irdischen Gegenstände durch die Sonne darf als Parallelbeleuchtung gelten, weil ihre gegenseitigen Entfernungen im Vergleich mit dem Abstand von der Sonne selbst verschwindend klein sind. Es bedeutet dann L_c das Bild des Sonnenzentrums. Man hat entweder ein reelles Sonnenbild über dem Horizont, oder ein unendliches fernes, oder ein virtuelles unter dem Horizont, je nachdem die Sonne im Angesicht des Beschauers, oder in der Verschwindungsebene, oder im Rücken des Beschauers steht. Demgemäß läuft der Grundschatten einer von der Grundfläche aufsteigenden Vertikalen entweder auf den Beschauer zu, oder parallel zu h, oder nach dem Horizonte hin. L_c ist der Fluchtpunkt der Lichtstrahlen, L_c' liegt auf dem Horizont und ist der Fluchtpunkt ihrer Horizontalprojektionen.

Der Gang der Konstruktionen zur Abbildung der Schatten ist bei der Zentralperspektive derselbe wie bei der Parallelprojektion. Man bestimmt zuerst die Lichtgrenzen auf dem Objekt, dann die Schlagschattengrenzen in der Grundebene und zuletzt die Schlagschatten auf dem Objekte selbst, wie dies die nachfolgenden Beispiele zeigen.

104. Ist ein Punkt P durch P_c und P_c' gegeben, so findet man das Bild seines Gundschattens P_* als $P_{*c} = L_cP_c \times L_c'P_c'$; $l_c = P_cP_{*c}$ ist das Bild eines Lichtstrahles l, $l_c' = P_c'P_{*c}$ ist das Bild seines Grundrisses l' und zugleich der Grundschatten der Vertikalen $P'P$. Ebenso wie wir hier den Grundschatten der Vertikalen durch P benutzen, um auf ihm den des Punktes P selbst zu finden, geht man bei der Ermittelung des Schattens von P auf eine beliebig gegebene Ebene E von einer geeigneten Geraden durch P (meist einer Vertikalen oder Horizontalen) und ihrem Schatten auf E aus; dieser ist schließlich mit dem Lichtstrahle durch P zu schneiden.

Sind von einer Geraden i Spur- und Fluchtpunkt J, J_∞ und von der Ebene E Spur- und Fluchtlinie e, e_∞ bekannt, so sucht man Spur- und Fluchtlinie d, d_∞ der durch i gelegten Lichtstrahlenebene Δ, die E in dem gesuchten Schatten i^* schneidet, und erhält von i^* den Spur- und Fluchtpunkt, hieraus aber das Bild ($J^* = d \times e$, $J_\infty{}^* = d_\infty \times e_\infty$, $i_c{}^* = J^*J_\infty{}^*$). Bei Parallelbeleuchtung verbindet die Fluchtlinie d_∞ den Fluchtpunkt L_c der Lichtstrahlen mit dem Fluchtpunkte J_∞ der Geraden i, und d geht parallel zu d_∞ durch J.

Anwendungen der Perspektive.

105. Wir legen die Regeln der Perspektive in ihrer Anwendung auf einige architektonische Gegenstände dar. Die Objekte sollen die hauptsächlichsten an Bauwerken vorkommenden Formen und Anordnungen der Glieder zeigen, aber nur in möglichst einfacher Weise, so daß sie leicht geometrisch bestimmt werden können. Bei der Wahl ihrer Verhältnisse sind weniger ästhetische Gesichtspunkte wirksam gewesen, als vielmehr die Rücksicht darauf, daß die Einzelheiten der Konstruktion in der Zeichnung genügend erkennbar werden müssen. — Zuerst behandeln wir nur Körper mit ebenen

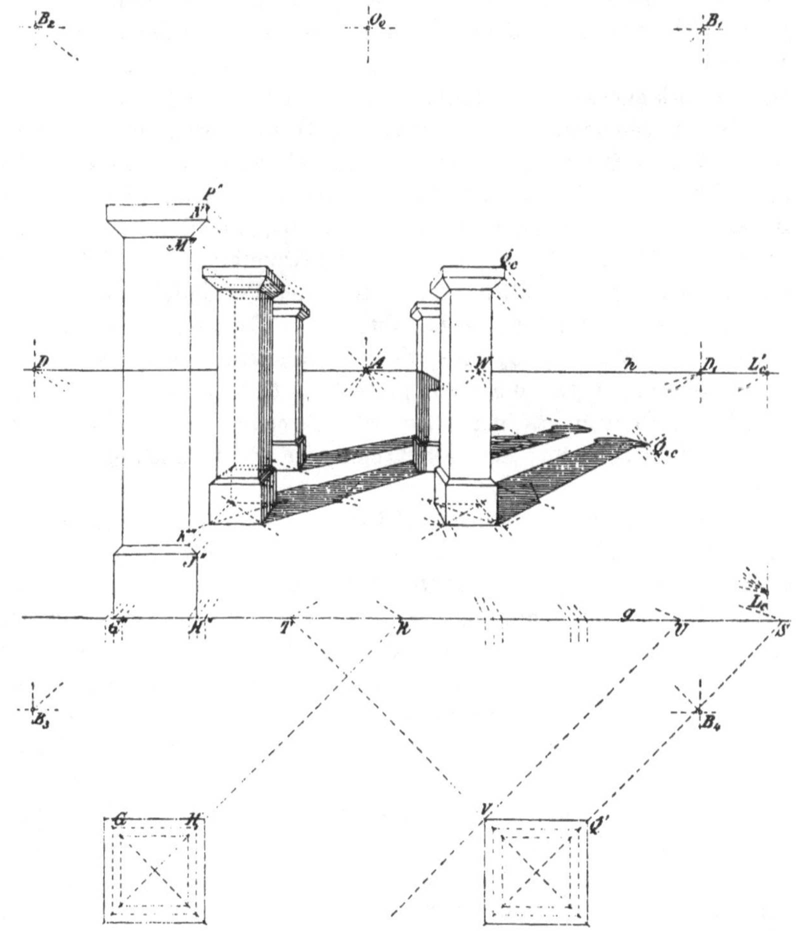

Fig. 89.

Seitenflächen, in den späteren Beispielen treten auch krumme Flächen auf.

Perspektive eines Säulenganges in gerader Ansicht (Fig. 89). Die doppelte Säulenreihe erstreckt sich in der zur Bildebene senkrechten Richtung nach dem Horizonte hin. Jede einzelne Säule besteht aus Sockel, Schaft und Kapitäl. Diese drei

Teile werden von quadratischen Prismen und abgestumpften quadratischen Pyramiden gebildet. Die Prismenflächen stehen vertikal, die schrägen Pyramidenflächen, die am Sockel oben, am Kapitäl unten liegen, sind gegen die Grundebene Π_1 unter 45° geneigt. — Die Säulenabstände in der Richtung parallel zur Grundlinie g ergeben sich aus dem Grundriß des vordersten Säulenpaares; zur Feststellung der Abstände in der Richtung senkrecht zu g genügt es, die verlängerte Grundrißdiagonale VU einer Säule des folgenden Paares zu zeichnen. Die Kanten der Säulen verlaufen in sieben verschiedenen Richtungen: sie sind nämlich entweder vertikal, oder normal zur Bildebene, oder parallel zur Grundlinie, oder parallel zu einer der vier Diagonalen eines Würfels, von dem zwei Seitenflächen in Π und Π_1 liegen. Ihre Fluchtpunkte sind folglich der Reihe nach: der unendlich ferne Punkt der Vertikalen, der Hauptpunkt A, der unendlich ferne Punkt des Horizontes h und die Ecken B_1, B_2, B_3, B_4 des dem Distanzkreis umgeschriebenen Quadrates ($B_1 B_2 \parallel g$ durch O_0, $O_0 B_1 = O_0 B_2 = A O_0$). Die erreichbaren Spurpunkte der Grundrißdiagonalen auf g sind durch R, S, T, U bezeichnet; ihre Fluchtpunkte sind die Distanzpunkte D bzw. D_1.

Wir beginnen mit der Abbildung der Sockelgrundflächen. Zu ihren Ecken gehören z. B. die Punkte G, H; ihre Bilder werden gefunden, wenn man G'' und H'' mit A und den Spurpunkt R der durch H gelegten Diagonale mit D verbindet, sowie durch H_c die Parallele zu g zieht ($H_c = AH'' \times DR$, G_c auf $G''A$, $H_c G_c \parallel g$). Hat man in dieser Weise alle in Π_1 liegenden Quadrate abgebildet (und kontrolliert, daß ihre je in einer Parallelen zu g gelegenen Seiten gleiche Längen haben), so zieht man durch alle ihre Ecken vertikale Linien aufwärts. Diese stellen die vertikalen Sockelkanten dar; ihre oberen Endpunkte bestimmen wieder horizontale Quadrate. Im Bilde liegt eine Reihe ihrer Ecken auf $J''A$; zieht man durch sie Parallele zu g, so findet man die übrigen Ecken, die zugleich auf drei weiteren Geraden durch A liegen müssen. Jetzt sind die Bilder der schrägen Sockelkanten zu ziehen; sie laufen von den vorderen Ecken nach B_1 bzw. B_2, von den hinteren nach B_3 bzw. B_4 Eine Reihe ihrer Endpunkte liegt auf $K''A$, die übrigen finden sich wie vorhin. Nunmehr werden die vertikalen Schaftkanten gezogen, die auf $M''A$, usw. endigen. Die schrägen Kapitälkanten laufen vorn nach B_3 bzw. B_4, hinten nach B_1 bzw. B_2; ihre Endpunkte liegen auf $N''A$, usw. Man zeichnet ferner die vertikalen Kapitälkanten, deren Endpunkte sich auf $P''A$, usw. befinden. Zuletzt sind die Bilder aller horizontalen Kanten auszuziehen, die unsere Konstruktion bereits als Hilfslinien benutzt hat. — Welche Linien sichtbar sind und welche nicht, wird der Zeichner leicht auch ohne nähere Erklärung beurteilen.

Hierauf bestimmen wir die Grundschatten, und um dies leicht ausführen zu können, haben wir wenigstens für die vordersten Säulen die Grundrißbilder aller Eckpunkte angegeben. Wir wählen Parallelbeleuchtung; das (virtuelle) Sonnenbild L_c liegt unter dem Horizonte h, der Fluchtpunkt L_c' der Lichtstrahlgrundrisse senkrecht darüber auf h selbst. Die Lichtgrenze setzt sich bei jeder Säule aus 14 Kanten zusammen; zwei davon liegen in der Grundfläche, zwei andere in der horizontalen Endfläche des Kapitäls, die übrigen sind in der Diagonalebene mit der Fluchtlinie $B_2 B_3$ enthalten. Zur Lichtgrenze gehören die Ecken, in denen das Bild bzw. Grundrißbild eines Lichtstrahles das der Säule streift. — Die Grundschatten der Ecken, z. B. Q, stellt man durch $Q_{*c} = Q_c L_c \times Q_c' L_c'$ dar, usw. Die Grundschatten der horizontalen Kanten sind zu diesen parallel, ihre Bilder laufen folglich parallel zu h oder nach dem Hauptpunkte A. Die Grundschatten der Vertikalen konvergieren im Bilde nach L_c', die der schrägen Kanten haben die Fluchtpunkte $W = h \times B_2 L_c$ und $W_1 = h \times B_3 L_c$ (in der Figur konnte nur W angegeben werden). Diese Angaben genügen zur Verzeichnung aller Schlagschatten auf die Bodenfläche.

In unserem Beispiele kommt der Schlagschatten einer Säule auf eine zweite vor (ihre Grundschatten überdecken sich zum Teil). Zieht man aus dem Kreuzungspunkte der Grundschatten zweier Kanten rückwärts bis zu der beschatteten Kante einen Lichtstrahl, so endigt er in einer Ecke der Schlagschattenfigur. Aber nicht alle Ecken derselben können so gefunden werden, man hat vielmehr das in 104 geschilderte Verfahren anzuwenden. Hierbei beachte man folgende Bemerkungen. Der Schatten einer Geraden auf eine zu ihr parallele Ebene ist zu ihr selbst parallel; im Bilde haben beide denselben Fluchtpunkt. Hiernach sind z. B. die Schatten einer vertikalen Kante auf die senkrechten Flächen einer Säule selbst vertikal und das Schattenbild einer zu Π normalen Kante auf die zu ihr parallele Seitenfläche eines Säulenschaftes geht durch A. Ferner wird der Schatten, den eine Gerade auf eine Parallelebene zu Π (mit unendlich ferner Fluchtlinie) wirft, als Parallele zur Verbindungslinie ihres Fluchtpunktes mit dem der Lichtstrahlen dargestellt. Folglich hat der Schatten einer zu Π normalen Kante auf eine Frontfläche ein zu $A L_c$ paralleles Bild, und analog bildet sich der Schatten einer schrägen Kante (MN) mit dem Fluchtpunkte B_3 als Parallele zu $B_3 L_c$ ab. Der Schatten von MK auf die schiefe Sockelfläche hat seinen Fluchtpunkt in $B_1 B_2 \times L_c L_c'$. Die Begrenzungslinien des Schattens der einen Säule auf den Boden und auf die andere Säule treffen in den Bodenkanten der letzteren zusammen; um die Treffpunkte exakt zu bestimmen, kann man sie zuerst im Grundriß konstruieren und dann in die Perspektive übertragen.

Bei der Ausführung der Zeichnung wird man bemerken, daß sich ihre Genauigkeit dadurch erhöhen läßt, daß man zur Bestimmung eines und desselben Elementes verschiedene Wege einschlägt.

106. Perspektive eines Obelisken mit Unterbau in schräger Ansicht. Der Unterbau hat eine quadratische Basis; von ihren vier Seitenflächen führen Stufen nach einem Podest, der vier durch Eckquader gebildete Vorsprünge zeigt. Über dem Podest erhebt sich der quadratische Obelisk auf einer Plinthe mit oben abgeschrägten Seitenflächen. Die schrägen Flächen der Plinthe und die in der Spitze S zusammenstoßenden Endflächen des Obelisken sind gegen Π_1 unter 45^0 geneigt. Die Seitenflächen des Obelisken schneiden sich in dem Punkte U seiner vertikalen Achse, die schrägen Flächen der Plinthe in dem Punkte Q; alle übrigen Flächen sind entweder horizontal oder vertikal. Die einzelnen Bestimmungsstücke des Objektes entnimmt man aus dem Grund- und Aufriß desselben, der dem perspektiven Bilde (Fig. 90) in halber Größe beigefügt ist.

Nach Annahme von A, g, h wird die Lage des Objektes durch seinen umgelegten Grundriß bestimmt; das Basisquadrat ist gegen die Grundlinie g geneigt. Die Distanz AO, die so groß gewählt ist, daß das umgelegte Auge O_0 in die Figur nicht eingetragen werden kann, reduziert man auf die Hälfte und benutzt das reduzierte umgelegte Auge O_0^r ($AO_0^r = \frac{1}{2} AO$). Die Seiten $m = EF$ und $n = EH$ des Basisquadrates (sowie alle zu ihnen parallelen Kanten) haben die Fluchtpunkte M_∞ resp. N_∞ auf h. Man findet zuerst die reduzierten Punkte M_∞^r und N_∞^r ($O_0^r M_\infty^r \parallel m$, $O_0^r N_\infty^r \parallel n$) und hieraus N_∞ durch die Beziehung $AN_\infty = 2 \cdot AN_\infty^r$, während M_∞ unzugänglich ist. Seien nun $M = m \times g$ und $N = n \times g$ die Spurpunkte, so kann das Bild $n_c = NN_\infty$ direkt gezeichnet werden; für m aber muß zuvor auf AM der reduzierte Spurpunkt M^r ($AM^r = \frac{1}{2} AM$) bestimmt werden; hierauf ist m_c durch M parallel zum reduzierten Bilde $m_c^r = M^r M_\infty^r$ zu ziehen. Auf h trägt man $M_\infty^r O_A^r = M_\infty^r O_0^r$

und $N^r_\infty O^{\Delta r} = N^r_\infty O_0{}^r$ ab, macht $\Delta O_\Delta = 2 \cdot \Delta O^r_\Delta$ und $\Delta O^\Delta = 2 \cdot \Delta O^{\Delta r}$, so daß O_Δ und O^Δ die Punkte darstellen, in die das Auge O gelangt, wenn man es um M_∞ oder N_∞ auf den Horizont niederlegt; sie dienen als Teilungspunkte für die Seiten des Basisquadrates

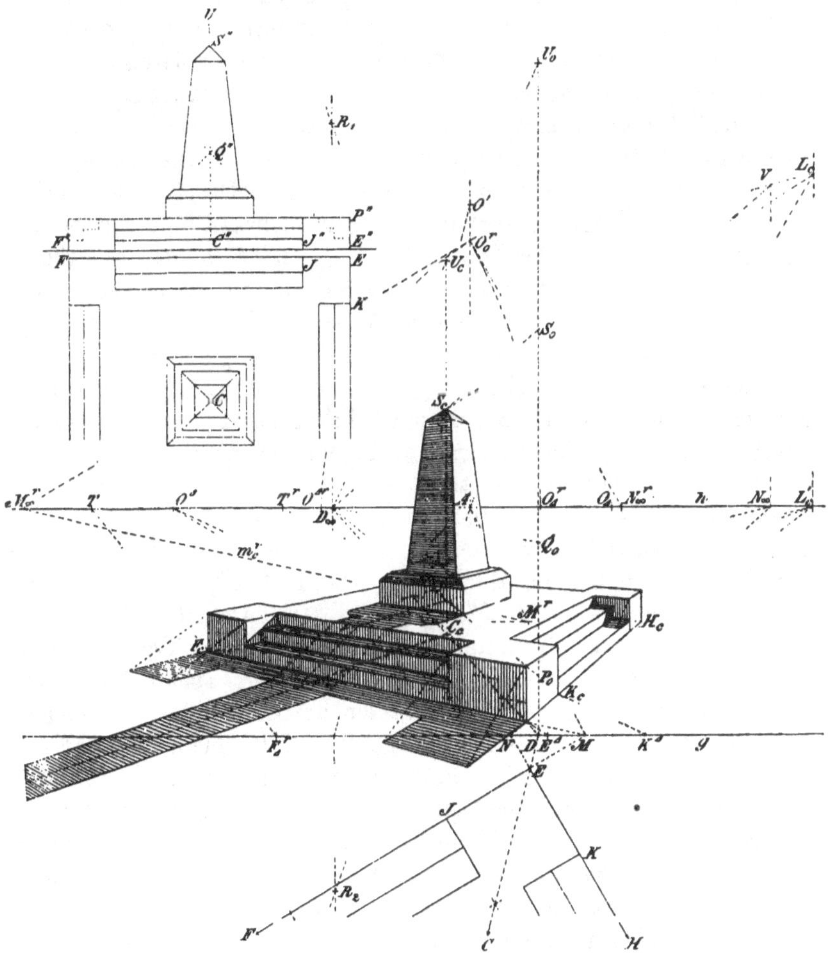

Fig. 90.

(vgl. 67). Um die Einteilung der Linien EF und EH in die Perspektive zu übertragen, hat man sie mit allen Zwischenpunkten um M oder N bis in die Grundlinie herumzudrehen. Die vollzogene Drehung bezeichnet der untere bzw. obere Index Δ. Man findet z. B. K_c als $NN_\infty \times K^\Delta O^\Delta$, usw. Statt des unzugänglichen

Punktes F_Δ bestimmt man F_Δ^r $(MF_\Delta^r = \frac{1}{2}MF)$, macht $M_\infty^r T^r = \frac{1}{2} M_\infty^r O_\Delta^r$, $AT = 2 \cdot AT^r$ und findet F_c als $MM_\infty \times F_\Delta^r T$, usf. Die Bilder der Parallelen zu *m* gehen durch M_∞, schneiden also NN_∞ und jede dazu parallele Gerade in ähnlichen Punktreihen. Man trage daher auf *h* die Strecke $N_\infty^r M_\infty^r$ von N_∞ aus ab, ziehe durch ihren Endpunkt die Parallele zu NN_∞ und konstruiere auf ihr die Punktreihe, die aus der auf NN_∞ liegenden durch Verkleinerung auf die Hälfte entsteht. Übrigens richtet man es meist so ein, daß die öfter benutzten Fluchtpunkte, wie hier M_∞, noch auf das Zeichenbrett fallen, oder man schraubt an dasselbe eine oder mehrere Leisten so an, daß man die Fluchtpunkte auf ihnen markieren kann. Das Bild des Basiszentrums *C*, von dem die Vertikalachse der Obelisken aufsteigt, ergibt sich als Schnittpunkt der Diagonalen $E_c G_c$ und $F_c H_c$. (In der Figur sind nicht alle Bezeichnungen eingefügt, weil sie sonst undeutlich wird.) Die Diagonale EG hat den Spurpunkt D und den Fluchtpunkt D_∞ $(O_0 D_\infty \parallel EG)$; man bestimme auch ihren Teilungspunkt und benutze die Einteilung der Strecke $E_c G_c$, insbesondere ihre Schnittpunkte mit den nach unten verlängerten Obeliskenkanten. Die Vertikalen durch D bzw. D_∞ bilden Spur- und Fluchtlinie einer Diagonalebene des Objektes. Auf erstere trägt man von D aus die Höhen ab, in denen sich die Ecken und Kanten des Gegenstandes über der Grundebene befinden, verbindet die Endpunkte mit D_∞ und ermittelt so die Höhen im Bilde, z. B. $DP_0 = E''P''$, $E_c P_c \perp h$, $P_0 P_c$ durch D_∞, oder $DS_0 = C''S''$, $C_c S_c \perp h$, $S_0 S_c$ durch D_∞, usw. Für die Zeichnung der Stufenkanten ist es zweckmäßig, die Treppenprofile auf den Frontflächen des vordersten Eckquaders abzubilden. Von den Fluchtpunkten der schrägen Kanten an der Plinthe und an der Spitze des Obelisken konnten nur zwei, R_1 und R_2, angegeben werden; sie liegen auf der Vertikalen durch D_∞ symmetrisch zu *h*. Zeichnet man die Aufrisse der Diagonalen des über dem Quadrate $EFGH$ stehenden Würfels und zieht durch A Parallelen zu ihnen, so gehen sie durch die genannten Fluchtpunkte. An ihrer Stelle kann man auch das Bild des Punktes Q benutzen, in dem sich die schrägen Kanten der Plinthe treffen. Ähnlich verfährt man bezüglich der im Punkte U der Vertikalachse zusammenlaufenden Kanten des Obelisken. — Nach dem Gesagten hat es keine Schwierigkeit, das Bild des Objektes zu vollenden.

Der Schattenkonstruktion liegt die Annahme paralleler Lichtstrahlen zugrunde. Die Sonne befindet sich im Gesichtsfeld des Beschauers; ihr reelles Bild L_c also über dem Horizont und L_c' senkrecht darunter auf *h*. Die Lichtstrahlen kommen von L_c, die

Schatten der Vertikalen auf Horizontalflächen von L_c'. Die Schatten horizontaler Kanten auf horizontalen Flächen gehen durch M_∞ oder N_∞. Ferner kommen Schatten horizontaler Kanten (mit dem Fluchtpunkte M_∞) auf vertikale Flächen (mit der Fluchtlinie $N_\infty V \perp h$) vor; ihr Fluchtpunkt V liegt auf $M_\infty L_c$. Die schrägen Kanten werfen nur auf wagrechte Flächen Schatten; man ermittelt sie aus den Durchstoßpunkten mit der Grundebene und dem Podest und den bezüglichen Schatten der Punkte Q, S, U. Die Fluchtpunkte dieser Schattenlinien liegen auf h mit L_c und den Fluchtpunkten der bez. Kanten in gerader Linie. Sind letztere nicht erreichbar, so muß man von anderen Punkten der Kanten die Schatten abbilden. Die Linien, welche die Lichtgrenze auf dem Objekte zusammensetzen, lassen sich sehr einfach feststellen. Zu ihnen gehören beim Obelisken und den vier Eckquadern die in den Diagonalebenen mit der Fluchtlinie $D_\infty R_1$ gelegenen Kanten, bei der Plinthe zwei vertikale, zwei horizontale und zwei schräge Kanten, außerdem bei jedem Eckstein zwei Oberkanten und zwei oberste Treppenkanten.

107. Als weiteres Beispiel wählen wir die schräge Ansicht einer gewölbten Halle mit doppeltem Durchgang. (Fig. 91. In dieser und in den beiden folgenden Figuren ist der untere Index c, der zur Bezeichnung der perspektiven Bilder dient, weggelassen.) Der quadratische Bau zeigt ein von vier ebenfalls quadratischen Pfeilern getragenes Kreuzgewölbe. Die Wölbflächen liegen auf zwei kongruenten Rotationszylindern, deren horizontale Achsen sich rechtwinklig schneiden; sie endigen in jeder Front mit einem Halbkreis und stoßen in zwei (sich in T kreuzenden) Gratlinien zusammen, die den Diagonalebenen angehören und mithin Halbellipsen sind. An den vier Fronten läuft oben ein einfaches Kranzgesims; seine schrägen Kanten sind zu den Diagonalen eines Würfels parallel, dessen Seitenflächen in den Fronten liegen.

Die Bildebene legen wir durch die vorderste Pfeilerkante z, machen zwei Seiten des Basisquadrates zur x- und y-Achse und die darüberstehenden Frontebenen mithin zur Aufriß- bzw. Seitenrißebene. Von dem Grund- und Aufriß ist nur so viel gezeichnet, als zur Bestimmung der Gestalt und Lage des Objektes gebraucht wird. Zur Festlegung der Distanz ist das reduzierte umgelegte Auge angegeben ($A O_0^r = \frac{1}{4} A O$). Hieraus kann man die Fluchtpunkte X_∞, Y_∞, M_∞, N_∞ der Achsen x, y und der Grundrißdiagonalen m, n finden. Die Abbildung aller geradlinigen Kanten des Gegenstandes erfolgt wie in 106 und bedarf nach dem Vorausgegangenen keiner Erläuterung mehr. Statt der unzugänglichen Fluchtpunkte der schrägen Gesimskanten wurde der Punkt C der vertikalen Mittelachse des Objektes benutzt, in dem ihre Verlängerungen zusammentreffen.

Die vier äußersten Pfeilerkanten laufen bis zu der Deckplatte, die das Gewölbe oben abschließt; die übrigen endigen in der Basisebene des Gewölbes. Ihre Endpunkte werden paarweise durch

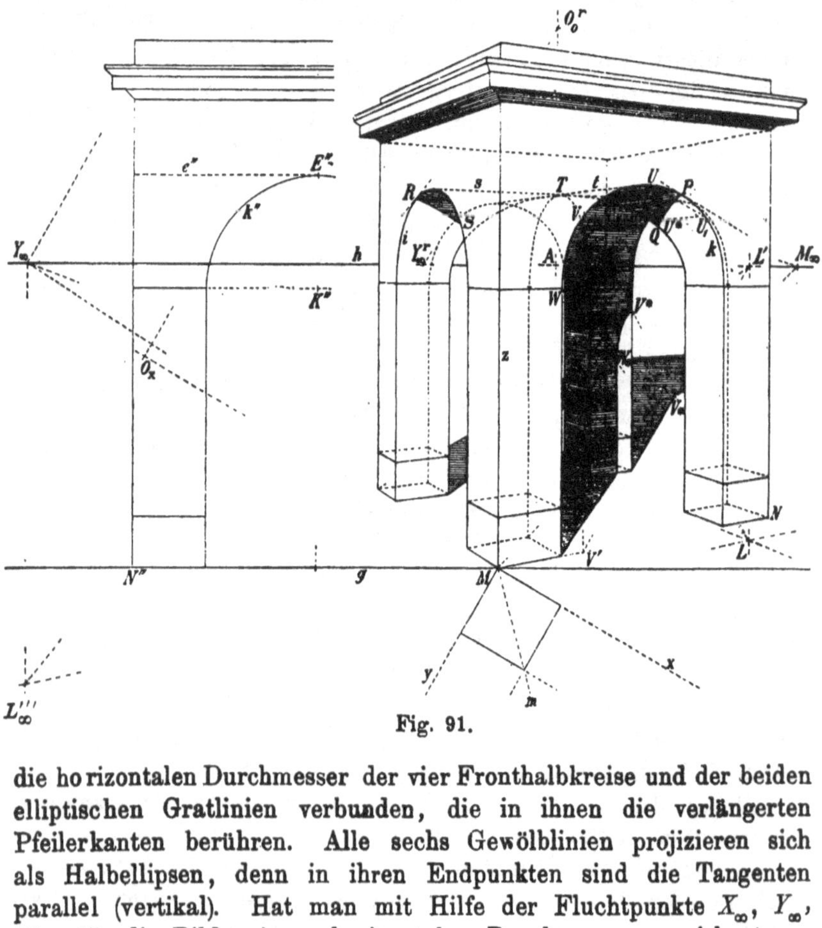

Fig. 91.

die horizontalen Durchmesser der vier Fronthalbkreise und der beiden elliptischen Gratlinien verbunden, die in ihnen die verlängerten Pfeilerkanten berühren. Alle sechs Gewölblinien projizieren sich als Halbellipsen, denn in ihren Endpunkten sind die Tangenten parallel (vertikal). Hat man mit Hilfe der Fluchtpunkte X_∞, Y_∞, M_∞, N_∞ die Bilder jener horizontalen Durchmesser gezeichnet, so bestimme man ihre Mittelpunkte und hieraus die konjugierten (vertikalen) Halbmesser der Bildellipsen (102). Diese Konstruktion läßt sich für die beiden vorderen Fronthalbkreise k, i mit Benutzung ihrer Umlegung in die Bildebene, d. h. mittels des Aufrisses, leicht ausführen. Den vertikalen Radien der Kreise entsprechen vertikale Halbsehnen durch die Bilder der Zentra K, J; die Tangenten in ihren Endpunkten gehen durch X_∞ bzw. Y_∞. Für die übrigen Gewölblinien vereinfacht sich das Verfahren, weil sie je mit einem der Kreise k, i auf einem Zylinder liegen. Den affin gelegenen ebenen Kurven des Originals entsprechen perspektiv gelegene im Bilde; die Fluchtpunkte (X_∞, Y_∞) der Affinitätsstrahlen (Zylindermantellinien) werden die Zentra der Perspektivität, die Achsen sind die Bilder der Affinitätsachsen (in unserem Falle laufen sie vertikal durch Y_∞, X_∞, M, N, so daß Vertikalen stets Vertikale entsprechen). Auf Grund dieser Bemerkungen kann die Perspektive des Objektes leicht vervollständigt werden. Je drei perspektive Gewölblinien zeigen eine gemeinsame Tangente (s durch X_∞, t durch Y_∞), die den scheinbaren Umriß einer Wölbfläche bildet.

Um die Darstellung des Objektes mit Schatten zu versehen, setzen wir Sonnenbeleuchtung voraus (L unterhalb h, L' auf h, $LL' \perp h$). Über die Konstruktion der Schlagschatten, welche die geradlinigen Kanten auf die Grundebene und auf die ebenen Flächen des Objektes werfen, ist nichts Neues zu sagen (man vergleiche das vorangehende Beispiel). Die Lichtgrenzen der Wölbflächen sind Mantellinien; man erhält ihre Endpunkte auf den Fronthalbkreisen k und i nach 332 Bd. I, indem man die Schatten der Gewölbmantellinien auf die bez. Frontebene sucht und die zu ihnen parallelen Tangenten an k und i zieht. Diese sind hier mit dem Aufriß l'' bzw. Seitenriß l''' eines Lichtstrahles identisch. Nun ist $X_\infty L$ die Fluchtlinie der Lichtebenen durch die Mantellinien der einen Wölbfläche und die Vertikale durch Y_∞ die Fluchtlinie der zugehörigen Frontebene (Seitenriß); der Schnittpunkt L_∞''' beider ist der Fluchtpunkt der Schlagschatten ($\parallel l'''$) jener Mantellinien. Also berührt die aus ihm an das Bild i gelegte Tangente dieses im Punkte R der Lichtgrenze. Ähnlich findet man P auf k mittels des Schnittpunktes L_∞'' von $Y_\infty L$ mit der Vertikalen durch X_∞. Die Konstruktion wird genauer, wenn man den um z umgelegten Kreis $i''' = k''$ und das um $Y_\infty L_\infty'''$ (bzw. $X_\infty L_\infty''$) umgelegte Auge O_Δ (bzw. O^Δ) auf h benutzt; eine zu $L_\infty''' O_\Delta$ parallele Tangente berührt i''' in R''' und $R''' O_\Delta$ geht durch das Bild R. Analoges gilt für P. Der Schlagschatten auf den Wölbflächen wird durch die Schatten der Fronthalbkreise k und i begrenzt, die in den Punkten P bzw. R beginnen und sich nach innen fortsetzen; ihre Tangenten in diesen Punkten lassen sich nach 375 Bd. I als vierte harmonische Strahlen finden. Die fraglichen Randschatten sind Ellipsenbogen (334 und 361 Bd. I). Man findet beliebig viele Punkte derselben aus der Bemerkung, daß eine Mantellinie durch den Randpunkt U ihren Schatten auf die Mantellinie durch den Randpunkt U_1 wirft, wenn $U''U_1'' \parallel L_\infty''O^\Delta$ ist ($U''O^\Delta$ und $U_1''O^\Delta$ schneiden k in U und U_1). Der Schnittpunkt des Lichtstrahles UL mit dem Bilde $U_1 I_\infty$ der zweiten Mantellinie stellt einen Punkt U^* des Randschattens dar, usw. Ein Teil VW des Fronthalbkreises k wirft Schatten auf den Schaft des rückwärts liegenden Pfeilers. Am Objekt selbst sind die Bogen VW und $V^* W^*$ kongruent, da ihre Ebenen parallel stehen; im Bilde sind sie perspektiv (Zentrum L, Achse die Vertikale durch X_∞). W ist ein Endpunkt von k; in W und W^* sind die Tangenten vertikal, während die Tangenten in V und V^* sich auf der Vertikalen durch X_∞ schneiden. Um den Punkt V zu finden, zieht man durch den Fußpunkt der Kante, die V^* trägt, den Grundriß eines Lichtstrahles und schneidet ihn mit dem Grundriß des Halbkreises k in V'; senkrecht über V' befindet sich V auf k. Von dem leicht bestimmbaren Grundschatten des Objektes ist nur wenig sichtbar; zu seiner Begrenzung gehört ein in V_* beginnender Ellipsenbogen als Schatten eines Teiles der Randlinie k.

108. Schräge Ansicht einer Nische (Fig. 92). An vertikaler Wand (Bodenkante w) ist eine Nische angebracht, deren Basis eine wenig vorspringende rechteckige Platte bildet. Die Nischenfläche besteht aus zwei Teilen: einem geraden Zylinder über dem Grundhalbkreis f, der in dem Halbkreis c (Zentrum C) endet und einer anschließenden Viertelkugel mit dem Halbfrontkreis e (Zentrum C, CE vertikaler Halbmesser). Die Nischenfront tritt ein Stück aus der Wandfläche hervor; sie wird von zwei Halbsäulen (Pilastern) eingerahmt, die durch einen Architraven mit aufgesetztem Giebel verbunden sind. An den Kapitälen der Halbsäulen kommen Zylinderflächen vor, als deren Profilschnitt ein Viertelkreis angenommen wurde. Das Profil des Gesimses am Giebel ist geradlinig gewählt. Die Kanten des schräg aufsteigenden Gesimses (wie k und i) treffen die entsprechenden horizontalen Kanten in den beiden Diagonalebenen. — Die Bildebene ist durch die vorderste Kante z der Basisplatte (unterste Frontkante MN) gelegt, der Aufriß parallel zur Front gewählt und um z in Π umgelegt gezeichnet. Die Symbole x, y, X_∞, Y_∞, m, n, M_∞, N_∞ haben dieselbe Bedeutung wie im vorigen Beispiel; durch J_∞, K_∞ sind die Fluchtpunkte der Giebelkanten $i = RS$, $k = ST$ bezeichnet. Das umgelegte Auge O_0 konnte in der Figur nicht angegeben werden, sondern nur der reduzierte Punkt O_0^r ($AO_0^r = \frac{1}{3}AO$); mehrere der vorgenannten Fluchtpunkte sind ebenfalls unzugänglich. Statt der Fluchtpunkte der den Diagonal-

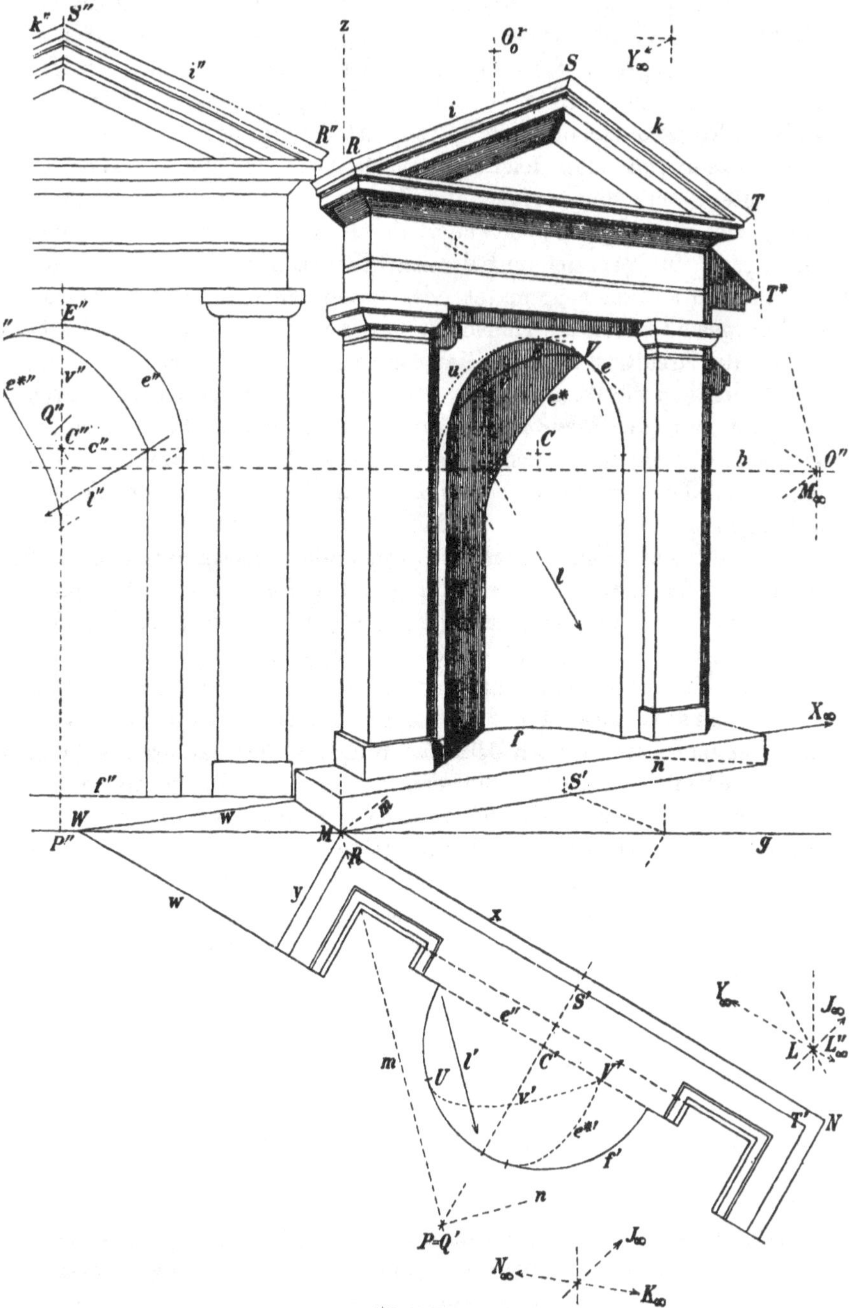

Fig. 92.

schnitten angehörigen schrägen Kanten des Gesimses wurde der Punkt Q der Vertikalachse $C'C$ benutzt, in dem sie sich treffen.

Wir übergehen die Abbildung der geradlinigen Kanten des Objektes mit dem Hinweis auf das Vorausgegangene. Von den kleinen Ellipsenstücken, die in der Abbildung der Kapitäle auftreten, bestimmt man leicht die Endpunkte mit den zugehörigen Tangenten; eine dieser Tangenten hat jedesmal die vertikale Richtung, die andere läuft entweder durch X_∞ oder durch M_∞ oder durch N_∞. Zur Verzeichnung der betreffenden Kurve genügt dann die Angabe eines Zwischenpunktes oder besser einer Tangente. Ebenso einfach gestaltet sich die Konstruktion der Schatten, welche die Halbsäulen, der Architrav und der Giebel auf die Frontfläche der Nische, auf den Boden und die Wandfläche werfen. Um die Schlagschattengrenzen (die ohnehin in der Figur wegen ihrer Kleinheit nicht sehr deutlich erkennbar werden) nicht komplizierter zu machen, als unumgänglich ist, wurde die unendliche ferne Lichtquelle L in einer Diagonalebene des Objektes angenommen, so daß L' mit M_∞ identisch ist. Von den geradlinigen Schattengrenzen wurden alle Fluchtpunkte nach 104 bestimmt. So wirft z.B. eine zu i parallele Kante am Giebel einen kurzen Schatten auf eine geneigte Fläche ($\| k$) des schräg ansteigenden Gesimses; sein Fluchtpunkt ergibt sich als $J_\infty L \times K_\infty N_\infty$.

Den Hauptbestandteil unserer Aufgabe bildet die Darstellung der Nischenfläche mit den an ihr auftretenden Schatten. Man bestimmt zuerst nach 101 das Bild des Basishalbkreises f und seine vertikale Tangente, die den scheinbaren Umriß des zylindrischen Teiles der Nischenfläche bildet; hierauf zeichnet man wie vorher die Perspektive des Fronthalbkreises e. Der wahre Umriß des Halbzylinders ist eine auf dem Halbkreise c endigende Mantellinie. In ihrem Endpunkte beginnt der wahre Umriß u der kugelförmigen Wölbfläche und endigt auf dem Fronthalbkreise e; u ist ein Stück des Kreises, in dem die Kugel von der Polarebene des Auges O geschnitten wird. Seine Tangente im Anfangspunkte ist von der Mantellinie des Zylinders verschieden, aber die Verbindungsebene beider geht durch das Auge, und folglich berühren sich die scheinbaren Umrisse beider Flächenteile. Der scheinbare Umriß der Wölbfläche ist ein Ellipsenbogen, den man nach 85 unter Benutzung von Krümmungskreisen konstruiert; in seinem Endpunkte berührt er das Bild von e. Da die Wölbfläche längs e von einem Zylinder berührt wird, dessen Mantellinien zu y parallel sind, so berühren sich die Bilder von u und e in einem Punkte, dessen Tangente durch Y_∞ geht; hieraus läßt sich derselbe leicht zeichnen.

Die Lichtgrenze auf dem Halbzylinder ist wiederum eine Mantellinie; sie beginnt in dem Punkte U des Halbkreises f, dessen Tangente den Grundriß eines Lichtstrahles bildet, und endet im entsprechenden Punkte des Halbkreises c. Ebendaselbst beginnt die Lichtgrenze v der Wölbfläche und endet auf dem Fronthalbkreise e in V; v ist ein Hauptkreisbogen, dessen Ebene senkrecht zu den Lichtstrahlen steht; er wird nach 330 Bd. I zuerst im Grund- und Aufriß bestimmt und dann in die Perspektive übertragen. In dem Endpunkte von v ist die Tangente von e parallel zu l'', ihr Bild geht durch L_∞''.

Der in das Innere der Nische fallende Schlagschatten überdeckt die Lichtgrenze v. Die Schlagschattengrenze besteht aus drei Teilen. Der erste liegt auf der Mantellinie des Halbzylinders, die von seinem linken Rande Schatten empfängt und endigt auf dem Lichtstrahl durch den linken Endpunkt des Halbkreises c. Der zweite ist ein Stück der Raumkurve, in welcher der schiefe Lichtzylinder durch e die zylindrische Wand der Nische trifft; er geht tangential aus dem ersten Teile hervor und ebenso in den dritten über, der auf der Wölbfläche liegt. Man findet einzelne Punkte des mittleren Teiles, wenn man die Lichtebene durch eine Mantellinie des Nischenzylinders mit der Frontebene schneidet und hierdurch jedesmal einen Punkt von e bestimmt, dessen Schatten auf jene Mantellinie fällt und zu der Kurve gehört. Der letzte Teil ist wieder ein Kreisbogen; er endigt auf e in dem nämlichen Punkt V wie die Lichtgrenze u. In der Tat ist dies ein Teil der Durchdringungskurve des Lichtzylinders durch e mit der Kugel, die bereits den Kreis e und folglich noch einen zweiten Kreis (Wechselschnitt) gemein haben (239 Bd. I). Es ist der zum Randkreise e in bezug auf die Lichtgrenze u symmetrische Hauptkreis der Kugel, seine Bestimmung bietet daher keine Schwierigkeit mehr dar. Bezüglich der Endtangente (in V) beachte man den Satz (375 Bd. I), wonach die Tangenten von e und e^* zu der von v und dem Lichtstrahle harmonisch liegen müssen. In der Figur wurde die Bestimmung der Schlagschattengrenze zuerst in Grund- und Aufriß vorgenommen und hieraus die Perspektive abgeleitet (vgl. 93 ε).

109. Perspektive eines runden Säulenstumpfes (Fig. 93). Die Säule steht auf einer quadratischen Plinthe; ihre Basis besteht aus einem Wulst und einer zylindrischen Platte, an die sich eine in den zylindrischen Schaft übergehende Hohlkehle anschließt. Wir behandeln dieses Objekt als ein Beispiel zur perspektiven Darstellung der Rotationsflächen. Der Meridian der Säulenfläche ist im Aufriß gezeichnet; er besteht aus einem Halbkreis, dessen Enddurchmesser der Achse parallel liegt, und dessen hohle Seite der Achse zugekehrt ist, weiter aus einem Stück des verlängerten Durchmessers und einem

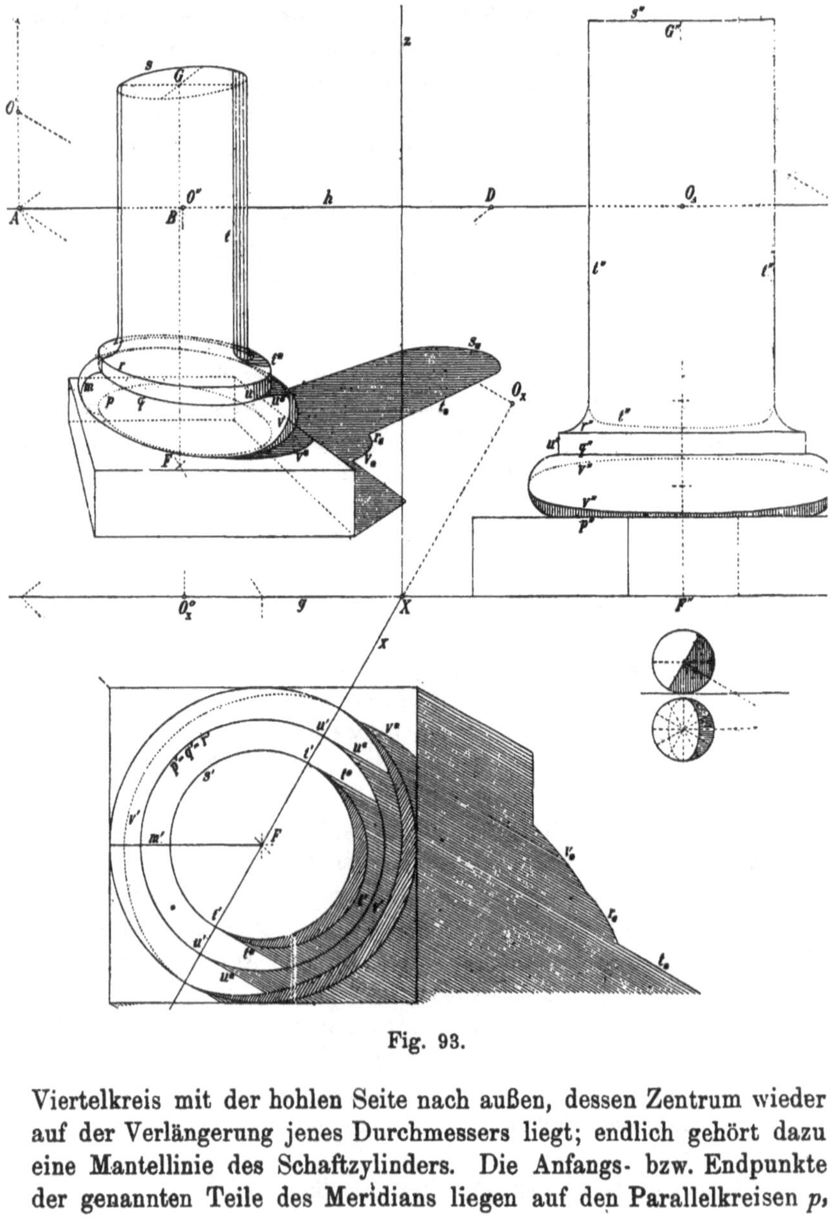

Fig. 93.

Viertelkreis mit der hohlen Seite nach außen, dessen Zentrum wieder auf der Verlängerung jenes Durchmessers liegt; endlich gehört dazu eine Mantellinie des Schaftzylinders. Die Anfangs- bzw. Endpunkte der genannten Teile des Meridians liegen auf den Parallelkreisen p,

q, r, s; die Ebenen des ersten und letzten Parallelkreises begrenzen den Rotationskörper.

Zur Konstruktion der Perspektive sind angegeben: der Hauptpunkt A und ein Distanzpunkt D auf dem Horizont h, die Grundlinie g, sowie Grund- und Aufriß O', O'' des Auges. Die x-Achse ist senkrecht zum Grundriß l' des Lichtstrahles l (Parallelbeleuchtung) gelegt, um die Schattenkonstruktion in Grund- und Aufriß bequemer und genauer ausführen zu können ($O'O_x \perp x$, O_x^0 auf g, $O_x^0O'' \perp h$, O'' auf h). Das umgelegte Auge O_0 ist unzugänglich. L, L' sind die Fluchtpunkte der Lichtstrahlen und ihrer Grundrisse.

Um das perspektive Bild der Säule zu entwerfen, bilden wir zuerst die Plinthe und die vertikale Achse der Säule ab. Das Bild der letzteren trifft h in B. O_Δ ist das um B auf den Horizont niedergelegte Auge O. Hierauf projizieren wir den parallel zur Bildebene Π liegenden Hauptmeridian; sein Bild zeigt ihn in einer ähnlichen Verkleinerung, die wir kurz den Bildmeridian nennen wollen; er ist in die Figur eingetragen. Die Parallelkreise p, q, r, s sind nach dem Verfahren in 101 dargestellt; ebenso die scheinbaren Umrisse der zylindrischen Teile. Der scheinbare Umriß des Rotationskörpers ist identisch mit dem eines ähnlich verkleinerten Körpers, dessen Achse in der Bildebene liegt und dessen Meridian der Bildmeridian ist. Zur Darstellung des scheinbaren Umrisses kann man daher das Kegelverfahren anwenden, wie dies in 87 näher dargelegt ist.

Die Bestimmung der Lichtgrenzlinien, sowie der Schlagschatten auf die Grundebene und auf das Objekt selbst, ist zuerst im Grund- und Aufriß ausgeführt und sodann nach dem in 93 unter ε) angegebenen Verfahren in die Perspektive übertragen. Es kommt hierbei namentlich auf die Wulst- und Kehlfläche der Säulenbasis an, und diese sind Teile einer und derselben Kreisringfläche, nur gegeneinander in der Richtung der Achse verschoben. Die Konstruktion der Schatten auf der Ringfläche ergibt sich aus 387 Bd. I; sie benutzt eine dem Ringe einbeschriebene Hilfskugel, die ihn entlang eines Meridianes berührt. Die Lichtgrenze dieser Hilfskugel ist in einem besonderen Grund- und Aufriß bestimmt, wobei die Aufrißebene zum Lichtstrahl parallel vorausgesetzt wurde. Die Lichtgrenzpunkte sind dann in die einzelnen Meridiane der Ringflächen übertragen. In der Figur bedeuten t die Lichtgrenze auf der Kehlfläche und ihre geradlinige Fortsetzung auf dem Schaftzylinder, u die Lichtgrenze auf dem Basiszylinder und v die auf der Wulstfläche. Die Schlagschatten auf die Grundebene sind durch den unteren Index $_*$, die auf das Objekt fallenden durch den oberen Index * bezeichnet.

Zentralkollineation räumlicher Figuren (Reliefperspektive).

110. Zwei Raumfiguren sollen einander Punkt für Punkt in folgender Weise entsprechen:

α) Die Verbindungslinien entsprechender Punkte P und P_1 gehen durch ein festes Zentrum O.

β) Drei Punkten in gerader Linie entsprechen drei Punkte in gerader Linie und folglich vier Punkten in einer Ebene vier Punkte einer Ebene.

γ) Jeder Punkt einer festen Ebene Π, der Kollineationsebene, entspricht sich selbst.

Hieraus folgt sofort:

δ) Entsprechende Strahlen bzw. Ebenen schneiden sich auf der Ebene Π; jeder Strahl und jede Ebene durch O entspricht sich selbst; das gleiche gilt mithin vom Zentrum O.

Durch diese Eigenschaften ist die Beziehung zwischen den beiden Raumfiguren, die wir als Original und Bild unterscheiden, vollständig bestimmt, sobald hinreichende Bestimmungsstücke angegeben werden, um zu jedem Punkte des Originals den entsprechenden Punkt des Bildes finden zu können. Wir nennen diese geometrische Verwandtschaft eine Zentralkollineation oder Perspektive räumlicher Figuren[9]). Von ihr gilt der Satz:

111. Die räumliche Zentralkollineation ist bestimmt durch Angabe des Zentrums O, der Kollineationsebene Π und zweier sich entsprechender Punkte P und P_1, die auf einem Strahle durch O liegen müssen. Denn zu jedem weiteren Punkte Q des Originals findet man hiernach den Bildpunkt. Der Strahl $PQ = i$ schneide nämlich Π in J, so ist $i_1 = JP_1$ sein Bild, er liegt in der Ebene iO und bestimmt mit dem Strahle OQ den Bildpunkt Q_1. Den unendlich fernen Punkten der Geraden i bzw. i_1 entsprechen die Gegenpunkte J_∞ auf i_1 und J_v auf i; J_∞ heißt der Fluchtpunkt, J_v der Verschwindungspunkt ($OJ_\infty \# J_vJ$, $OJ_v \# J_\infty J$). Der unendlich fernen Ebene im Original- bzw. Bildraume entspricht je eine zu Π parallele Gegenebene, nämlich die Fluchtebene Π_∞ und die Verschwindungsebene Π_v. Erstere trägt die Fluchtpunkte, letztere die Verschwindungspunkte aller Geraden des Raumes. Hieraus folgt die Beziehung:

$$(\Pi_v \dashv \Pi) = (O \dashv \Pi_\infty).$$

Betrachtet man die einander entsprechenden Figuren in irgend einer durch O gelegten Ebene Δ, so zeigt sich, daß sie perspektiv liegen, und zwar ist O das Zentrum, $d = \Delta \times \Pi$ die Achse der Perspektive, während $d_\infty = \Delta \times \Pi_\infty$ und $d_v = \Delta \times \Pi_v$ die Gegenachsen bilden (vgl. 166 flg. Bd. I).

Wir bezeichnen im folgenden den Punkt O als das Auge, die von O ausgehenden Verbindungslinien entsprechender Punkte als Sehstrahlen und die sich selbst entsprechende Ebene als Spurebene Π.

112. Man kann die Zentralkollineation benutzen, um den vom Auge aus hinter der Spurebene Π liegenden und sich ins Unendliche ausdehnenden Raum mit den darin enthaltenen Figuren in dem Raume abzubilden, der zwischen Π und der Fluchtebene Π_∞ liegt. Diese Art der Abbildung von Raumfiguren durch andere Raumfiguren nennt man Reliefperspektive. Mit den Reliefs der bildenden Kunst hat sie nur wenig zu tun. Denn der Künstler behandelt das Relief wie eine durch Erhabenheiten des Materials hervorzubringende Zeichnung. Dies ist die ursprüngliche Form der Darstellung, das Flachrelief. Beim Hochrelief lösen sich einzelne Figuren vom Hintergrunde ab; sie werden aber dann „rund", d. h. in ihrer wirklichen Gestalt gebildet. Man erkennt also, daß hier kein einheitliches Darstellungsprinzip angewandt wird, wie dies bei der malerischen Perspektive durchführbar ist, sondern die Vermittelung zwischen den verschiedenartigen Darstellungen der Figuren im Vordergrund und Hintergrund bleibt dem subjektiven Ermessen des Künstlers überlassen. Bedeutende Künstler haben versucht, die Gesetze der Reliefperspektive in die plastische Darstellung einzuführen. Aber im strengen Sinne konnte dies nicht geschehen; denn aus praktischen, wie aus ästhetischen Gründen müssen bei den nach dem Hintergrunde (der Fluchtebene) zu immer mehr sich verflachenden Figuren die Zwischenräume wegfallen. Hiervon abgesehen, verträgt die Reliefperspektive keine Veränderung des Gesichtspunktes, ohne das Bild verzerrt erscheinen zu lassen. Trotz alledem kann aber die Kenntnis ihrer Regeln dem bildenden Künstler nützlich sein. Sie kommen auch in Verbindung mit den Regeln der malerischen Perspektive in der sog. Theaterperspektive zu Anwendung.

113. Gegeben sei das Auge O, die Spurebene Π, sowie die Fluchtebene Π_∞, die jedem unendlich fernen Punkte den Durchstoßpunkt eines Sehstrahles zuordnet; dann ist die Kollineation bestimmt. Wir stellen Π vertikal; die Horizontalebene H durch O schneide Π in h und Π_∞ in h_∞ (Fig. 94); h_∞ heißt der Horizont. Die Grundebene Γ, auf der sich die Objekte befinden, liegt parallel zu H und schneidet Π in der **Grundlinie** g. Durch das Auge O ziehen wir die Normale zu Π, sie trifft die Ebenen Π, Π_∞, Π_v bez. in A, A_∞, A_v. A_∞ heißt der **Hauptpunkt**, OA_∞ die **Distanz** und AA_∞ die **Tiefe** des Reliefs. Der in Π_∞ mit dem

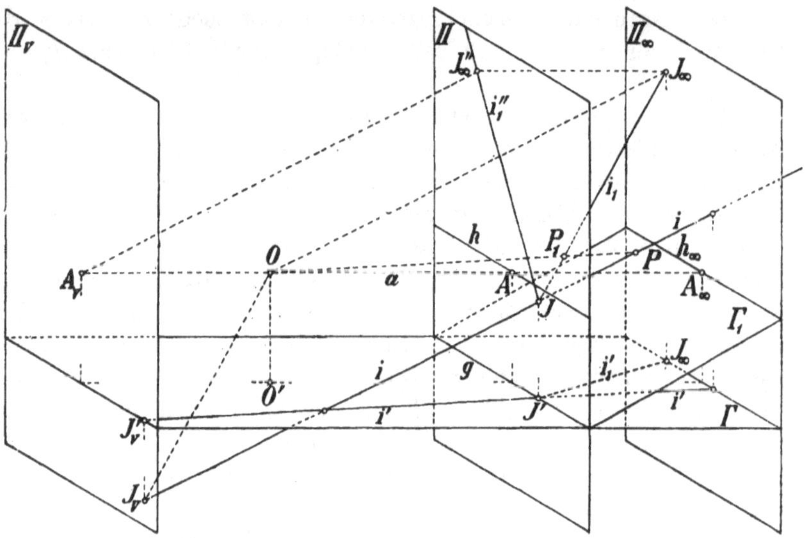

Fig. 94.

Radius $= OA_\infty$ um A_∞ beschriebene Distanzkreis trifft h_∞ in den **Distanzpunkten** D_∞ und E_∞.

114. Die Abbildung einer Geraden i erfolgt nun so, daß man zuerst ihren Spurpunkt J in Π und ihren Fluchtpunkt J_∞ in Π_∞ aufsucht; die Reliefgerade i_1 verbindet J mit J_∞. Parallele Gerade haben einerlei Fluchtpunkt, nach dem ihre Bilder konvergieren; Parallele zu Π, insbesondere die Vertikalen, haben parallele Bilder.

Um einen **Punkt** P abzubilden, legt man durch ihn eine Gerade i und schneidet ihr Bild i_1 mit dem Sehstrahle OP in P_1.

Die Abbildung einer **Ebene** E ergibt sich als Verbindungsebene E_1 ihrer Spurlinie $e = E \times \Pi$ und ihrer Fluchtlinie e_∞, die in Π_∞ als Spur der Parallelebene durch das Auge O erhalten wird. Speziell verbindet das Relief Γ_1 der Bodenfläche Γ die Grundlinie g mit dem Horizonte h_∞.

115. Das **Objekt** sei durch seinen **Grund- und Aufriß** definiert. Als Grundrißebene benutzen wir Γ, als Aufrißebene Π.

Zur Konstruktion des räumlichen Abbildes oder Reliefs dienen folgende Sätze.

α) Die in der Ebene Π aus dem Augpunkte A_v entworfene Perspektive des Objektes ist mit dem Aufriß seines Reliefs identisch. In der Tat: eine beliebige Gerade i, ihre Reliefgerade i_1 und deren Aufriß i_1'' haben den Spurpunkt J gemein und sind paarweise perspektiv aufeinander bezogen, nämlich i und i_1 aus dem Zentrum O, i_1 und i_1'' aus dem unendlich fernen Punkte von OA_∞ und folglich i und i_1'' aus einem auf OA_∞ gelegenen Zentrum (162 Bd. I). Letzteres ist der Punkt A_v, weil der Aufriß J_∞'' des Fluchtpunktes J_∞ dem unendlich fernen Punkte von i entspricht und $A_v J_\infty \parallel OJ_\infty \parallel i$ ist.

β) Der Grundriß des Reliefs geht aus dem des Gegenstandes durch eine Zentralprojektion in der Grundebene Γ hervor; ihr Zentrum ist der Grundriß O' des Auges, ihre Achse ist die Grundlinie g und ihre Fluchtlinie $\Gamma \times \Pi_\infty$. Der Grundriß des Objektes liegt zu seinem Relief perspektiv aus dem Zentrum O; andererseits ist der Grundriß des Reliefs die senkrechte Projektion vom Relief des Grundrisses, weil Vertikalen Vertikale entsprechen. Hieraus folgt nach 162 Bd. I die Behauptung.

γ) Legt man das Relief des Grundrisses um die Grundlinie g in die Spurebene Π um, so bleibt es zum Grundriß des Objektes perspektiv; das neue Zentrum ist die Umlegung O_1 von O in die Verschwindungsebene Π_v um die Linie $\Gamma \times \Pi_v$ (163 Bd. I). Es folgt also: Die in der Ebene Π aus dem Augpunkte O_1 entworfene Perspektive des Grundrisses ist mit seinem Relief kongruent.

Als Beispiel für die Reliefperspektive ist ein Obelisk auf quadratischem Sockel behandelt. Beide, das Objekt und sein Relief, sind in Figur 95 in schiefer Projektion dargestellt. Es erscheint nicht nötig, näher auf die Konstruktion einzugehen.

116. Die Zentralkollineation des Raumes umfaßt als Spezialfälle:

α) die perspektive Affinität räumlicher Figuren, wenn das Zentrum O ein unendlich ferner Punkt ist;

β) die perspektive Ähnlichkeit, wenn die Kollineationsebene Π die unendlich ferne Ebene ist;

γ) die Kongruenz, wenn O und Π beide unendlich fern liegen.

Die Zentralkollineation kann dazu dienen, aus den Eigenschaften einer einfach definierbaren Fläche oder Kurve die aller ihrer kollinearverwandten Flächen und Kurven abzuleiten. In ähnlicher Weise, wie man alle Kegelschnitte als Zentralprojektionen eines Kreises erklären und untersuchen kann, würde man z. B. alle Oberflächen zweiten Grades ableiten können, und zwar die Nichtregelflächen 2. Grades aus der Kugel, die Regelflächen aus dem Rotationshyperboloid, die Kegel- und Zylinderflächen 2. Grades aber aus dem Rotationskegel. Je nachdem eine Kugel die Verschwindungsebene Π_v nicht schneidet, berührt oder schneidet, geht sie durch Zentralkollineation über in ein Ellipsoid, ein elliptisches Paraboloid oder in ein zweischaliges Hyperboloid. Ein ein-

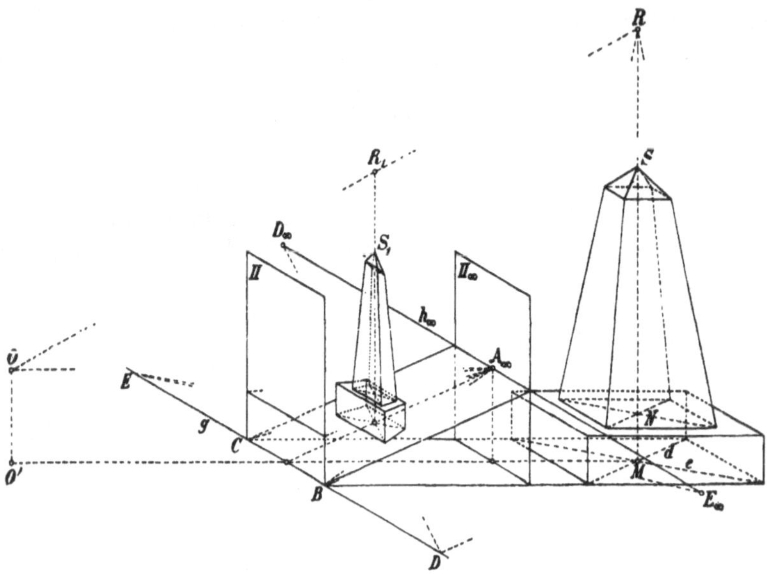

Fig. 95.

schaliges Rotationshyperboloid ergibt im allgemeinen als Bild ein einschaliges Hyperboloid; nur wenn der Schnitt der Originalfläche mit der Verschwindungsebene Π_v in ein Linienpaar zerfällt, also Π_v zur Tangentialebene wird, ist das Bild ein hyperbolisches Paraboloid. Ein Rotationskegel ergibt als Bild im allgemeinen einen elliptischen oder schiefen Kreiskegel; liegt aber seine Spitze in der Verschwindungsebene, so wird die kollinear-verwandte Fläche ein elliptischer, parabolischer oder hyperbolischer Zylinder, je nachdem die Verschwindungsebene keine, eine oder zwei Mantellinien des Originalkegels enthält.

VIERTES KAPITEL.

Beleuchtung von Flächen.

117. Jeder Gegenstand wird unserem Auge sichtbar durch die von seiner Oberfläche ausgehenden Lichtstrahlen. Die Stärke oder Intensität des Lichtes, welches die verschiedenen Stellen der Oberfläche entsenden, ist verschieden, so daß unser Auge von den einzelnen Teilen der Fläche den Eindruck verschiedener Grade von Helligkeit empfängt. Diese Helligkeitsunterschiede sind es ganz besonders, die uns die Auffassung eines räumlichen Gegenstandes erleichtern. Zwar gestattet das Sehen mit beiden Augen bereits ein Urteil über die räumliche Anordnung, doch wird dasselbe durch die auftretenden Helligkeitsunterschiede wesentlich unterstützt und vervollkommnet.

Schon die verschiedenen Grade der Helligkeit, die uns stets beim Betrachten natürlicher Objekte entgegentreten, werden uns veranlassen, auch bei der bildlichen Darstellung derselben verschiedene Stufen der Helligkeit anzuwenden. Der Grund jedoch, der für die Anwendung solcher Helligkeitsstufen den Ausschlag gibt, liegt darin, daß das Bild erst hierdurch die richtige Vorstellung des dargestellten Objektes in uns erweckt. Wenn wir von einer Fläche die beiden scheinbaren Umrisse im Grund- und Aufriß kennen, so kann die Gestalt derselben noch nicht daraus erschlossen werden; ja die wahren Umrisse sind noch unbekannt, wenn wir nicht auch die zweite Projektion von ihnen kennen. Auch die Projektionen der Lichtgrenze geben nur einen geringen Anhalt, falls wir nicht über die Natur der Fläche anderweit unterrichtet sind. Um uns die wirkliche Gestalt einer Fläche klarzumachen, müssen wir zu anderen Hilfsmitteln greifen. Wir können etwa ein Kurvensystem auf der Fläche darstellen; hierzu eignen sich besonders Parallelschnitte, wie z. B. die Anwendung der Horizontallinien bei den topographischen Flächen. Immerhin würden auch hier beide Projektionen dieser Kurven, oder bei Horizontalkurven außer den ersten Projektionen die Abstände ihrer Ebenen erforderlich sein. Es erfordert indes eine gewisse Übung, sich an den Horizontalkurven eine deutliche Vorstellung der Fläche zu bilden.

Anders verhält es sich bei der Anwendung von Helligkeitsstufen in der bildlichen Darstellung[10]). Unser Vorstellungsvermögen ist durch die Natur geübt, aus den verschiedenen Graden der Helligkeit einer Oberfläche auf deren Gestaltung zu schließen. Je nach ihrer Lage gegen die Lichtstrahlen erhalten die verschiedenen Stellen der Oberfläche verschiedene Beleuchtung, und aus der Stärke dieser Beleuchtung in jedem einzelnen Punkte kann auf die Neigung seiner Tangentialebene gegen die Lichtstrahlen geschlossen werden. Um die Verhältnisse möglichst einfach zu gestalten, nimmt man parallele Lichtstrahlen an. Schneidet man ein quadratisches Lichtprisma, d. h. die Gesamtheit aller parallelen Lichtstrahlen, die durch eine quadratische Öffnung mit zur Lichtrichtung normaler Ebene fallen, mit verschiedenen Ebenen, so empfangen die Schnittflächen stets die gleiche Lichtmenge. Die Größe dieser Schnittfläche, multipliziert mit dem Cosinus ihres Neigungswinkels gegen die Ebene jedes Quadrates, ist gleich dem Quadrate. Nimmt man also die Stärke der Beleuchtung proportional zu der Menge des auffallenden Lichtes an, und ist J die Beleuchtungsstärke einer zur Lichtrichtung normalen Ebene, so ist $J \cdot \cos\lambda$ diejenige einer Ebene, deren Normale den Winkel λ mit der Lichtrichtung bildet. In jedem Punkte einer Fläche ist demnach die Stärke der Beleuchtung gleich

$$J \cdot \cos\lambda,$$

wenn λ den Neigungswinkel der Flächennormale gegen die Lichtrichtung bedeutet.

Aus der Stärke der Beleuchtung in einem Flächenpunkte kann zunächst noch nicht die Stellung seiner Tangentialebene im Raume, sondern nur deren Neigung gegen die Lichtrichtung gefolgert werden. Aber aus der Änderung dieser Stärke in der Umgebung dieses Punktes läßt sich auf die Gestaltung der Fläche daselbst schließen. Kennt man also in allen Punkten einer Fläche die Stärke der Beleuchtung, so vermittelt uns dieselbe die Vorstellung ihrer Gestaltung. Bei der bildlichen Darstellung einer Fläche wird man die verschiedenen Helligkeitsgrade durch Abtönen vermittelst verschieden starker Tuschlagen nachzuahmen suchen. Dazu wird es nötig sein, auf der Fläche Kurven zu bestimmen, deren Punkte gleichstark beleuchtet sind, und denen man den Namen Lichtgleichen oder Isophoten beilegt. Es wird unsere Aufgabe in diesem Kapitel sein, für die verschiedenen Flächenfamilien die Lichtgleichen zu bestimmen.

Es ist klar, daß die zunächst gewählten parallelen Lichtstrahlen nur eine Abstufung der Beleuchtung auf dem belichteten Teile der Fläche ergeben würden. Man nimmt nun noch ein Reflexlicht an, dessen Strahlen den direkten Strahlen parallel, aber entgegengesetzt gerichtet und von viel geringerer Stärke sind. Diese Annahme entspricht auch ziemlich den wirklichen Beobachtungen des von der Luft herrührenden Reflexlichtes; von Reflexlichtern, die von belichteten Flächen ausgehen, muß natürlich wegen der Schwierigkeit der Verhältnisse abgesehen werden.

Neben der wahren Beleuchtung einer Fläche, die nur von der Lichtrichtung bedingt ist, wird gelegentlich auch noch die scheinbare Beleuchtung, die gleichzeitig von der Projektionsrichtung abhängt, behandelt. Die Konstruktionen werden jedoch für die scheinbare Beleuchtung schon ziemlich kompliziert, und wir werden deshalb allein die wahre Beleuchtung in Betracht ziehen. Trägt man in dem Bilde die den Helligkeitsstufen der wahren Beleuchtung entsprechenden Farbentöne auf, so macht dasselbe so ziemlich einen der Wirklichkeit entsprechenden plastischen Eindruck, der dem durch die Helligkeitsstufen der scheinbaren Beleuchtung erzielten Effekte wenig nachsteht.

118. Wir gehen von einer Beleuchtung durch parallele Lichtstrahlen aus, die auf jeder zur Lichtrichtung normalen Ebene überall die gleichstarke Beleuchtung J hervorbringt. Außerdem nehmen wir noch Reflexlicht an, dessen Strahlen denen des direkten Lichtes parallel, aber entgegengesetzt gerichtet sind, und das auf einer Normalebene die Beleuchtungsstärke $\underline{J}$ erzeugt. Jedes im direkten Lichte liegende Flächenelement besitzt die Helligkeit $J \cdot \cos\lambda$, jedes im Eigenschatten liegende die Helligkeit $\underline{J} \cdot \cos\lambda$. Gewöhnlich wird $\underline{J} = \frac{1}{2} J$ oder auch $= J$ genommen.

Jede Lichtgleiche oder Isophote auf einer Fläche ist als der Ort der Punkte definiert, deren Flächennormalen mit der Lichtrichtung den gleichen Winkel bilden. Um nun eine Grundlage zum bequemen Auftragen der Farbentöne auf das Bild mit Hilfe solcher Lichtgleichen zu gewinnen, wird es zweckmäßig sein, auf der Fläche eine Anzahl Lichtgleichen derart zu verzeichnen, daß je zwei benachbarte den nämlichen Helligkeitsunterschied aufweisen. Man wird also zwischen die Punkte der stärksten Beleuchtung J und die Lichtgrenze von der Beleuchtung 0 eine Reihe von Lichtgleichen mit den Lichtstärken $\frac{J}{n}, \frac{2J}{n}, \frac{3J}{n}, \ldots$ eintragen. Wir wählen die Zahl $n = 5$, und da es hierbei nur auf die relativen Lichtstärken ankommt, setzen wir $J = 5$. Wir erhalten alsdann sechs

Lichtgleichen entsprechend den Lichtstufen 5, 4, 3, 2, 1 und 0; diese Zahlen mögen zugleich zur Bezeichnung der Lichtgleichen dienen. Im Eigenschatten werden sich ganz ebenso Lichtgleichen mit den Lichtstufen $\underline{5}$, $\underline{4}$, $\underline{3}$, $\underline{2}$, $\underline{1}$ ergeben.

Die Lichtstufe 5 bzw. $\underline{5}$ wird nur solchen Punkten der Fläche zukommen, deren Normale mit der Lichtrichtung zusammenfällt; es sind das im allgemeinen nur einzelne Punkte und man bezeichnet sie als Lichtpole. Die Lichtstufe 0 kommt der Grenzkurve zwischen Licht und Eigenschatten auf der Fläche zu.

119. Der Konstruktion der Lichtgleichen für die einzelnen Flächenfamilien schicken wir noch folgende allgemeine Betrachtung voraus. Die Lichtstufe in jedem Flächenpunkte wird durch eine Zahl zwischen 5 und 0 bezeichnet, sie ist gleich $5 \cdot \cos \lambda$, wo λ den Winkel von Normale und Lichtstrahl angibt. Trägt man demnach auf einem Lichtstrahle eine Strecke von 5 Einheiten, gemessen mit einem beliebigen Maßstabe, auf, so gibt die Länge ihrer senkrechten Projektion auf die Flächennormale, gemessen mit dem gleichen Maße, die bezügliche Lichtstufe an.

Insbesondere gehört ein Flächenpunkt einer der Lichtgleichen 5, 4, 3, 2, 1 oder 0 an, wenn eine zur Lichtrichtung parallele Strecke von 5 Einheiten, senkrecht auf seine Normale projiziert, eine Projektion von 5, 4, 3, 2, 1 oder 0 Einheiten Länge liefert. Diesem Satz kann man auch folgende zweite Form geben. Ein Flächenpunkt gehört einer der Lichtgleichen 5, 4, 3, 2, 1 oder 0 an, wenn eine auf seiner Normale aufgetragene Strecke von 5 Einheiten, senkrecht auf einen Lichtstrahl projiziert, eine Projektion von 5, 4, 3, 2, 1 oder 0 Einheiten Länge ergibt. Diese beiden Definitionen der Lichtgleichen werden weiterhin bis auf zwei Ausnahmen stets unseren Untersuchungen zugrunde gelegt werden. Sie liefern die Lichtgleichen sowohl auf dem im Licht, wie auf dem im Eigenschatten liegenden Teile der Fläche. Im letzteren Falle werden die Lichtgleichen ebenso wie die zugehörigen Lichtstufen mit $\underline{4}$, $\underline{3}$, $\underline{2}$, $\underline{1}$ und $\underline{0}$ bezeichnet.

Die Schlagschatten sind bei allen Figuren dieses Kapitels weggelassen, um die Übersichtlichkeit nicht zu beeinträchtigen; die bezüglichen Fragen sind ja schon früher behandelt.

Zylinderflächen.

120. Der gerade Kreiszylinder (Fig. 96). Wir werden dem Lichtstrahle l stets eine solche Lage geben, daß seine beiden

Projektionen l' und l'' mit der x-Achse einen Winkel von 45^0 einschließen. Die dargelegten Konstruktionen werden jedoch in gleicher Weise bei jeder beliebigen Annahme der Lichtrichtung Verwendung finden können; auch wird durch die besondere Annahme keine Vereinfachung der Konstruktion erzielt. Da die Zylinderflächen von ihren Tangentialebenen längs Mantellinien berührt werden, so sind die Lichtgleichen der Zylinderflächen selbst Mantellinien. Man hat also nur auf dem Grundkreis k die Punkte der Lichtgleichen zu zeichnen. Die Flächennormalen in den Punkten dieses Kreises gehen durch seinen Mittelpunkt M. Zieht man durch M den Lichtstrahl l, trägt auf ihm die Strecke $MN = r$, dem Radius von k, auf und teilt diese Strecke in fünf gleiche Teile, so schneiden die in diesen Teilpunkten auf l errichteten Normalebenen den Grundkreis k in Punkten der bezüglichen Lichtgleichen.

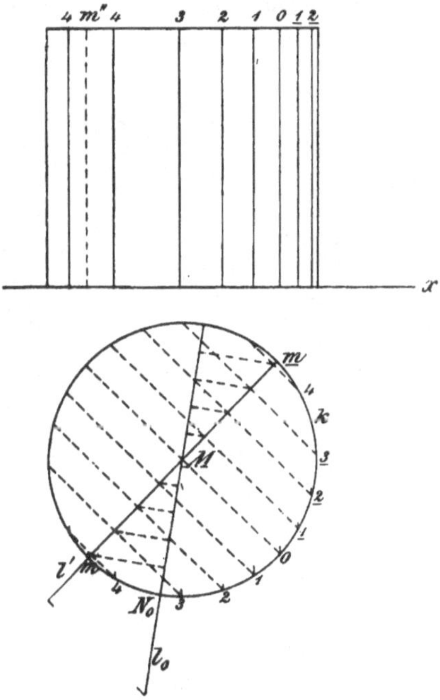

Fig. 96.

Ist nämlich P ein solcher Punkt auf k, so projiziert sich die Flächennormale $PM = r$ auf den Lichtstrahl l als ein ganzzahliges Vielfaches von $r:5$. Denn diese Projektion wird einerseits von M und andererseits von der durch P senkrecht zu l gelegten Ebene begrenzt. In der Figur ist l um l' in den Grundriß als l_0 umgelegt. Die genannten Normalebenen schneiden die Ebene ll' in Geraden senkrecht zu l und die Grundkreisebene in Geraden senkrecht zu l'. Man teile also $MN_0 (N_0 = k \times l_0)$ in fünf gleiche Teile, errichte in den Teilpunkten auf l_0 die Normalen und in ihren Schnittpunkten mit l' die Normalen auf l'; diese schneiden k in den Punkten der gesuchten Lichtgleichen. Die Mantellinie m besitzt die größte Helligkeit, die wenig über 4 liegt Die Lichtgleichen im Eigenschatten schneiden k in Punkten, die den Endpunkten der bezüglichen Lichtgleichen des beleuchteten Teiles diametral gegenüber liegen. Aus den Lichtgleichen des geraden Kreiszylinders ergeben sich auch diejenigen des geraden Zylinders mit beliebiger Grundkurve. Sie gehen durch die Punkte dieser Grundkurve, deren Tangenten den bezüglichen Tangenten jenes Grundkreises parallel laufen.

121. Der gerade Zylinder in schiefer Lage (Fig. 97). Nach den vorangehenden Erläuterungen haben wir durch den Mittel-

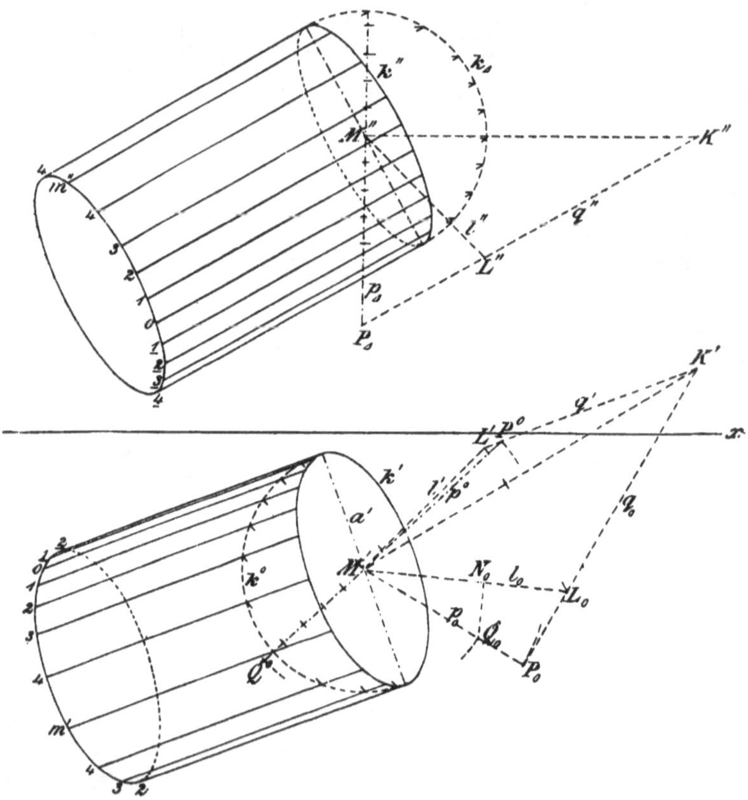

Fig. 97.

punkt M des Grundkreises k einen Lichtstrahl l zu ziehen, auf ihm eine Strecke MN, gleich dem Radius r von k, aufzutragen, diese in fünf gleiche Teile zu teilen und durch jeden der Teilpunkte eine Normalebene zum Lichtstrahl zu legen. Diese Ebenen schneiden dann auf dem Kreise k die Punkte der Lichtgleichen aus. Um die Konstruktion durchzuführen, projizieren wir den Lichtstrahl l senkrecht auf die Ebene des Grundkreises k und nennen diese Projektion p. Errichten wir dann auf dem Lichtstrahle l in einem jener

Teilpunkte die in der Ebene lp liegende Normale und in ihrem Schnittpunkte mit p die in der Grundkreisebene liegende Normale auf p, so schneidet diese k in den Punkten derjenigen Lichtgleichen, die dem gewählten Teilpunkte entsprechen.

Zu diesem Zwecke drehen wir einerseits die Ebene lp und andererseits die Grundkreisebene parallel zum Grundriß. Ist L ein Punkt auf l und die Gerade q durch L normal zu der Ebene von k, d. h. parallel zu den Mantellinien des Zylinders, so liegt p in der Ebene lq. Bestimmen wir nun den Punkt K auf q derart, daß $M''K'' \parallel x$ ist, so können wir die Ebene lq, die auch p enthält, um die Achse MK parallel zum Grundriß drehen. Dabei gelangt L nach L_0, also ist $l_0 = M'L_0$, $q_0 = K'L_0$, und $p_0 = M'P_0$ das von M' auf q_0 gefällte Lot. Drehen wir ferner die Grundkreisebene um den horizontalen Durchmesser a von k parallel zum Grundriß, so geht k in den Kreis k^0 und p in die Gerade $p^0 = M'P^0$ über, wobei P^0 auf q' liegt und $M'P_0 = M'P^0$ ist. Denn P' liegt auf q' ($P_0P' \perp q'$) und $P'P^0$ muß auf a' senkrecht stehen; es muß also P^0 auf q' liegen.

In den gedrehten Ebenen kann man die verlangten Normalen auf l bzw. p sofort verzeichnen, da sie als Senkrechte zu l_0 bzw. p^0 erscheinen; die Konstruktion gestaltet sich also jetzt wie folgt. Auf l_0 trage man die Strecke $M'N_0$, gleich dem Radius von k^0, auf, ziehe die Senkrechte in N_0 und schneide sie mit p_0 in Q_0; ferner trage man $M'Q^0 = M'Q_0$ auf p^0 auf und teile diese Strecke in fünf gleiche Teile, so werden die Normalen in diesen Teilpunkten den Kreis k^0 in den gedrehten Endpunkten der Lichtgleichen schneiden. Eigentlich sollte man $M'N_0$ in fünf Teile zerlegen, die in den Teilpunkten errichteten Normalen teilen aber auch $M'Q_0 = M'Q^0$ in fünf gleiche Teile. Dreht man zuletzt den Kreis k^0 um a in seine ursprüngliche Lage zurück, so werden die auf k^0 liegenden Endpunkte der Lichtgleichen Kreisbogen beschreiben, ihre ersten Projektionen aber sich auf Senkrechten zu a' bewegen. Da nun die Lichtgleichen des Zylinders Mantellinien sind und ihre ersten Projektionen ebenfalls zu a' senkrecht liegen, so müssen diese Projektionen, entweder direkt oder verlängert, durch die bezüglichen Punkte auf k^0 gehen. Die Mantellinie m weist die größte Helligkeit auf, die etwa in der Mitte zwischen 4 und 5 liegt. Im Eigenschatten findet man die Lichtgrenzen in gleicher Weise.

Zu den zweiten Projektionen der Lichtgleichen gelangt man, indem man die Grundkreisebene parallel zum Aufriß dreht; dadurch geht k in die Lage k_Δ und p in die Lage $p_\Delta = M''P_\Delta$ über, wobei $M''P_\Delta = M'P_0$ ist und P_Δ auf q'' liegt (ganz analog wie P^0 auf q').

Trägt man auf p_Δ die gleichen Teilstrecken wie auf p^0 auf, so schneiden die in ihren Endpunkten errichteten Normalen den Kreis k_Δ in Punkten, durch welche die Aufrisse der Lichtgleichen oder deren Verlängerungen gehen.

Handelt es sich um die Lichtgleichen eines geraden Zylinders mit beliebiger Basiskurve c, so drehe man c parallel zum Grundriß in die Lage c^0, und bestimme ganz wie vorher die Punkte auf dem Kreise k^0. Zwei Punkte von c^0 und k^0, deren Tangenten parallel laufen, gehören zu zwei Lichtgleichen von gleicher Helligkeit, so daß sich leicht zu den Lichtgleichen des Kreiszylinders die entsprechenden des andern zeichnen lassen. Man kann auch von den Tangenten in den Punkten von k^0 durch Affinität zu den Tangenten in den bezüglichen Punkten von k' übergehen und darauf die parallelen Tangenten an c' ziehen; durch deren Berührungspunkte gehen dann die ersten Projektionen der betreffenden Lichtgleichen.

122. Der schiefe Kreiszylinder, dessen Grundkreis k in der Grundrißebene liegt (Fig. 98). Wir benutzen einen geraden

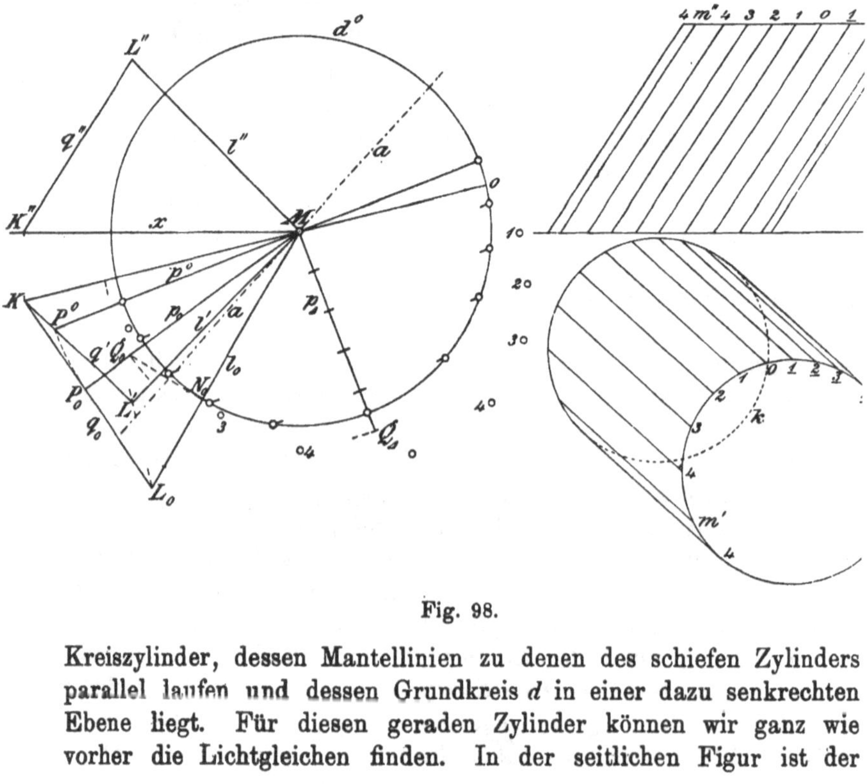

Fig. 98.

Kreiszylinder, dessen Mantellinien zu denen des schiefen Zylinders parallel laufen und dessen Grundkreis d in einer dazu senkrechten Ebene liegt. Für diesen geraden Zylinder können wir ganz wie vorher die Lichtgleichen finden. In der seitlichen Figur ist der

Mittelpunkt M von d auf der x-Achse gewählt, durch ihn der Lichtstrahl l gelegt und durch einen Punkt L dieses Strahles eine Parallele q zu den Mantellinien gezogen; ihr erster Spurpunkt sei K. Die Ebene ql steht auf der Ebene von d senkrecht und schneidet sie in einer Geraden p. Legt man sie um KM um, so geht L in L_0, l in $l_0 = ML_0$, q in $q_0 = KL_0$ und p in $p_0 = MP_0$ ($\perp q_0$) über. Legt man ferner die Grundkreisebene um $a (\perp q')$ um, so nimmt d die Lage d^0 und p die Lage $p^0 = MP^0$ an ($MP_0 = MP^0$, P^0 auf q'). Jetzt errichte man in N_0 auf l_0 eine Senkrechte (MN_0 gleich dem Radius von d), die p_0 in einem Punkte Q_0 schneiden wird, trage $MQ_0 = MQ^0$ auf p^0 auf, teile diese Strecke in fünf gleiche Teile und ziehe in den Teilpunkten die Normalen. Diese schneiden dann d^0 in Punkten, die den Endpunkten der Lichtgleichen auf d entsprechen.

Die ersten Spurpunkte der Lichtgleichen des geraden Kreiszylinders liegen auf einer Ellipse s, seiner ersten Spurkurve. Die Kurven d und s sind durch die Mantellinien aufeinander affin bezogen; jede Lichtgleiche trifft d und s in affinen Punkten, und auch die Tangenten von d und s in diesen Punkten sind affin. Aus der Affinität von d und s folgt aber auch die Affinität d^0 und s (Affinitätsachse a, affine Punkte K und P^0). Bestimmt man also in der vorher geschilderten Weise für jede Lichtgleiche des geraden Zylinders den zugehörigen Punkt auf d^0 und zieht in ihnen die Tangenten an d^0, dann sind die dazu affinen Geraden die ersten Spurlinien der Ebenen, die den Zylinder längs der betreffenden Lichtgleichen berühren. Zieht man zu diesen Spurlinien die parallelen Tangenten an die Spurkurve k des schiefen Zylinders (k kann eine beliebige Kurve sein), so sind ihre Berührungspunkte die ersten Spurpunkte der bezüglichen Lichtgleichen desselben.

In der Figur sind nun nicht die umgelegten Endpunkte der Lichtgleichen auf d^0 gezeichnet, sondern die um 90^0 auf d^0 verschobenen Punkte. Zu diesem Zwecke ist $MQ_0 = MQ_\varDelta$ auf $p_\varDelta$ ($\perp p^0$) aufgetragen; die Normalen in den Teilpunkten dieser Strecke schneiden dann auf d^0 die um 90^0 verschobenen Punkte aus. Die Radien nach diesen Punkten sind zu den Tangenten in den ursprünglichen, nicht verschobenen Punkten von d^0 parallel. Sucht man zu diesen Radien die affinen Geraden (Affinitätsachse a, affine Punkte K und P^0), so berühren die dazu parallelen Tangenten an die Grundkurve k des schiefen Zylinders diese in den Spurpunkten der Lichtgleichen. Sind die Lichtgleichen eines schiefen Zylinders mit beliebiger Basisebene zu bestimmen, so konstruiere man zuerst einen in die Grundrißebene umgelegten Normalschnitt und verfahre dann wie in 121 angegeben.

Kegelflächen.

123. Der gerade Kreiskegel (Fig. 99). Auch bei den Kegelflächen bestehen die Lichtgleichen aus Mantellinien, so daß es genügt, ihre Spurpunkte auf der Grundkurve zu bestimmen. S sei die Spitze und k der Grundkreis eines geraden Kreiskegels. Die Flächennormalen in den Punkten von k bilden die Mantellinien eines zweiten Kegels mit dem Grundkreis k und der Spitze N (SN ist die gemeinsame Achse beider Kegel). Zieht man durch N einen Lichtstrahl i ($\| l$), trägt auf ihm von N aus die Strecke NJ von der Länge der Mantellinien des Normalenkegels ab, teilt sie in fünf gleiche Teile und errichtet in den Teilpunkten Normalebenen auf i, so schneiden diese den Kreis k in den Endpunkten der Lichtgleichen. Ist nämlich P einer dieser Punkte, so projiziert sich die Flächennormale PN auf den Lichtstrahl i als ein ganzzahliges Vielfaches von $NJ:5$. Denn diese Projektion wird von N und der durch P senkrecht zu i gelegten Ebene, also von N und einem der Teilpunkte von NJ begrenzt. Diese Konstruktion liefert sowohl für den belichteten, wie für den im Eigenschatten liegenden Teil der Fläche die Lichtgleichen. Die ersteren erhält man, wenn die Strecke NJ auf i den Lichtstrahlen entgegen, die letzteren, wenn sie ihnen gleichgerichtet ist.

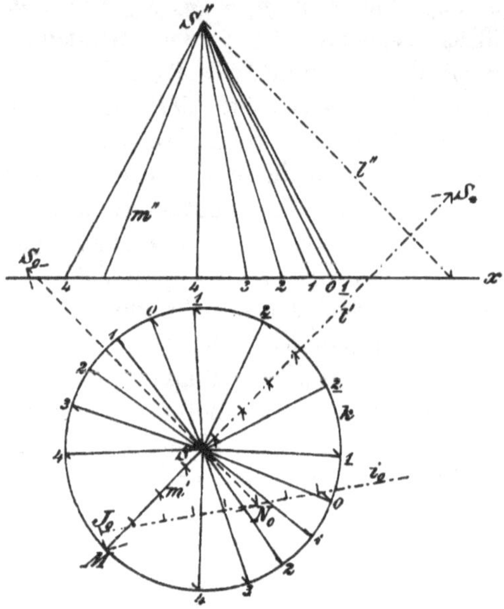

Fig. 99.

Beim geraden Kreiskegel, dessen Grundkreis k in Π_1 liegt, ergibt sich hieraus die folgende Konstruktion. Man lege durch S den Lichtstrahl l und bestimme seinen ersten Spurpunkt S_*. Die Vertikalebene durch l lege man um l' um, so daß S nach S_0 gelangt, dann ist $S_0 M$ eine umgelegte Mantellinie und $N_0 M$ eine umgelegte Flächennormale ($M = k \times l'$, $MN_0 \perp MS_0$). Durch N_0 ziehe man die Gerade i_0

($\| S_0 S_*$), trage auf ihr die Strecke $N_0 J_0 = N_0 M$ auf uud teile sie in fünf gleiche Teile. Die vorher erwähnten Normalebenen in den Teilpunkten von NJ, schneiden die Ebene ll' in Senkrechten zu i und die Grundkreisebene in Senkrechten zu l'. Deshalb errichte man in den Teilpunkten von $N_0 J_0$ Normalen und in ihren Schnittpunkten mit l' Normalen auf l', so schneiden diese den Kreis k in den Spurpunkten der Lichtgleichen.

124. Der gerade Kreiskegel in schiefer Lage (Fig. 100). Die allgemeine Darlegung der vorigen Nummer behält auch hier

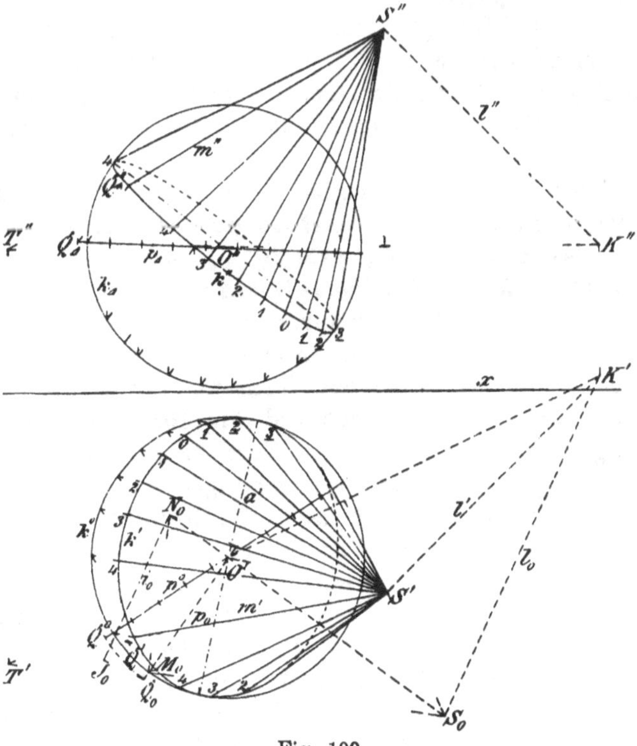

Fig. 100.

ihre Gültigkeit; die Konstruktion gestaltet sich wie folgt. Man lege durch l und die Kegelachse eine Ebene, welche die Grundkreisebene in einer Geraden p, den gegebenen Kegel in einer Mantellinie SM und den Normalenkegel in einer Mantellinie MN schneidet (SN gemeinsame Achse beider Kegel). Durch N ziehe man eine Parallele i zu l, trage auf ihr die Strecke $NJ = NM$ ab und teile sie in fünf gleiche Teile. In der Ebene ipl ziehe man durch die Teilpunkte die

Normalen zu i und in ihren Schnittpunkten mit p die in der Grundkreisebene liegenden Normalen zu p. Die letzteren schneiden den Grundkreis k in den Endpunkten der Lichtgleichen. Bei der Ausführung dieser Konstruktion dreht man die Ebene $lO (= ipl)$ um OK parallel zum Grundriß (K auf l, $O''K'' \parallel x$, $S'S_0 \perp O'K'$, $O'M_0 \perp O'S_0$, $O'M_0 =$ Radius von k, $N_0M_0 \perp M_0S_0$, $N_0J_0 \parallel S_0K'$, $N_0J_0 = N_0M_0$, $J_0Q_0 \parallel N_0R_0 \perp N_0J_0$, Q_0 und R_0 auf p_0). Ferner dreht man die Grundkreisebene um den horizontalen Kreisdurchmesser a parallel zum Grundriß, wobei k in k^0 und $p = OQ$ in $p^0 = O'Q^0$ übergeht ($Q_0Q' \perp O'K'$, $S'Q'$ durch $T' = S_0Q_0 \times O'K'$, $Q'Q^0 \perp a'$, $O'Q^0 = O'Q_0$, $O'R^0 = O'R_0$ auf p^0). Hierauf ist R^0Q^0 in fünf gleiche Teile geteilt; dann schneiden die Senkrechten in den Teilpunkten den Kreis k^0 in den den Lichtgleichen zugehörigen Punkten, und es ist nur noch von diesen Punkten auf k^0 zu den affinen Punkten auf k' überzugehen (Affinitätsstrahlen $\perp a'$).

Im Aufriß suche man zunächst T'' auf $O''K''$ und Q'' auf $S''T''$ und drehe dann die Grundkreisebene parallel zum Aufriß; dabei geht k in k_Δ und Q in Q_Δ über ($Q''Q_\Delta$ normal zur Drehachse, $O''Q_\Delta = O'Q^0$, $O''R_\Delta = O'R^0$). Nun teile man wieder $R_\Delta Q_\Delta$ in fünf gleiche Teile und errichte in den Teilpunkten die Normalen, die dann k_Δ in den gedrehten Endpunkten der Lichtgleichen treffen; diese selbst liegen auf k'' und bestimmen sich durch die Affinität von k_Δ und k''.

125. Der schiefe Kreiskegel (Fig. 101). Die Bestimmung der Lichtgleichen beim allgemeinen Kegel erfordert eine wesentlich andere Behandlung als bei den vorausgehenden und folgenden Flächen. Sei S die Spitze, k der in Π_1 liegende Grundkreis des Kegels und l der Lichtstrahl durch die Spitze. Dann betrachten wir Rotationskegel mit der Spitze S und der Kegelachse l. Alle Tangentialebenen eines solchen Kegels sind gegen l gleich geneigt, der Kegel besitzt also in Punkten seiner Oberfläche die gleiche Helligkeit. Soll eine Beleuchtungsstärke gleich 5, 4, 3, 2, 1 oder 0 sein, so müssen seine Mantellinien mit l einen Winkel μ einschließen, für den $\sin \mu = 1, {}^4/_5, {}^3/_5, {}^2/_5, {}^1/_5$ oder 0 ist. Denn alsdann bilden die Kegelnormalen mit l einen Winkel $\lambda = 90^\circ - \mu$, woraus sich nach 118 für den Kegel die Lichtstufe $5 \cos \lambda = 5 \sin \mu$ ergibt. Bestimmen wir jetzt hiernach die 6 Lichtstufenkegel mit der Spitze S und der Achse l (der erste fällt mit der Normalebene auf l in S, der letzte mit l selbst zusammen) und suchen die gemeinsamen Tangentialebenen an den gegebenen Kegel und je einen der sechs Lichtstufenkegel, so berühren sie jenen in den Lichtgleichen von der betreffenden Lichtstufe.

Zur Konstruktion benutzen wir eine Ebene N (n_1, n_2) normal zum Lichtstrahl, die den gegebenen Kegel in einer Kurve c und jene Lichtstufenkegel in Kreisen q_i ($i = 1, 2, 3, 4$) mit dem Mittelpunkt $M = l \times$ N schneidet. Die gemeinsamen Tangenten an c und je einen dieser Kreise berühren c in Punkten der bezüglichen Lichtgleichen.

Um die Kreise q_i zu gewinnen, lege man durch l eine Vertikalebene und ziehe in ihr durch S Strahlen, die mit l Winkel ein-

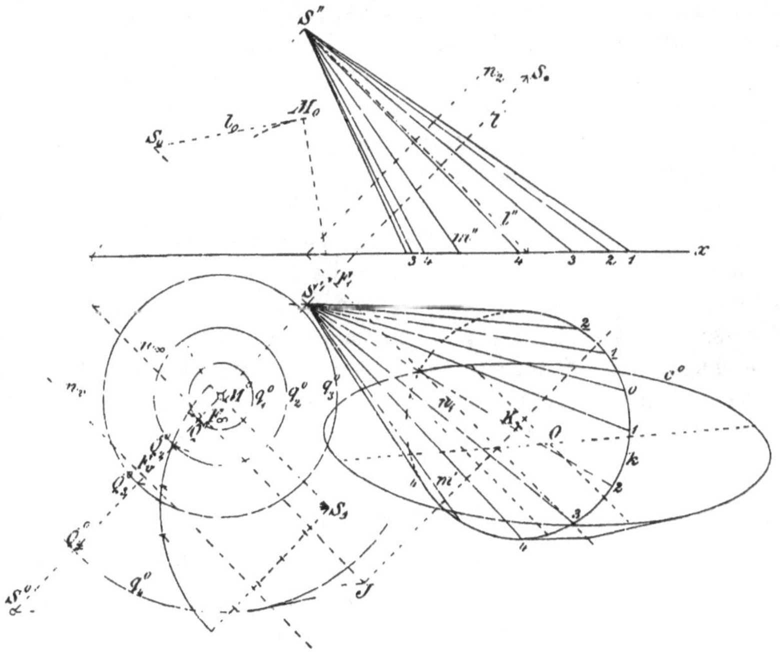

Fig. 101.

schließen, deren Sinus bezüglich gleich 1, $^4/_5$, $^3/_5$, $^2/_5$, $^1/_5$ und 0 sind. Diese Strahlen treffen N in den Punkten ∞, Q_4, Q_3, Q_2, Q_2, M, die den bezüglichen Kreisen angehören (deren erster die unendlich ferne Gerade und deren letzter der Punkt M ist). Bei der Ausführung lege man zunächst l um l' in den Grundriß als $l_0 = S_0 S_*$ um ($S_0 S' = (S'' \dashv x)$) und fälle von $F_1 = l' \times n_1$ das Lot $F_1 M_0$ auf l_0, so ist M_0 der um l' umgelegte Punkt M. Sodann lege man die Ebene N um n_1 in den Grundriß um; dabei gelangt M nach M^0 ($F_1 M^0 \perp n_1$, $F_1 M^0 = F_1 M_0$). Die Radien der Kreise q_i^0 sind $M^0 Q_i^0 = MS \cdot \operatorname{tg} \mu_i$, wenn $\sin \mu_i$ der Reihe nach die Werte 1, $^4/_5$, $^3/_5$, $^2/_5$, $^1/_5$ und 0 annimmt. In der Figur ist $M^0 S_\Delta = M_0 S_0$ parallel zu n_1 gezogen, in S_Δ eine Senkrechte dazu errichtet, auf ihr sind fünf gleiche

Teilstrecken aufgetragen und durch den letzten Punkt ist ein Viertelkreis um S_Δ geschlagen. Dieser wird von den Parallelen zu $M^0 S_\Delta$ durch die Teilpunkte in Punkten geschnitten, deren Verbindungslinien mit S_Δ auf $F_1 M^0$ die Punkte Q_i^0 ausschneiden.

Die Schnittkurve c des Kegels mit der Ebene N nimmt beim Umlegen die Lage c^0 an; c^0 und k sind nach 164 Bd. I perspektiv, und zwar ist n_1 die Achse, n_∞ die Flucht-, n_v die Verschwindungslinie und S^0 das Zentrum der Perspektive (n_∞ ist die erste Spur der Parallelebene zu N durch S, $F_\infty = n_\infty \times F_1 M^0$, $S_0 F_\infty \parallel M_0 F_1$, $S^0 F_\infty = S_0 F_\infty$, $S^0 F_v = F_\infty F_1$, n_v durch F_v). Ist c^0 als perspektive Kurve zu k gefunden, so lege man an c^0 und q_i^0 die gemeinsamen Tangenten; die dazu perspektiven Geraden berühren k in den ersten Spurpunkten der Lichtgleichen.

Im vorliegenden Falle, wo k ein Kreis ist, zeichnet man den Kegelschnitt c^0 in folgender Weise. Vom Kreismittelpunkt K fälle man ein Lot auf n_∞ und bestimme die Polare seines Fußpunktes J in bezug auf k; dieser Sehne und dem zu ihr senkrechten Durchmesser von k entsprechen zwei konjugierte Durchmesser von c^0. Die gemeinsamen Tangenten von c^0 und q_i^0 sind durch Anlegen des Lineals ziemlich genau zu zeichnen; die entsprechenden Geraden schneiden sich mit ihnen auf n_1 und berühren k.

Rotationsflächen.

126. Die Kugel (Fig. 102). Wir ziehen durch den Mittelpunkt O der Kugel einen Lichtstrahl l, dieser trifft die Kugelfläche in den beiden Lichtpolen 5 und $\underline{5}$. Den von den Lichtpolen begrenzten Durchmesser teilen wir in zehn gleiche Teile und errichten die Normalebenen in den Teilpunkten, so schneiden sie die Kugel in den Lichtgleichen. Ist nämlich Q einer der Teilpunkte, p der Kugelkreis in der zugehörigen Normalebene und P ein Punkt desselben, so ist die Gerade OQ die senkrechte Projektion der Flächennormalen $OP = r$ (Kugelradius) auf den Lichtstrahl l; sie ist also ein ganzes Vielfaches von $r:5$. In der Figur ist nur der Grundriß gezeichnet. Zunächst ist l um den zu l' parallelen Kugeldurchmesser in die Lage l_0 ($\parallel \Pi_1$) gedreht und der Vertikalkreis i in die Lage i_0 ($i' = l'$, $i_0 = k' =$ Umriß); hierauf ist der auf l^0 liegende Durchmesser in zehn gleiche Teile geteilt und in den Teilpunkten sind die Normalen errichtet, z. B. in Q_0 die Normale $q_0 = A_0 B_0$ (A_0 und B_0 auf i_0). Dreht man i_0 in die ursprüngliche Lage zurück, so ist AB der Durchmesser eines zur Ebene von i symmetrischen Kugelkreises. Derselbe ist eine Lichtgleiche und projiziert sich als Ellipse mit der kleinen Achse $A'B'$ ($A'B'$ auf l', $A_0A' \parallel B_0B' \perp l'$) und einer großen Achse durch Q_0 von der Länge A_0B_0. Die Ellipse berührt den Umriß k' in zwei Punkten, deren Verbindungslinie im Punkte $l' \times q_0$ auf l' senkrecht steht.

Sind l' und l'' unter 45^0 gegen x geneigt, so sind die Projektionen der Lichtgleichen im Grund- und Aufriß kongruent; der letztere entsteht aus dem ersteren durch Drehung um 90^0 im Sinne der Uhrzeigerbewegung.

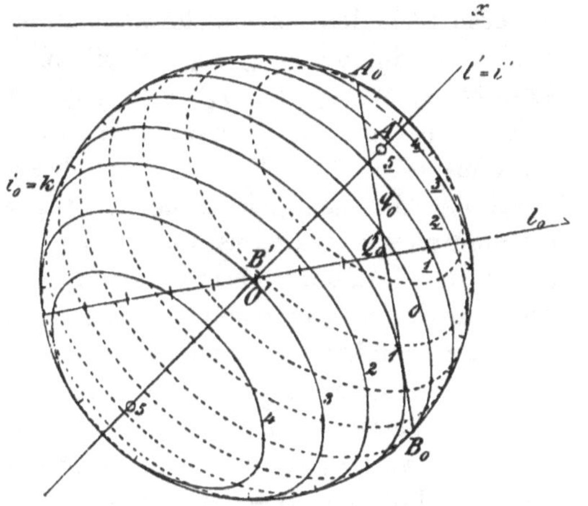

Fig. 102.

127. Bei Bestimmung der Lichtgleichen auf einer beliebigen Rotationsfläche können wir, genau wie früher bei der Bestimmung ihrer Lichtgrenze (374 Bd. I), drei verschiedene Verfahren anwenden, die entweder die Kugel oder den Kegel oder den Zylinder zu Hilfe nehmen. Die ersten beiden Verfahren bestimmen die Punkte der Lichtgleichen auf den einzelnen Parallelkreisen, das letzte auf den einzelnen Meridiankurven.

Sei a die zum Aufriß parallele Achse, m der zum Aufriß parallele Hauptmeridian und p ein beliebiger Parallelkreis der Rotationsfläche; es seien ferner J und K die Schnittpunkte von m und p. Das Kugelverfahren besteht dann in folgendem. Wir wählen eine beliebige Hilfskugel und legen durch ihren Mittelpunkt eine Ebene parallel zum Aufriß; diese enthält einen Kugelkreis m_1 und einen zu a parallelen Durchmesser a_1. An m_1 ziehen wir zwei Tangenten parallel zu den Tangenten von m in J und K und nennen ihre Berührungspunkte J_1 und K_1; durch sie geht ein Kugelkreis p_1, dessen Ebene zu a_1 normal, also zu der Ebene des Parallelkreises p parallel ist. Der Kegel, der die Rotationsfläche längs p berührt, und der die Kugel längs p_1 berührende Kegel sind kongruent und gleichgerichtet; ihre Lichtgleichen von der nämlichen Helligkeit laufen also parallel. Die Lichtgleichen des letzteren Kegels schneiden p_1 in denselben Punkten wie die Lichtgleichen der Kugel; die Lichtgleichen des ersteren schneiden p in den Punkten, die den bezüglichen Lichtgleichen der Rotationsfläche angehören. Ganz dasselbe gilt auch für die Projektionen im Aufriß. Man zeichne also von der Hilfskugel und ihren Lichtgleichen ein für allemal den Aufriß. Dann ziehe man irgend eine Gerade $p'' \perp a''$, die m'' in zwei Punkten J'' und K'' schneiden wird, lege an m_1'' eine Tangente, die zur Tangente von m'' in J'' parallel läuft, und durch ihren Berührungspunkt J_1'' die Kreissehne $p_1'' = J_1''K_1''$ ($\| p''$). Aus ihren Schnittpunkten mit den Projektionen der Lichtgleichen der Kugel gewinnt man die Projektionen der Schnittpunkte des Kreises p mit den Lichtgleichen der Rotationsfläche. Da die Punktreihen auf $J_1''K_1''$ und auf $J''K''$ ähnlich sein müssen, so braucht man die von den Lichtgleichen auf $J_1''K_1''$ ausgeschnittene Punktreihe nur im Verhältnis von $J_1''K_1'' : J''K''$ ähnlich zu vergrößern oder zu verkleinern und auf $J''K''$ aufzutragen. Die Grundrisse dieser Punkte ergeben sich wie beim Kegelverfahren.

128. Das Kegelverfahren liefert auf den einzelnen Parallelkreisen der Rotationsfläche die Punkte der Lichtgleichen, indem man den Parallelkreis als Grundkreis eines die Fläche berührenden Kegels auffaßt und auf ihm nach 123 und 124 die Punkte der Lichtgleichen konstruiert. Man wähle einen beliebigen Parallelkreis p mit dem zum Aufriß parallelen Durchmesser JK und dem Mittelpunkt O (Fig. 103). Dann zeichne man auf a die Spitze N des Normalenkegels durch p ($K''N''$ ist eine Normale von m''), lege durch sie einen Lichtstrahl l, trage auf ihm die Strecke $NQ = NK = N''K''$ nach beiden Seiten von N aus ab und teile dieselben in je fünf gleiche Teile. Die Normalebenen zu l in diesen Teilpunkten schneiden auf p die Punkte der bezüglichen Lichtgleichen aus. Diese Normalebenen schneiden aber die Ebene la in Normalen zu l und die Ebene von p in Normalen zu q, wenn q die Schnittlinie der Ebene la mit der Ebene durch p ist. Die Ausführung gestaltet sich demnach wie folgt. Man drehe die Ebene la um a parallel zum Aufriß, indem man $L'' = l'' \times p''$ nach L_0 dreht, dann deckt sich q_0 mit p''. Ferner trage man $N''Q_0 = N''J''$ auf l_0 auf und ziehe die Senkrechten zu l_0 in Q_0 und N'', die q_0 in R_0 und T_0 schneiden. Jetzt drehe man die Ebene von p parallel zum Aufriß (dabei gelangen q in die Lage $q^0 = O''L^0$, R und T in die Lagen R^0 und T^0 und p in die Lage p^0), teile R^0T^0 in fünf gleiche Teile und errichte in den Teilpunkten die Normalen. Diese schneiden p^0 in Punkten, die auf p'' zurückgelotet die Aufrisse der auf p liegenden Punkte der gesuchten Lichtgleichen liefern. Trägt man gleich große Teile auch über T^0 hinaus auf und verfährt mit den Teilpunkten wie vorher, so erhält man die Lichtgleichen im Eigenschatten. Für jeden weiteren Parallelkreis fällt die Konstruktion von l_0 und q^0 weg, da die Geraden l_0 und ebenso die Geraden q^0 für alle Parallelkreise die gleiche Richtung haben. In der Figur sind die Zahlen der Lichtstufen nur bei den Punkten auf p^0 bemerkt, auf p'' der Deutlichkeit halber weggelassen. Die Grundrißprojektionen liegen senkrecht unter den bezüglichen Aufrissen, ihre Abstände von a' sind gleich den Abständen der auf p^0 liegenden, gedrehten Punkte von p''. M ist der Punkt größter Helligkeit des beleuchteten Teiles von p, $\underline{M}$ spielt die gleiche Rolle im Eigenschatten.

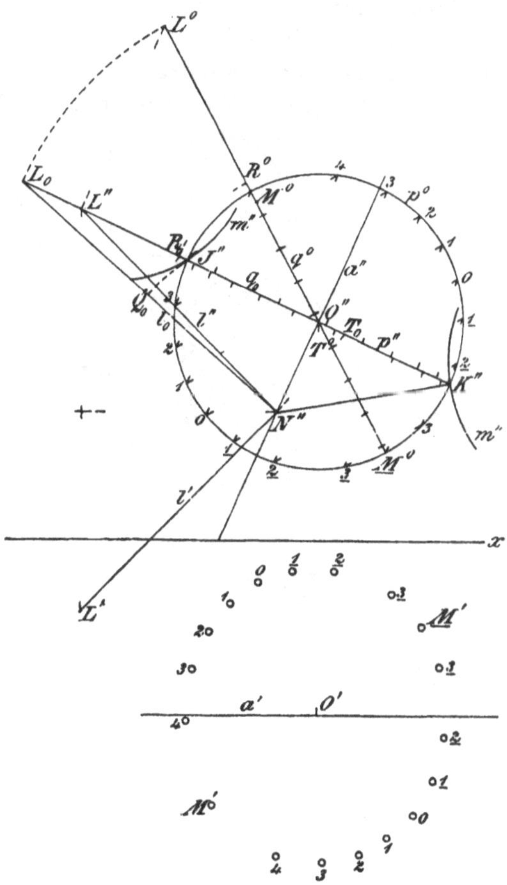

Fig. 103.

Ist die Achse der Rotationsfläche vertikal, so vereinfacht sich das Kegelverfahren, und es kann ganz genau die Konstruktion von Figur 99 angewendet werden. Man erhält dann wie dort zunächst im Grundriß die Punkte der Lichtgleichen auf dem bezüglichen Parallelkreise.

129. Das Zylinderverfahren wollen wir zunächst auf eine Rotationsfläche mit vertikaler Achse a anwenden; ihr Umriß sei m Fig. 104). Um Platz zu ersparen, ist in der Figur die Aufrißebene durch die Achse gelegt; man hat dann später den Grundriß nur um die Strecke AA_1 zu verschieben, wenn A_1 der erste Spurpunkt der Achse a ist ($A = a \times x$, $AA_1 \perp x$). Wir legen durch A einen Lichtstrahl l, wählen auf ihm einen Punkt L und drehen ihn um a in den

Aufriß als L_0 ($L_0 L'' \parallel x$, ($L_0 \dashv a$) $= L'A$); sodann teilen wir $L_0 A$ in fünf gleiche Teile und beschreiben um A die Kreise q_1, q_2, q_3, q_4 durch die Teilpunkte. Es sei nun n eine beliebige Meridiankurve, N ihre Ebene und LK das von L auf N gefällte Lot. Ferner sei i eine beliebige, durch A verlaufende Gerade der Ebene N und KJ das von K auf sie gefällte Lot, so ist AJ die senkrechte Projektion der auf dem Lichtstrahl liegenden Strecke AL auf die Gerade i. Wenn speziell AJ ein ganzes Vielfaches von $AL:5$ ist, gehören die Punkte

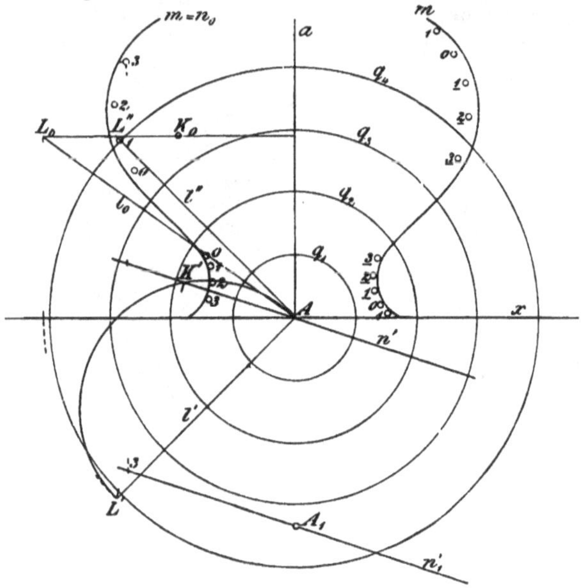

Fig. 104.

von n, deren Normalen zu AJ und deren Tangenten somit zu KJ parallel laufen, der bezüglichen Lichtgleiche an. Bei der Ausführung der Konstruktion legen wir N in den Aufriß um, wobei n nach $n_0 = m$ und K nach K_0 gelangt ($L'K' \perp n'$, ($K_0 \dashv a$) $= K'A$), ziehen von K_0 an die Kreise q_i die Tangenten und zeichnen die parallelen Tangenten an n_0. Ihre Berührungspunkte sind die gedrehten Punkte der Lichtgleichen auf n_0, durch Zurückdrehen der Ebene N erhält man alsdann ihre Grund- und Aufrisse. Ist nämlich J_0 der Berührungspunkt einer von K_0 an q_i gelegten Tangente, so ist AJ_0 ein ganzes Vielfaches von $AL:5$, und gleiches gilt für die entsprechende Strecke AJ in der Ebene N. Diese ist aber zugleich eine Kathete des $\triangle\ LJA$ und somit die Projektion von LA. Hat man einen Punkt P_0 auf n_0 gefunden, so liegt sein Grundriß P' auf n_1' ($n_1' \parallel n'$

und durch A_1, $(P_0 \dashv a) = P'A_1$) und sein Aufriß auf einer Parallelen zu x durch P_0 $(P'P'' \perp x)$.

Will man die Punkte der Lichtgleichen auf den Meridiankurven für eine zur Achse a parallele Aufriß- und eine zur Achse schiefgestellte Grundrißebene bestimmen, so führe man eine zu a senkrechte Hilfsprojektionsebene ein und verfahre wie vorher. Aus dem Aufriß und der Hilfsprojektion der einzelnen Punkte erhält man dann in bekannter Weise den Grundriß.

130. Die Ringfläche. In Fig. 105 sind die Lichtgleichen der Ringfläche mit vertikaler Achse dargestellt. Vergleicht man die Lichtgleichen einer beliebigen Rotationsfläche mit vertikaler Achse und die einer Kugel bei der nämlichen Richtung der Lichtstrahlen, so gelten die folgenden Sätze.

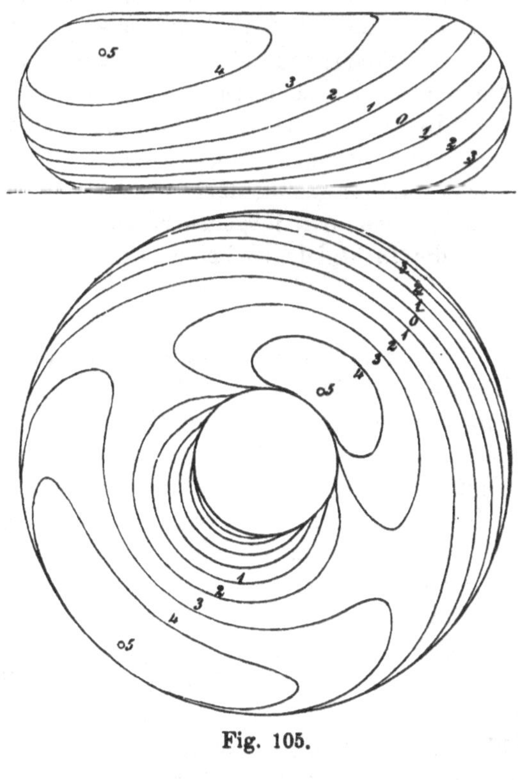

Fig. 105.

α) Die Projektionen der Lichtgleichen von der nämlichen Helligkeit berühren bei beiden Flächen die Umrisse in Punkten mit parallelen Tangenten.

β) Legt man an die Umrisse der zweiten Projektion beider Flächen parallele Tangenten und durch ihre Berührungspunkte Parallele zu x, so schneiden sie die Lichtgleichen in ähnlichen Punktreihen. Speziell schneiden die zu x parallelen Tangenten gleichheller Lichtgleichen die Umrisse beider Flächen in Punkten mit parallelen Tangenten.

γ) Ist A_1 der erste Spurpunkt der Achse der Rotationsfläche und O' die erste Projektion des Kugelmittelpunktes, so entspricht jedem Kreis um A_1 ein Kreis um O' derart, daß ihre Schnittpunkte mit den Projektionen gleichheller Lichtgleichen auf parallelen

Radien liegen. Zwei sich derartig entsprechende Kreise sind die Projektionen zweier Kreise der Flächen, welche die zum Aufriß parallelen Meridiankurven derselben in Punkten mit parallelen Tangenten schneiden.

δ) Die Tangenten aus A_1 an die Projektionen der Lichtgleichen der Rotationsfläche und die Tangenten aus O' an die der Lichtgleichen der Kugel sind für je zwei Kurven von derselben Helligkeit parallel.

ε) Die Parallelkreise der Rotationsfläche durch die Punkte der Meridiankurven, deren Tangenten horizontal sind, sind selbst Lichtgleichen; ihre Helligkeit ist die in den Endpunkten des vertikalen Kugeldurchmessers. Auf der Ringfläche liegen zwei solche Kreise, der höchste und tiefste Parallelkreis, ihre Helligkeit bei der gewählten Lichtwirkung ist $5:\sqrt{3} = 2{,}88$. Die andern Lichtgleichen können diese Kreise nirgends überschreiten.

ζ) Berühren sich zwei Rotationsflächen längs eines Parallelkreises, so schneiden sich ihre entsprechenden Lichtgleichen auf ihm; oskulieren sie sich dagegen, so berühren sich die entsprechenden Lichtgleichen. Die Ringfläche wird längs eines jeden Meridians von einer Kugel berührt; die Lichtgleichen beider Flächen schneiden sich auf ihm.

Schraubenflächen.

131. Die Punkte der Lichtgleichen auf den einzelnen Schraubenlinien (Fig. 106). Sei a die vertikale Achse der Schraubenfläche, A ihr erster Spurpunkt, s eine Schraubenlinie der Fläche und AS auf a die reduzierte Ganghöhe. Auf s wähle man den Punkt P, so daß $P'A \parallel x$ ist, und ziehe durch S eine Ebene E parallel zur Tangentialebene des Punktes P. Ist e_1 die erste Spur von E und AQ das auf sie gefällte Lot, so entsteht durch Rotation von SQ um a ein Kegel mit der Spitze S und dem Grundkreis k, der e_1 in Q berührt. Die Tangentialebene der Schraubenfläche in P ist zu der des Kegels in Q parallel, die Flächen besitzen also in beiden Punkten die gleiche Helligkeit. Gelangt P durch Verschraubung um a in die Lage P_1 und Q durch Rotation um a nach Q_1 und ist in beiden Fällen der zugehörige Drehwinkel gleich ($\alpha = \angle P'AP_1' = \angle QAQ_1$), so besitzt die Schraubenfläche in P_1 auch die gleiche Helligkeit wie der Kegel im Punkte Q_1. Denn in beiden Punkten sind die Tangentialebenen parallel, wie man sich unmittelbar klar macht, wenn man die Verschraubung in eine Drehung und eine Parallelverschiebung zerlegt. Schneidet also eine Lichtgleiche des Kegels den Grundkreis k in Q_1, so schneidet die entsprechende Lichtgleiche die Schraubenlinie s in einem Punkte P_1, so daß $\angle P_1'AQ_1 =$

$\angle P'AQ = \beta$ ist. Nun führe man an Stelle des Kegels mit dem Grundkreis k einen Kegel K mit dem Grundkreis s' ein, dessen Mantellinien denen des andern parallel laufen. Dann schneiden die Lichtgleichen von K den Kreis s' in einer Punktreihe, und diese geht durch Drehung um A um den Winkel $\beta = \angle QAP'$ in der eingezeichneten Pfeilrichtung in eine Punktreihe über, deren Punkte die

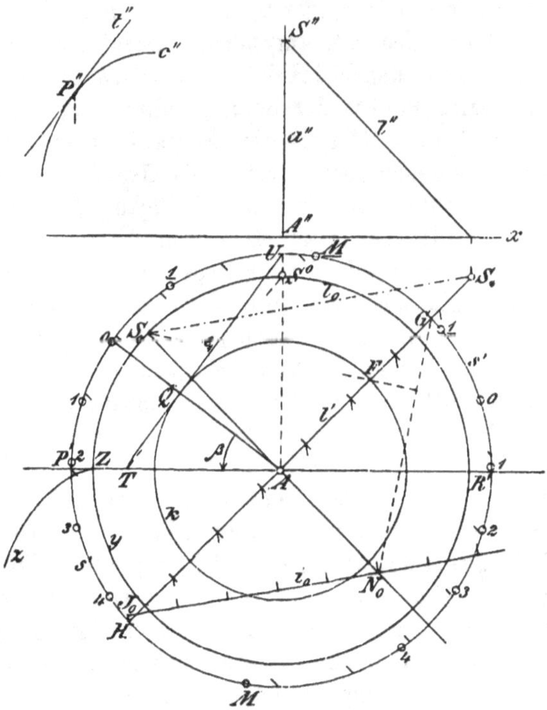

Fig. 106.

Projektionen der Schnittpunkte der Schraubenlinie s mit den Lichtgleichen der Schraubenfläche bilden.

Hat man k gefunden und schneidet l' (durch A) die Kreise k und s' in F und G, so ist SF eine Mantellinie des Kegels mit dem Scheitel S und die dazu parallele Mantellinie des Kegels K geht durch G. Zur Bestimmung der Lichtgleichen von K verfahren wir wie in Figur 99. Wir legen die Vertikalebene durch den Lichtstrahl l um l' um ($AS_0 \perp l'$, AS_0 = reduzierte Ganghöhe, $l_0 = S_0 S_*$) und erhalten in N_0 auf $S_0 A$ die umgelegte Spitze des Normalenkegels von K ($GN_0 \perp S_0 F$). Durch N_0 ziehen wir $i_0 \parallel l_0$, tragen darauf $N_0 J_0 = N_0 G$ auf, teilen diese Strecke in fünf gleiche Teile, errichten in den Teilpunkten die Normalen und in ihren Schnittpunkten mit l' die Normalen auf l'. Diese Normalen schneiden auf s' eine Punktreihe aus, die wir noch um den Winkel β drehen; die gedrehte Punktreihe ist die erste Projektion der auf der Schraubenlinie s liegenden Punkte der Lichtgleichen.

Die auf dem zu x parallelen Durchmesser liegenden Punkte P' und R' des Kreises s' projizieren sich in den Aufriß als Punkte, die dem Umriß des Kegels K angehören. Dreht man die Punkte P' und R' um A um den Winkel β, so gehen sie in die ersten Projektionen zweier Punkte der Schraubenlinie s über, deren zweite Projektionen auf dem Umriß der Schraubenfläche liegen. Der Durchmesser l' schneidet den Kreis s', als Grundkreis des Kegels K, in den beiden Punkten der größten Helligkeit H und G. Durch Drehung um den Winkel β gehen sie in die ersten Projektionen der beiden auf der Schraubenlinie s liegenden Punkte größter Helligkeit über. Die beiden Ebenen durch die Schraubenachse, von denen die eine auf der Schraubenlinie s die genannten Punkte des Umrisses und die andere die Punkte größter Helligkeit ausschneidet, schließen also den gleichen Winkel ein, wie die Geraden l' und x. Dieses gilt für jede Schraubenlinie der Fläche, und wir erschließen daraus den Satz: Die beiden Kurven des wahren Umrisses der Schraubenfläche und die beiden Maximalkurven m und $\underline{m}$, welche die Schraubenlinien der Fläche in den Punkten größter Helligkeit schneiden, sind kongruent. Die letzteren entstehen aus den ersteren durch Verschraubung um den $\angle xl' = \angle P'AH$. Es ist natürlich der wahre Umriß gemeint, der bei der Projektion auf die Aufrißebene sich ergibt; er besteht selbst aus zwei kongruenten Teilen, die bei einer halben Schraubenbewegung ineinander übergehen. Bei der oben geschilderten Konstruktion werden die Grundrisse der vier kongruenten Kurven mit gewonnen.

Nimmt man die Kurve c, deren Verschraubung die Fläche erzeugt, in einer Ebene durch die Achse a an und ist t'' die Tangente im Punkte P'' von c'', so hat die Parallele zu t durch S ihren Spurpunkt in T ($AS^0 = A''S''$, $S^0T \parallel t''$). Ferner ist U auf s' ($UA \perp AP'$) der Spurpunkt einer Geraden SU, die zur Tangente der Schraubenlinie s im Punkte P parallel läuft. Die Ebene SUT ist sonach parallel zur Tangentialebene im Punkte P der Schraubenfläche und $e_1 = UT$ ist ihre erste Spur.

Es gilt noch die zweiten Projektionen der auf der Schraubenlinie s liegenden Punkte zu zeichnen, deren erste Projektionen auf s' man kennt. Zu diesem Zwecke schlage man um A mit dem

Radius AS_0, gleich der reduzierten Ganghöhe, einen Kreis y. Dann ist die Differenz der Vertikalabstände zweier Punkte P und P_1 auf s gleich der Länge des Kreisbogens, den die Strahlen AP' und AP_1' auf dem Kreise y begrenzen. Die Länge dieses Kreisbogens bestimmt sich aber mit Hilfe der Evolvente z des Kreises y, die in Z $(= y \times AP')$ ihren Anfangspunkt hat; diese Kurve z findet bei allen Schraubenlinien die gleiche Verwendung. In dem Schnittpunkte des Strahles AP_1' mit dem Kreise y lege man an diesen die Tangente, auf ihr schneidet die Evolvente z eine Strecke ab gleich der Differenz $(P_1'' \dashv x) - (P'' \dashv x)$.

132. Schraubenfläche mit kreisförmigem Meridianschnitt. In Figur 107 sind die Lichtgleichen einer Schraubenfläche mit vertikaler Achse a dargestellt, deren Meridianschnitt ein Halbkreis k über einem horizontalen Durchmesser BC ist. Während im Grundriß ein ganzer Schraubengang dargestellt ist, gibt der Aufriß wegen Platzmangels nur einen halben Umgang. Die Lichtgleichen, die beiden Maximalkurven und der Umriß sind nach der Methode der vorigen Nummer bestimmt. Die ersten Projektionen der Lichtgleichen berühren die in Π_1 liegenden Umrißkreise in den Punkten, die den bezüglichen Lichtgleichen der durch die Kreise gelegten vertikalen Zylinder angehören. Die Berührungspunkte der zweiten Projektionen der Lichtgleichen mit dem in Π_2 liegenden Umriß ergeben sich aus den Punkten, in denen die ersten Projektionen der Lichtgleichen von der ersten Projektion des Umrisses geschnitten wird. Die letztere Kurve geht aus den Maximalkurven m und $\underline{m}$ durch eine Drehung um den $\angle l'x$ im Drehsinne des Uhrzeigers hervor.

Die Tangentialebenen in den Punkten der Maximalkurve m, d. h. des Ortes der hellsten Punkte der einzelnen Schraubenlinien, stehen auf der Vertikalebene durch den Lichtstrahl senkrecht. Unter diesen Tangentialebenen gibt es nun solche, die zur Lichtrichtung normal sind, ihre Berührungspunkte sind Lichtpole der Fläche von der Helligkeit 5. Sei P ein Lichtpol, s die Schraubenlinie durch ihn, so legen wir zur Tangentialebene in P eine Parallelebene Δ durch den Punkt S der Achse, wobei AS gleich der reduzierten Ganghöhe ist. Dann steht ihre Spur d_1 im Punkte D auf l' senkrecht (l durch S, l' durch A, $DS \perp l$) und schneidet s' in einem Punkte E derart, daß SE parallel zur Tangente der Schraubenlinie s im Punkte P ist. Daraus folgt sofort, daß $P'A$ und EA zwei zueinander normale Radien des Kreises s' sind. Drehen wir also AD um 90^0 im Sinne der aufwärts gerichteten Schraubenbewegung in die Lage AD_Δ, dann schneidet die in D_Δ

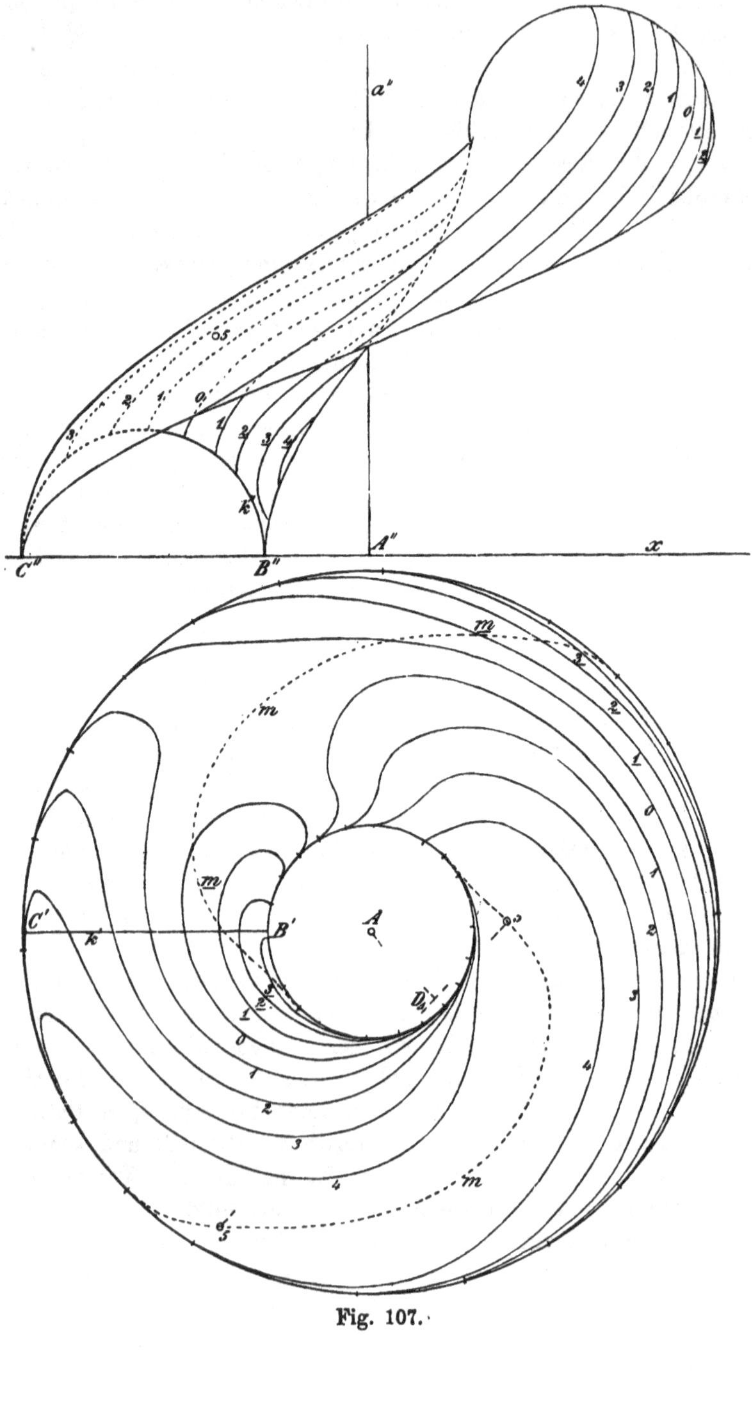

Fig. 107.

auf AD_Δ errichtete Normale die Maximalkurve m in den beiden Lichtpolen.

133. Die Punkte der Lichtgleichen auf den Erzeugenden der Regelschraubenflächen (Fig. 108). Bei den Schraubenflächen, die durch Verschraubung einer geraden Linie entstehen, kann man neben dem vorher geschilderten Verfahren, das die Punkte der Lichtgleichen auf den einzelnen Schraubenlinien bestimmt, ein einfacheres Verfahren anwenden, das die Punkte dieser

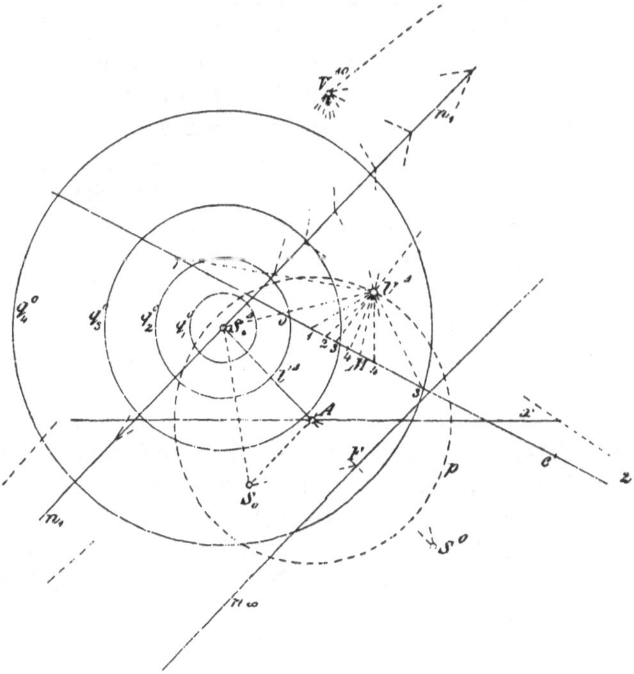

Fig. 108.

Kurven auf den einzelnen Erzeugenden liefert. Dadurch wird auch die Konstruktion der zweiten Projektionen der Lichtgleichen aus ihren ersten Projektionen vereinfacht, da man nur die Aufrisse der Erzeugenden zu zeichnen und auf sie die Punkte aus dem Grundriß heraufzuloten hat.

Sei e die Erzeugende einer Regelschraubenfläche, a ihre vertikale Achse und A deren erster Spurpunkt; sei ferner die Strecke AS auf der Achse gleich der reduzierten Ganghöhe, l der Lichtstrahl durch S und S_* sein erster Spurpunkt. Durch S_* legen wir die Normalebene N zum Lichtstrahl und bestimmen in ihr die

Grundkreise q_i der Lichtstufenkegel ganz wie in 125. Die Radien r_i dieser Kreise q_i sind Katheten rechtwinkliger Dreiecke, welche die gemeinsame Kathete SS_* besitzen; ihnen liegen in diesen Dreiecken spitze Winkel gegenüber, deren Sinus die Werte 0, $^1/_5$, $^2/_5$, $^3/_5$, $^4/_5$ oder 1 haben ($r_0 = 0$, $r_5 = \infty$). Jetzt ziehen wir durch S eine Parallele zur Erzeugenden e, die Π_1 in U und N in V trifft, und legen durch sie die Tangentialebenen an die Lichtstufenkegel. Sei T eine solche Ebene und t_1 durch U ihre erste Spur; sie schneide die erste Spur n_1 von N im Punkte $T = t_1 \times n_1$. Dann berührt die Gerade $VT = \mathsf{T} \times \mathsf{N}$ einen der Kreise q_i. Ist P auf e der Punkt, dessen Tangentialebene zu T parallel ist, so gehört P der Lichtgleiche an, deren Lichtstufe dem von T berührten Kegel entspricht. Es fragt sich also noch, wie man auf der Erzeugenden e den Punkt P bestimmt, dessen Tangentialebene zu T parallel ist. Legt man durch S eine Parallele zu der Geraden, die im Punkte P die durch ihn verlaufende Schraubenlinie berührt, so muß ihr erster Spurpunkt G_1 auf t_1 liegen. Nach 454 Bd. I muß aber $AG_1 \perp AP'$ und $AG_1 = AP'$ sein, und da t_1 durch G_1 geht, muß die Gerade t_1 nach einer Drehung um 90° um den Punkt A im Sinne der aufwärts gerichteten Schraubenbewegung durch den gesuchten Punkt P' gehen (vgl. 456 Bd. I).

Demnach ergibt sich die folgende Konstruktion für die Punkte der Lichtgleichen auf der Erzeugenden e. Auf dem Lichtstrahl l durch S errichte man in seinem ersten Spurpunkte S_* die Normalebene N und zeichne in ihr die Grundkreise q_i der Lichtstufenkegel, deren Scheitel in S liegen. Sodann ziehe man durch S eine Parallele zur Erzeugenden e und suche ihre Schnittpunkte U und V mit den Ebenen Π_1 und N. Weiter lege man von V die Tangenten an die Kreise q_i und ziehe aus U die Strahlen nach den Schnittpunkten der Tangenten mit der Spur n_1 von N. Dreht man zuletzt noch diesen Strahlbüschel mit dem Scheitel U um 90° um den Punkt A im Sinne der aufwärts gerichteten Schraubenbewegung, so schneidet der gedrehte Strahlbüschel die Gerade e' in den ersten Projektionen der gesuchten Punkte.

Es ist nun zweckmäßig, gleich den Lichtstrahl l um 90° um die Achse a in dem angegebenen Sinne nach l^Δ zu drehen ($l'^\Delta \perp l'$ in dem Spurpunkt $S_*{}^\Delta$ die Normalebene N^Δ zu errichten und auch die Gerade SUV um 90° zu drehen. Dann ist $AU^\Delta \perp e'$ und es liegt U^Δ auf dem Parameterkreis p, und zwar ist derselbe als Grundkreis eines Kegels mit der Spitze S definiert, dessen Mantellinien zu den Erzeugenden parallel sind. Legt man aus $V^\Delta = \mathsf{N}^\Delta \times SU^\Delta$

die Tangenten an die Kreise in N^{Δ}, so schneiden die Strahlen aus U^{Δ} nach den auf $n_1{}^{\Delta}$ liegenden Punkten dieser Tangenten die Gerade e' in den gesuchten Punkten.

Bei der Durchführung der Konstruktion ist nur noch zu beachten, daß die Ebene N^{Δ} mit den Kreisen q_i um ihre erste Spur $n_1{}^{\Delta}$ in die Grundrißebene umzulegen ist. Die Ebenen Π_1 und N^{Δ} sind durch die Strahlen aus S aufeinander perspektiv bezogen, und es sind U^{Δ} und V^{Δ} perspektive Punkte. Speziell ist n_{∞} die Fluchtlinie (das Bild aller unendlich fernen Punkte) von N^{Δ} ($AS_0 \perp l'^{\Delta}$, $AS_0 = AS$, $S_0F \perp S_0S_*{}^{\Delta}$, n_{∞} durch F, $n_{\infty} \parallel n_1{}^{\Delta} \perp l'^{\Delta}$). Legt man S um n_{∞} nach S^0 um ($FS^0 = FS_0$, $FS^0 \perp n_{\infty}$), so ist S^0 das Zentrum der perspektiven Beziehung zwischen Π_1 und der umgelegten Ebene N^{Δ}, ihre Achse ist $n_1{}^{\Delta}$ und ihre Fluchtlinie n_{∞} (163 Bd. I u. flg.). Der umgelegte Punkt $V^{\Delta 0}$ liegt demnach auf dem Strahle $S^0 U^{\Delta}$ und bestimmt sich auf diesem, indem man durch U^{Δ} eine beliebige Gerade zieht und durch ihren Schnittpunkt mit $n_1{}^{\Delta}$ eine Parallele zu der Verbindungslinie ihres auf n_{∞} liegenden Punktes mit S^0 legt. Damit können dann die Tangenten aus $V^{\Delta 0}$ an die Kreise $q_i{}^0$ und die Strahlen durch U^{Δ} gezeichnet werden. M ist der Punkt größter Helligkeit auf e. Derselbe Punkt der Fläche liegt im Licht oder Eigenschatten, je nachdem man die eine oder andere Seite der Schraubenfläche in Betracht zieht.

Ist T eine beliebige Ebene durch S und t_1 ihre erste Spur, so geht die um 90^0 gedrehte Gerade $t_1{}^{\Delta}$ durch die Projektion P' des Punktes P, dessen Tangentialebene zu T parallel ist. Die erste Projektion der den Punkt P tragenden Erzeugenden ist normal zu der Geraden, die A mit dem Punkte $t_1{}^{\Delta} \times p$ verbindet. Ist T zum Lichtstrahle normal, so gelangt man zu den Lichtpolen der Fläche; ihre Projektionen liegen auf n_{∞}, und die ersten Projektionen der die Lichtpole tragenden Erzeugenden sind normal zu den beiden Strahlen, die von A nach den Punkten $n_{\infty} \times p$ gehen.

134. Die geschlossene, schiefe Regelschraubenfläche. Die Figuren 109a und 109b stellen zwei halbe Umgänge der geschlossenen, schiefen Regelschraubenfläche mit ihren Lichtgleichen dar, so daß die Lichtgleichen einer jeden Hälfte im Grund- und Aufriß ihre Fortsetzung auf der anderen Hälfte finden. Die Punkte der Lichtgleichen auf den einzelnen Erzeugenden sind nach der vorigen Nummer bestimmt, während die Punkte auf den die Fläche begrenzenden Schraubenlinien nach 131 gefunden sind. Zu den einzelnen Lichtgleichen läßt sich noch folgendes bemerken. Die Tangentialebenen in den Punkten der Schraubenachse sind vertikal;

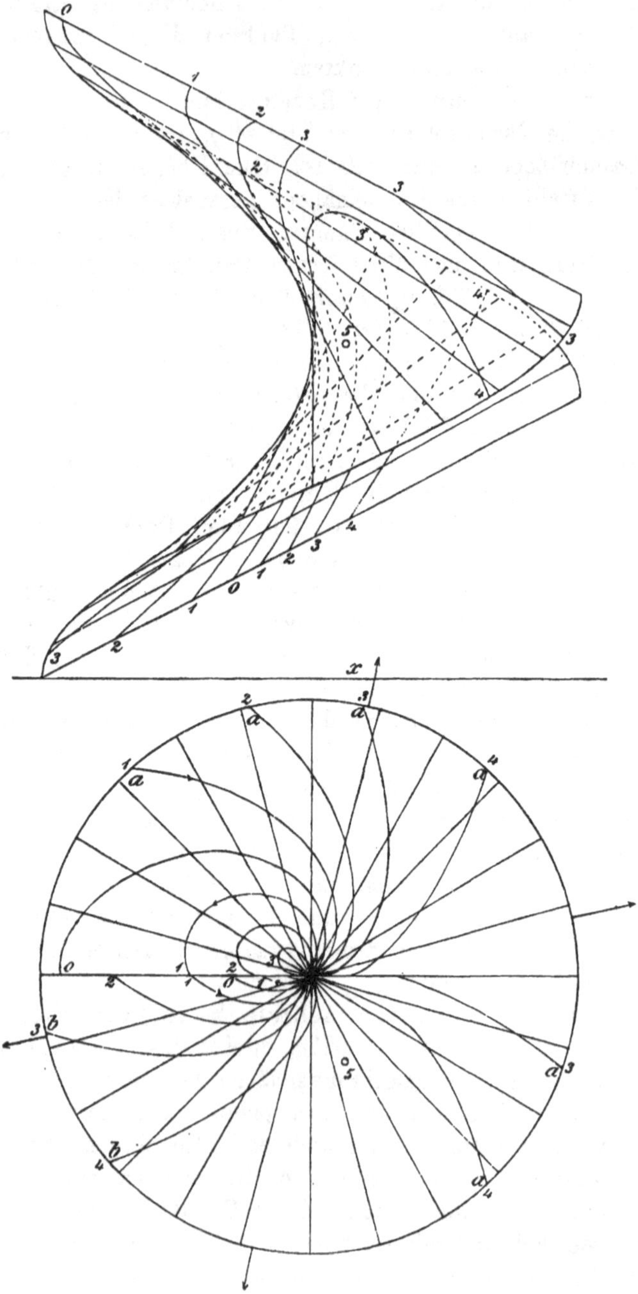

Fig. 109a.

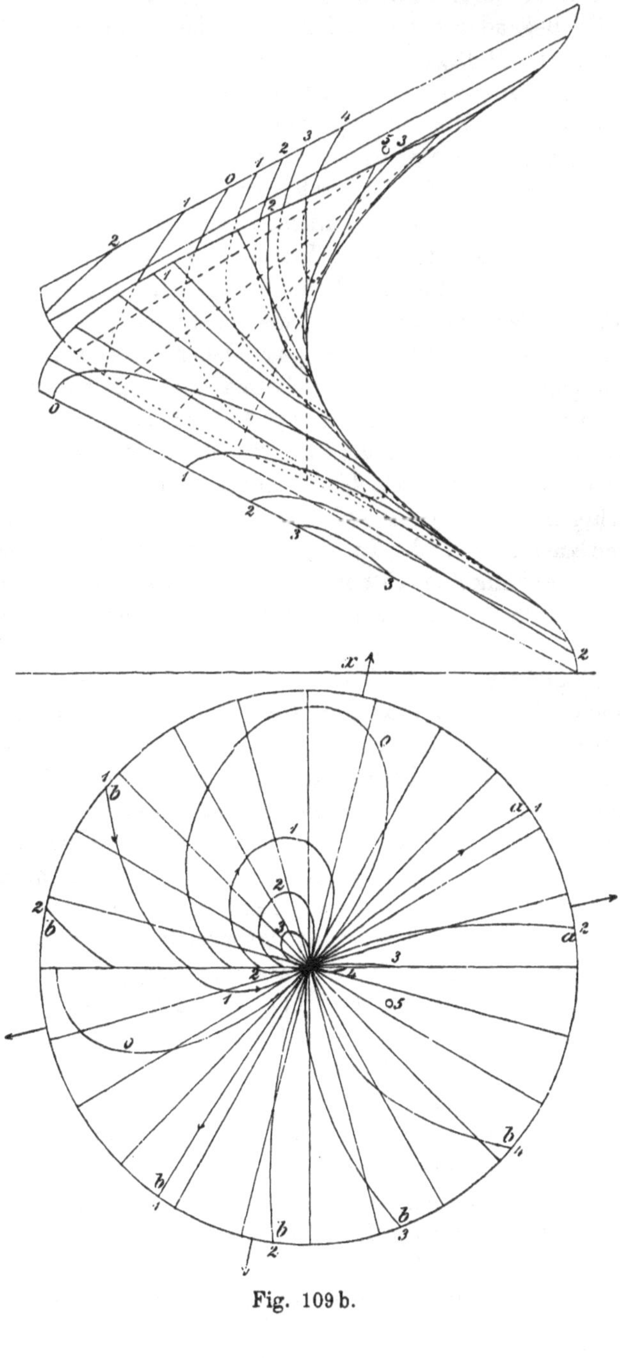

Fig. 109 b.

die erste Spur einer solchen Ebene ist zugleich die erste Projektion der in ihr liegenden Erzeugenden. Die Ebenen durch die Schraubenachse mit den Helligkeitsstufen 4, 3, 2, 1 oder 0 sind demnach zu den Tangentialebenen des geraden Kreiszylinders mit den nämlichen Helligkeitsstufen (Fig. 96) parallel. Die Tangenten der ersten Projektionen der Lichtgleichen in dem Spurpunkt A der Schraubenachse sind somit zu den Tangenten des Grundkreises jenes Zylinders in den Punkten von der nämlichen Helligkeit parallel. Zugleich sind jene Tangenten die ersten Projektionen der Erzeugenden, durch deren Achsenpunkt die bezügliche Lichtgleiche hindurchgeht.

Da die Tangentialebenen in den unendlich fernen Punkten der Schraubenfläche parallel sind zu denen des Richtungs- oder Asymptotenkegels, dessen Mantellinien zu den Erzeugenden der Fläche parallel laufen, so geben die Lichtgleichen dieses Kegels die Richtungen an, in denen die Lichtgleichen der Fläche ins Unendliche verlaufen. Die betreffende Konstruktion läßt erkennen, daß die Lichtgleichen 4, 3, 2 und 1 in je zwei Richtungen ins Unendliche verlaufen. Für die Lichtgleiche 1 geben die eingezeichneten Pfeile die Asymptotenrichtungen an; die ganze Kurve besteht aus einem einzigen, zusammenhängenden Zuge, der zweimal durchs Unendliche geht. Die beiden mit a bezeichneten Enden der Lichtgleiche 1 und ebenso die beiden mit b bezeichneten Enden hängen zusammen. Ähnlich verhält es sich mit den Lichtgleichen 2, 3 und 4.

Durchläuft ein Punkt die Lichtgleiche 1 in einem bestimmten Sinne, etwa im Sinne der an die Kurve angefügten Pfeile, so dreht sich die ihn enthaltende Erzeugende nicht immer in dem gleichen Sinne um die Schraubenachse, vielmehr kehrt sie zweimal ihren Drehsinn um. Es gibt unter den Erzeugenden zwei, welche die Lichtgleiche 1 berühren. Um dies zu erkennen, wenden wir uns zu der Figur 108 zurück. Beschreibt die Erzeugende e die Schraubenfläche, so beschreibt der Punkt U^A den Parameterkreis p und der Punkt V^{A0} eine zu ihm perspektive Hyperbel. Im allgemeinen gibt es von jedem Punkte der Hyperbel zwei Tangenten an den Kreis $q_1{}^0$, und somit liegen auf der entsprechenden Erzeugenden zwei getrennte Punkte der Lichtgleiche 1. In jedem der beiden Schnittpunkte der Hyperbel mit $q_1{}^0$ existiert jedoch nur eine Tangente, weshalb sich auf den beiden entsprechenden Erzeugenden je ein Berührungspunkt mit der Lichtgleiche ergibt. Den innerhalb $q_1{}^0$ liegenden Punkten der Hyperbel entsprechen Erzeugende, die keine Punkte der Lichtgleiche 1 enthalten. In gleicher Weise verhält es sich mit den Lichtgleichen 2, 3 und 4, die ebenfalls je zwei Erzeugende tangieren.

Es muß hierzu nôch bemerkt werden, daß die Lichtgleichen in der Nähe der Lichtgleiche 0 jede Erzeugende in zwei getrennten Punkten treffen und aus je zwei getrennten Zügen bestehen. Die Lichtgleiche, deren erste Projektion l' in A berührt, bildet den Übergang zwischen den Lichtgleichen mit und ohne berührende Erzeugende. Ferner zerfallen die in der Nähe der Lichtpole 5 liegenden Lichtgleichen in zwei getrennte Züge, deren jeder zwei Erzeugende tangiert. Es rührt das daher, daß der Grundkreis q_i des zugehörigen Lichtstufenkegels die vorhin genannte Hyperbel viermal schneidet (vgl. 133).

Die Tangentialebenen in den beiden Lichtpolen sind zur Lichtrichtung normal. Nach 133 besitzt die Normalebene im Punkte S von l eine Spur, die durch eine Drehung von 90° um A in die Lage n_∞ übergeht und die Projektionen der beiden Lichtpole trägt. Die Erzeugenden durch diese Lichtpole sind zu den Strahlen AY_∞ bzw. AZ_∞ normal ($Y_\infty = p \times n_\infty$, $Z_\infty = p \times n_\infty$).

Flächen 2. Grades.

135. Die Lichtgleichen des Ellipsoides (Fig. 110). Um die Lichtgleichen beim Ellipsoid, beim ein- oder zweischaligen Hyperboloid zu finden, wenn eine der drei Achsen vertikal steht, legen wir Vertikalschnitte durch die vertikale Achse und bestimmen auf ihnen die Punkte der Lichtgleichen. Zu diesem Zwecke benutzen wir die Zylinderflächen, welche die Fläche 2. Grades längs der Vertikalschnitte berühren. Beim Ellipsoid gestaltet sich die Konstruktion in der folgenden Weise. Es seien OA, OB, OC die drei Halbachsen des Ellipsoides; die Grundrißebene enthalte die Ellipse c mit den Halbachsen OA und OB und die Aufrißebene die Ellipse b mit den Halbachsen OA und OC. Im Grundriß schlage man um O drei Kreise mit den Radien OB, OA und $OB + OA$. Schneidet ein beliebiger Strahl durch O diese drei Kreise in den Punkten J, K und H, so ist OD ein Halbmesser der Ellipse c, wenn $JD \parallel x$ und $KD \perp x$ ist, und DH ist ihre Normale im Punkte D (20 Bd. I). Längs des Vertikalschnittes d mit den Halbachsen OC und OD wird die Fläche von einem Zylinder berührt, dessen Normalschnitt n die Halbachsen OC und ON besitzt, wobei $ON \parallel DH$ und $DN \perp DH$ ist. Denn die Mantellinien dieses Zylinders sind zu DN parallel.

Jetzt gilt es auf der Ellipse n die Punkte der Lichtgleichen des Zylinders zu finden, was ganz wie in (129 Fig. 104) durchgeführt werden kann. Man ziehe den Lichtstrahl l durch O, trage auf ihm eine beliebige Strecke OL auf und fälle auf die Ebene N der Ellipse n das Lot LM. Nun schlage man in der Ebene N um O die Kreise $q_1, \ldots, q_5$, deren Radien gleich $^1/_5$, $^2/_5$, $^3/_5$, $^4/_5$, $^5/_5$ der Strecke OL $(= OL_0)$ sind und ziehe aus M die Tangenten an sie, dann berühren die parallelen Tangenten an die Ellipse n diese Kurve in den gesuchten Punkten der Lichtgleichen des Zylinders.

Zur genauen Konstruktion dieser Punkte benutzen wir die Affinität der Ellipsen n, d und des Kreises k, der in der Aufriß-

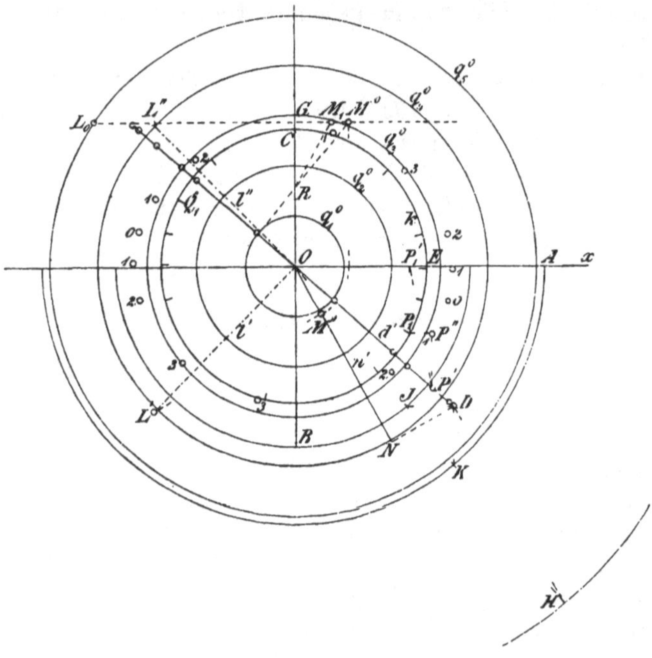

Fig. 110.

ebene mit dem Radius OC um O beschrieben ist. Die gemeinsame Affinitätsachse ist OC, während ihre in der Grundrißebene liegenden Halbachsen ON, OD und OE affine Strecken sind. Wir drehen die Ebene N mit den Kreisen q_i um OC in die Aufrißebene, wobei M nach M^0 gelangt ($L''M^0 \parallel x$, $GM^0 = OM'$), und legen aus M^0 die Tangenten an die Kreise q_i^0, z. B. M^0R an q_1^0 (R auf OC). In der affinen Beziehung zwischen der Ellipse n^0 und dem Kreise k entspricht dem Punkte M^0 der Punkt M_1 ($M^0M_1 \parallel x$, $GM_1 : GM^0 = OE : ON$). Den Strahlen aus M^0 entsprechen hierbei die Strahlen aus M_1, z. B. M^0R und M_1R, und den Berührungspunkten der Tangenten von n^0, die zu ersteren parallel sind, die Endpunkte der Kreisdurchmesser von k, die auf letzteren senkrecht stehen. So entsprechen den Endpunkten des zu $M_1 R$ senkrechten Durchmessers $P_1 Q_1$ zwei Punkte P_n^0 und Q_n^0 auf n^0, deren Tangenten zu $M^0 R$ parallel sind. Folglich entsprechen in der affinen Beziehung zwischen k und n den Punkten P_1 und Q_1 die Punkte P_n und Q_n auf n mit zu MR parallelen Tangenten, d. h. P_n und Q_n gehören der Lichtgleiche 1 des Zylinders an. In der Affinität zwischen n und d entsprechen den Punkten P_n und Q_n von n die Punkte P und Q von d, die auf der Lichtgleiche 1 des Ellipsoides liegen. Die Affinität zwischen k und d leitet direkt von den Punkten P_1, Q_1 zu den Punkten P, Q auf d über ($P_1 P_1' \perp x$, $P_1' P' \parallel ED$, P' auf d', $P_1 P'' \parallel x$, $P' P'' \perp x$).

Nach der Bestimmung von M_0 und M_1 sind zur Konstruktion der Punkte der Lichtgleichen sonach folgende Schritte zu tun. Man lege aus M^0 die Tangenten an die Kreise q_i^0 und aus M_1 die Strahlen nach ihren Schnittpunkten mit OC. Sodann zeichne man die Durchmesser des Kreises k, die auf diesen Strahlen senkrecht stehen, und suche zu ihren Endpunkten die entsprechenden Punkte auf d vermöge der Affinität zwischen k und d; diese stellen die Punkte der Lichtgleichen auf d dar.

136. In Fig. 111 sind die Lichtgleichen eines Ellipsoides im Grund- und Aufriß dargestellt, soweit sie sichtbar sind. Da je zwei einander diametral gegenüberliegende Punkte des Ellipsoides parallele Tangentialebenen aufweisen, verwandeln sich die zweiten Projektionen der sichtbaren Lichtgleichen in die der unsichtbaren durch Drehung des Aufrisses um 180° um den Mittelpunkt des Umrisses. Gleiches gilt für den Grundriß. Die Lichtpole liegen auf demjenigen Schnitt durch die vertikale Achse, dessen konjugierter Durchmesser zu l' normal ist.

Für die Lichtgleichen der Flächen 2. Grades kann noch folgende Definition gegeben werden. Jede Lichtgleiche einer Fläche 2. Grades ist der Ort der Berührungspunkte aller Tangentialebenen, die zu denen eines Lichtstufenkegels von gleicher Helligkeit parallel sind. Jede Lichtgleiche einer Fläche 2. Grades ist von der 4. Ord., d. h. sie wird von jeder Ebene in vier Punkten geschnitten. Jede Ebene schneidet nämlich die Fläche 2. Grades in einem Kegelschnitt und die Tangentialebenen in seinen Punkten umhüllen einen Kegel. Wählt man den Scheitel dieses Kegels zugleich zum Scheitel des Lichtstufenkegels, der der Helligkeit der gesuchten Lichtgleiche entspricht, so besitzen beide Kegel vier gemeinsame Tangentialebenen (die freilich paarweise imaginär werden können); sie berühren die Fläche 2. Grades in vier Punkten der betreffenden Lichtgleiche. Noch mag bemerkt werden, daß die Tangentialebenen in den Punkten jeder Lichtgleiche eine abwickelbare Fläche 4. Klasse umhüllen, die den un-

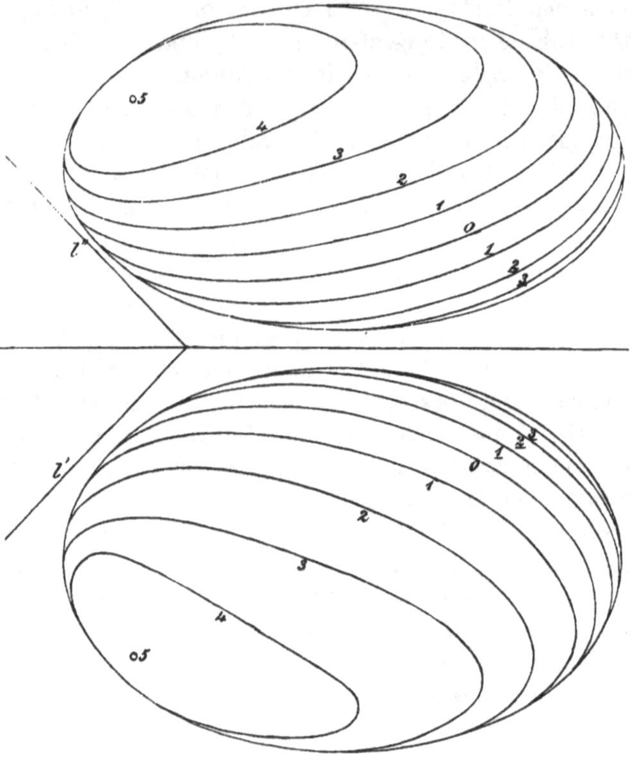

Fig. 111.

endlich fernen Kegelschnitt des bezüglichen Lichtstufenkegels zur Doppelkurve hat (232 Bd. III).

137. Die Lichtgleichen des einschaligen Hyperboloides (Fig. 112). Sei OC die vertikale imaginäre Achse und seien OA und OB die horizontalen reellen Achsen. So verfahre man zunächst ganz wie beim Ellipsoid. Man ziehe durch O einen beliebigen horizontalen Strahl und bestimme auf ihm drei Punkte J, K, H derart, daß $OJ = OB$, $OK = OA$ und $OH = OB + OA$ ist. Dann ist OD ein Halbmesser der Kehlellipse c des Hyperboloides, wenn $JD \parallel x$ und $KD \perp x$ ist; zugleich bildet er die reelle Halbachse eines Vertikalschnittes d, dessen imaginäre Halbachse OC ist. Längs der Hyperbel d wird die Fläche von einem Zylinder berührt, dessen horizontale Mantellinien zu DH senkrecht sind. Sein Normalschnitt n ist eine Hyperbel mit OC als imaginärer und ON als reeller Halbachse ($ON \parallel DH$, $DN \perp DH$). Jetzt trage man auf dem Lichtstrahl durch O eine beliebige Strecke OL auf, fälle das Lot OM auf die Ebene N (durch n) und zeichne in N die Kreise $q_1, q_2, \ldots$, deren Radien $^1/_5$, $^2/_5$, ... der Strecke OL betragen. Weiter ziehe man aus M die Tangenten an die Kreise q_i und hierzu die parallelen Tangenten an die Hyperbel n. Sie berühren dieselbe in Punkten

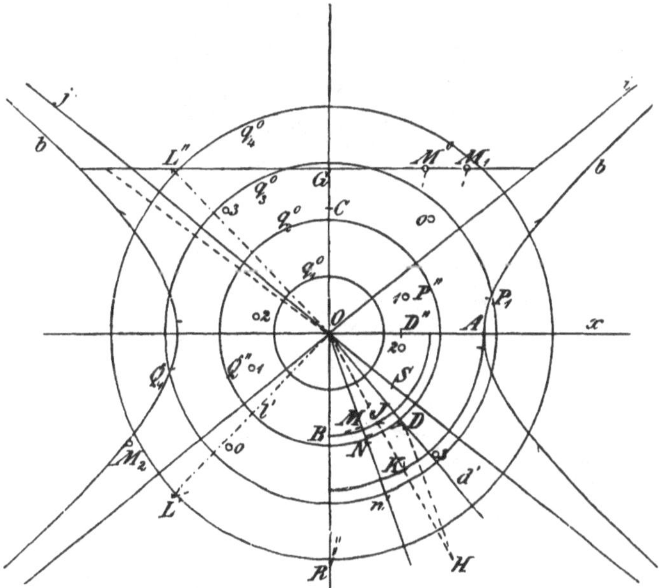

Fig. 112.

der Lichtgleichen des Zylinders, und vermöge der Affinität zwischen n und d (Affinitätsachse OC) entsprechen ihnen auf d die Punkte der Lichtgleichen des Hyperboloides.

Bei der Durchführung der Konstruktion drehe man die Ebene N mit der Hyperbel n und den Kreisen q_i in den Aufriß, dabei gelangt M nach M^0 ($OM' = GM^0$), und benutze die Affinität zwischen den Hyperbeln n^0 und b (Affinitätsachse OC), wo b den in der Aufrißebene liegenden Hauptschnitt des Hyperboloides bedeutet. Bei dieser affinen Beziehung entspricht dem Punkte M^0 der Punkt M_1 ($GM_1 : GM^0 = OA : ON$, $M^0M_1 \parallel x$). Von M^0 aus ziehe man die Tangenten an die Kreise q_i^0, z. B. M^0R an q_1^0 (R auf OC), und von M_1 aus Strahlen nach den Schnittpunkten dieser Tangenten mit OC

z. B. $M_1 R$. Die Punkte von b, deren Tangenten zu jenen Strahlen durch M_1 parallel sind, sind dann zu den gesuchten Punkten der Lichtgleichen auf d affin und auch affin zu den zweiten Projektionen dieser Punkte auf d'' (Affinitätsachse OC). Um auf b die Punkte

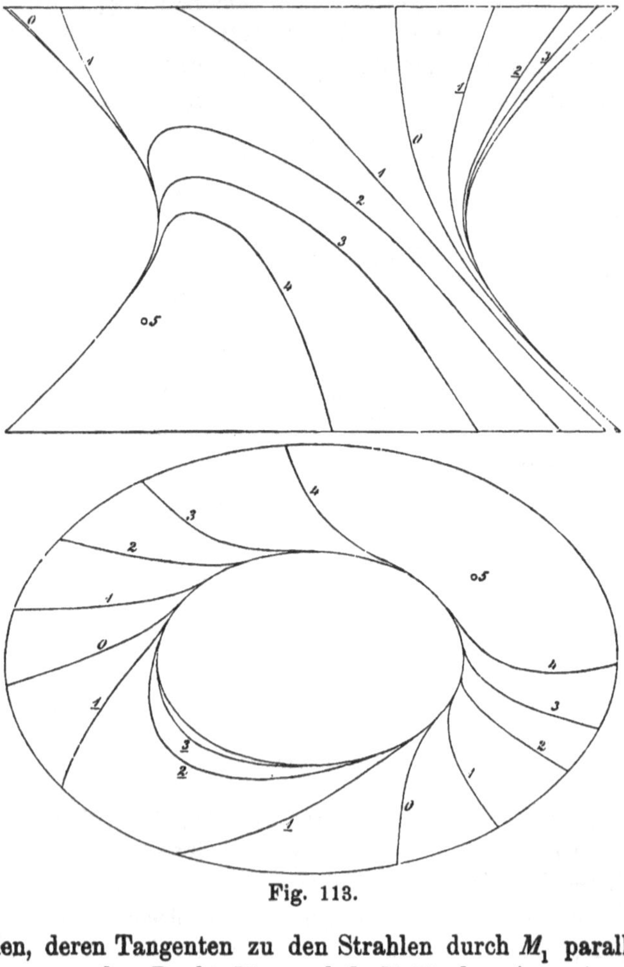

Fig. 113.

zu finden, deren Tangenten zu den Strahlen durch M_1 parallel sind, bestimme man den Punkt M_2 so, daß $M_1 M_2$ der einen Asymptote i von b parallel ist und von der anderen j halbiert wird. Ist nun $M_1 R$ ein beliebiger Strahl und wird er von j in S geschnitten, so trägt der zu $M_2 S$ parallele Durchmesser die Punkte P_1 und Q_1 von b, deren Tangenten zu $M_1 R$ parallel laufen. Denn die zu SM_1 und SM_2 parallelen Durchmesser von b sind konjugiert, da sie, wie leicht ersichtlich, zu den Asymptoten i und j harmonisch liegen.

Die zu P_1, Q_1 affinen Punkte P'' und Q'' ($P_1P'' \parallel x$, $P_1A \times P''D''$ auf OC) sind die zweiten Projektionen der auf d liegenden Punkte der Lichtgleiche 1.

Sonach hat man M^0, M_1 und M_2 zu suchen, aus M^0 die Tangenten an die Kreise q_i^0 zu legen, durch M_1 Strahlen nach ihren Schnittpunkten mit OC und durch M_2 Strahlen zu ziehen, die sich mit jenen Strahlen auf j schneiden. Die zu den Strahlen durch M_2 parallelen Durchmesser schneiden dann die Hyperbel b in Punkten, zu denen man noch die affinen Punkte zu zeichnen hat, wobei OC die Achse und A, D'' ein Paar entsprechender Punkte dieser affinen Beziehung sind. Sie stellen die zweiten Projektionen der Schnittpunkte der Lichtgleichen des Hyperboloides mit dem Vertikalschnitt d dar, ihre Grundrisse liegen auf der Geraden d'.

In Fig. 113 sind die Lichtgleichen eines einschaligen Hyperboloides, soweit sie sichtbar sind, gezeichnet; die unsichtbaren sind wie beim Ellipsoide, zu den sichtbaren symmetrisch.

Bei der Konstruktion der Lichtgleichen des zweischaligen Hyperboloides kann ganz wie beim einschaligen verfahren werden. Es sind dann OA und OB die imaginären Halbachsen einer imaginären Kurve; das ändert jedoch die Konstruktion in keiner Weise. Nur die Hyperbel b hat eine andere Lage, indem OA ihre imaginäre und OC ihre reelle Halbachse ist.

138. Bevor wir die Lichtgleichen auf dem Paraboloide bestimmen, lösen wir folgende Aufgabe. A u f e i n e m P a r a b o l o i d e d e n P u n k t z u f i n d e n, d e s s e n N o r m a l e e i n e g e g e b e n e R i c h t u n g b e s i t z t. Sei z die vertikal gestellte Achse eines elliptischen Paraboloides und S sein Scheitel, seien ferner a und b die beiden Hauptschnitte und x und y ihre Tangenten im Scheitel. Wir legen

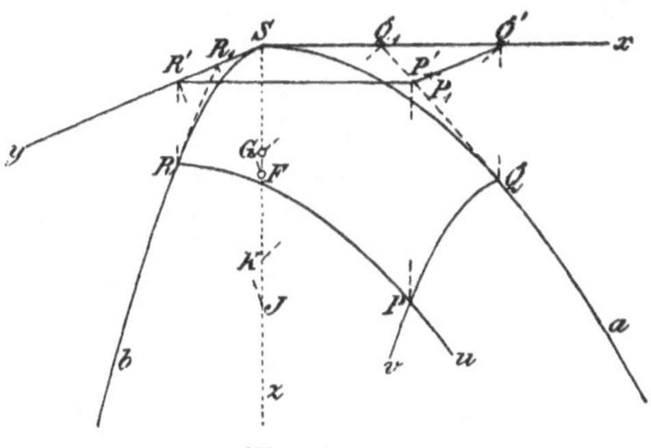

Fig. 174.

dann die Grundrißebene durch xy, die Aufrißebene durch xz und die Seitenrißebene durch yz (Fig. 114). Das Paraboloid kann entweder dadurch erzeugt werden, daß die Parabel a parallel mit sich selbst verschoben wird, während ihr Scheitel auf der Parabel b bleibt, oder dadurch, daß die Parabel b parallel mit sich selbst verschoben wird, während ihr Scheitel auf der Parabel a bleibt. Durch jeden Punkt P der Fläche geht somit eine zu a kongruente Parabel u und eine zu b kongruente Parabel v; der Scheitel der ersteren mag in R auf b, der der letzteren in Q auf a liegen. Die Tangente von u in P ist parallel zur Tangente QQ_1 im Punkte Q von a, wobei Q_1 auf x der Mittelpunkt von SQ' ist; ebenso ist die Tangente von v in P parallel zur Tangente RR_1 im Punkte R von b, wobei R_1 auf y der Mittelpunkt von SR' ist. Die Normale n im Punkte P steht auf den genannten Tangenten senkrecht, also ist $n'' \perp QQ_1$ und $n''' \perp RR_1$, oder falls G und F die Brennpunkte der Parabeln a und b sind, ist $n'' \parallel GQ_1$ und $n''' \parallel FR_1$. Sind also die Richtungen von n'' und n''' gegeben, so trage man auf der z-Achse die doppelten Brennweiten $KS = 2\,GS$ und $JS = 2\,FS$ auf und ziehe $KQ' \parallel n''$ und $JR' \parallel n'''$ (Q' auf x, R' auf y). Dann schneiden sich in P' die Geraden $P'Q'$ ($\parallel y$) und $P'R'$ ($\parallel x$), zugleich ist $P'P = Q'Q + R'R$. Zieht man durch K eine Parallele zu n, so schneidet sie $P'Q'$ in P_1, und es ist $P'Q' : P_1Q' = JS : KS = FS : GS$. Demnach bilden die ersten Projektionen der Flächenpunkte und die ersten Spurpunkte der zu den Flächennormalen parallelen Strahlen durch K affine Systeme. Dabei ist x die Affinitätsachse, y gibt die Affinitätsrichtung und die Abstände affiner Punkte, wie P' und P_1, von x verhalten sich wie $FS : GS$.

139. Die Lichtgleichen der Paraboloide. Will man die Lichtgleichen des elliptischen Paraboloides finden (Fig. 115), so lege man durch K einen Lichtstrahl l und in der Vertikalebene ll' durch l ziehe man durch K Strahlen, die mit l Winkel einschließen, deren Cosinus die Werte 0, $^1/_5$, $^2/_5$, $^3/_5$, $^4/_5$ und 1 aufweisen. In der Figur ist die Ebene ll' um l' umgelegt, $l_0 = LK_0$ ist der umgelegte Lichtstrahl ($SK_0 = 2\,SG$), und die umgelegten Strahlen durch K gehen durch die Punkte 0, 1, 2, 3, 4, L des Kreises mit dem Radius K_0L. Läßt man die genannten Strahlen durch K um den Lichtstrahl l rotieren, so entstehen Kegel, deren Mantellinien parallel sind zu den Normalen in den Punkten der bezüglichen Lichtgleichen. Nach den Resultaten der vorausgehenden Nummer gilt somit der Satz: Die ersten Projektionen der Lichtgleichen des Paraboloides sind Kegelschnitte; sie sind zu den ersten Spurkurven gewisser Rotationskegel mit dem Scheitel K und der Achse l affin. Die Neigungswinkel der Mantellinien dieser Kegel gegen ihre Achse l gehören den Cosinuswerten 0, $^1/_5$, $^2/_5$, $^3/_5$, $^4/_5$ und 1 zu. Die Achse der erwähnten Affinität ist x, je zwei affine Punkte liegen auf einer Normalen zu x, und ihre Abstände von x verhalten sich wie die Brennweiten SF und SG der Hauptparabeln b und a in den Ebenen yz und xz.

Es gilt also die ersten Spurkurven der genannten Rotationskegel zu bestimmen; die affine Umwandlung derselben in die Projektionen der Lichtgleichen bedarf keiner weiteren Erörterung. Der Kegel, dessen Mantellinien den Normalen in den Punkten der Lichtgleiche 2

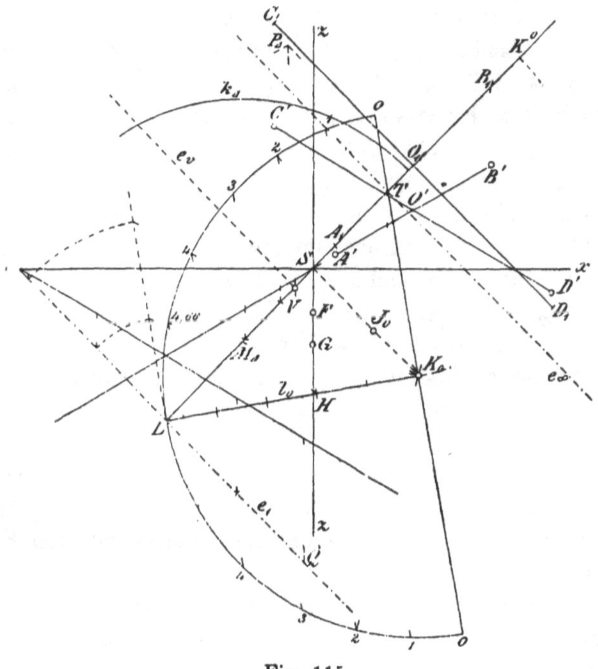

Fig. 115.

parallel sind, wird von der Ebene ll' in den beiden Geraden $K2$ geschnitten; auf ihnen liegen die Endpunkte A_1, B_1 der einen Achse seiner ersten Spurkurve s_1 ($l' \times K_0 2 = A_1$, $l' \times K_0 2 = B_1$). Die Kurve s_1 ist eine Hyperbel, deren imaginäre Achse $C_1 D_1$ noch zu finden ist. Die Normalebene E im Punkte L von l schneidet den Kegel in einem Kreise k, den wir als k^0 um e_1 in die Grundrißebene umlegen; sein Mittelpunkt ist L und sein Radius verhält sich zur Strecke $H2$ wie $5:2$ ($H2 \perp l_0$, $HK_0 : LK_0$ wie $2:5$). Der Kreis k^0 und die Hyperbel s_1 sind perspektiv, e_1 ist die Achse, e_∞ die Flucht-, e_v die Verschwindungslinie und K^0 das Zentrum der Perspektive ($l' \times e_\infty = T$, $TK_0 \perp l_0$, $l' \times e_v = V$, $TK^0 = TK_0 = LV$, vgl. 163 Bd. I u. flg.). Dem Kreise k^0 schreibe man in seinen Schnittpunkten mit l'

und e_v ein Vierseit um, seine Diagonalen gehen nach 256 Bd. I durch V; ist also P^0 eine Ecke des Vierseits, so ist P^0V eine Diagonale. Das perspektive Bild dieses Vierseits ist ein Vierseit, das der Hyperbel s_1 umschrieben ist und von den Tangenten in den Endpunkten A_1, B_1 ihrer reellen Achse und ihren Asymptoten gebildet wird. Den Diagonalen jenes Vierseites entsprechen die Parallelen zu A_1B_1 durch die Endpunkte C_1 und D_1 der imaginären Achse von s_1. Man suche also P^0, schneide P^0V mit e_1 in Q, so ist $O_1C_1 = O_1D_1 = LQ$; denn die Gerade VQ besitzt das zu l' parallele Bild QD_1. In der Figur ist der Kreis k^0 mit dem Mittelpunkt L und dem Radius $2{,}5 \cdot H2$ ersetzt durch den Kreis $k_\varDelta$ mit dem Radius $H2$ und dem Mittelpunkt $M_\varDelta$ ($HM_\varDelta \parallel K_0V$, also $LV = 2{,}5 \cdot M_\varDelta V$). Schneiden sich in $P_\varDelta$ zwei seiner Tangenten, deren Berührungspunkte auf l' und e_v liegen, so deckt sich offenbar $P_\varDelta V$ mit P^0V, so daß auch $P_\varDelta V$ auf e_1 die Strecke LQ (gleich der halben imaginären Achse von s_1) begrenzt. Die erste Projektion der Lichtgleiche 2 ist eine zu s_1 affine Hyperbel mit den konjugierten Durchmessern $A'B'$ und $C'D'$ ($A'A_1 \parallel B'B_1 \parallel C'C_1 \parallel D'D_1 \perp x$, $(A_1 \dashv x):(A' \dashv x) = GS:FS$).

Die übrigen Lichtgleichen gewinnt man in gleicher Weise; e_1 und V behalten immer die gleiche Lage, nur $P_\varDelta$ bzw. P^0 ist für jede Kurve neu zu bestimmen. Die Lichtgleichen 1, 2, 3, 4 projizieren sich im Grundriß als Hyperbeln, die Lichtgleiche 0 als Gerade und die Lichtgleichen in der Nähe des Lichtpoles 5 als Ellipsen. In der Figur ist noch die Lichtgleiche mit der Helligkeit 4,66 bestimmt.

Die Projektionen der Lichtgleichen können auch wie folgt konstruiert werden. Um die Projektion der Lichtgleiche 2 zu gewinnen, zeichne man wie vorher A_1, B_1 und die affinen Punkte A', B'. Ferner trage man auf e_1 die Strecken $LU_1 = LW_1 = 2{,}5 \cdot H2 =$ dem Radius des Kreises k auf und suche die affinen Punkte U' und W' auf e'; dann sind VU' und VW' zwei Tangenten der gesuchten Kurve und U', V' ihre Berührungspunkte. Die Endpunkte des imaginären Durchmessers $C'D'$ ergeben sich jetzt als die Gleichpunkte einer Involution mit dem Mittelpunkt O'; ein Punktepaar dieser Involution wird von $U'V$ und einer Parallelen zu $A'B'$ durch U' ausgeschnitten. Der imaginäre Durchmesser $C'D'$ ist jedoch zur punktweisen Konstruktion der Lichtgleichen nicht nötig, ihre Punkte und Tangenten ergeben sich aus dem Satz vom umschriebenen Vierseit (256 Bd. I).

In Figur 116 sind die Grund- und Aufrisse der Lichtgleichen des elliptischen Paraboloides eingezeichnet. Die Konstruktion der Lichtgleichen für das hyperbolische Paraboloid ist genau dieselbe wie in Figur 115, nur liegt dann F oberhalb x. Daraus folgt der Satz: Besitzen ein elliptisches und ein hyperbolisches Paraboloid den gleichen Hauptschnitt a, während der andere

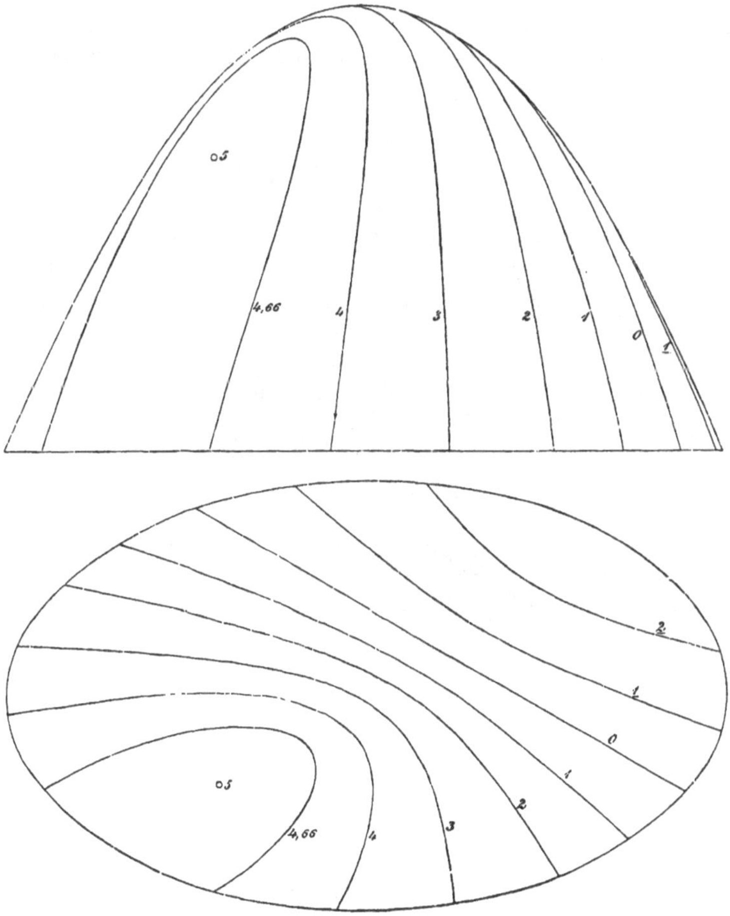

Fig. 116.

Hauptschnitt bei beiden kongruent, aber entgegengesetzt gerichtet ist, so sind die Grundrisse ihrer Lichtgleichen zueinander symmetrisch in bezug auf a'. Die Aufrisse der entsprechenden Lichtgleichen beider Flächen schneiden auf den Vertikalen Strecken ab, die von a'' halbiert werden.

Regelflächen.

140. Die Lichtgleichen der Regelflächen (Fig. 117). Ist e eine Erzeugende der Regelfläche, so sind alle Ebenen durch e Tangentialebenen; ihre Berührungspunkte auf e bilden eine Punktreihe, die zu dem Büschel der Ebenen projektiv ist (241 Bd. III). Die Konstruktion der Punkte der Lichtgleichen auf den einzelnen

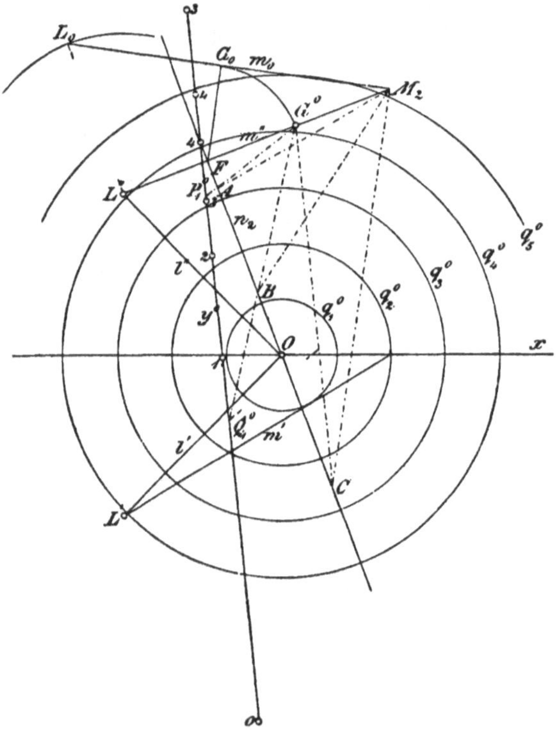

Fig. 117.

Erzeugenden ist der bei der Zylinderfläche ganz analog. Durch einen beliebigen Punkt O der x-Achse ziehen wir einen Lichtstrahl l, wählen auf ihm einen beliebigen Punkt L und legen durch ihn eine Parallele m zu der Erzeugenden e. Nun legen wir durch O eine Normalebene N zu m — ihre zweite Spur n_2 durch O ist senkrecht zu m'' — zeichnen in ihr um O als Mittelpunkt die Kreise $q_1, \ldots, q_5$, deren Radien gleich $^1/_5$, $^2/_5, \ldots, {}^5/_5$ der Strecke OL sind, und ziehen von $G = m \times \mathsf{N}$ die Tangenten an diese Kreise. Die Ebenen durch m und je eine dieser Tangenten besitzen die

Helligkeiten 1, 2, ... 5, die Ebene durch m und O die Helligkeit 0. Denn ist t eine solche Tangente und T ihr Berührungspunkt, so ist OT die Normale der Ebene mt, und es ist zugleich OT die senkrechte Projektion von OL auf diese Normale; OT ist aber ein ganzes Vielfaches von $OL:5$. Zu den genannten Ebenen durch m hat man die Parallelebenen durch e zu legen; durch ihre Berührungspunkte gehen dann die bezüglichen Lichtgleichen hindurch. Diese Berührungspunkte wird man jedoch nicht einzeln bestimmen, vielmehr das folgende Verfahren in Anwendung bringen.

Durch die geometrische Definition der Regelfläche sind gewöhnlich in drei Punkten einer jeden Erzeugenden die Tangentialebenen bekannt oder können leicht angegeben werden. Für die Erzeugende e mögen die Tangentialebenen in P, Q und dem unendlich fernen Punkte R bekannt und ihre zweiten Spurlinien gezeichnet sein. Die Parallelebenen durch m werden zu ihnen parallele Spuren M_2A, M_2B und M_2C besitzen (A, B, C auf n_2) und die Ebene N in den Geraden GA, GB und GC schneiden. Nun ziehen wir in der Ebene N eine Hilfsgerade y parallel zu GC, die GA und GB in zwei Punkten P_1 und Q_1 schneidet, so daß $P_1Q_1 = P''Q''$ ist. Die Punktreihe $(P_1, Q_1, R_1 \ldots)$ auf y ist projektiv zu dem Ebenenbüschel $m\,(P_1, Q_1, R_1 \ldots)$ und auch zu dem Büschel der Parallelebenen durch e, folglich auch zu der Punktreihe $(P, Q, R \ldots)$ ihrer Berührungspunkte, sowie zu der Punktreihe $P'', Q'', R'' \ldots$). Die Punktreihen $(P_1, Q_1, R_1, \ldots)$ auf y und $(P'', Q'', R'' \ldots)$ auf e'' sind aber kongruent, denn die drei Punkte P_1, Q_1, R_1 der ersten Reihe können mit den drei Punkten P'', Q'', R'' der zweiten Reihe durch Aufeinanderlegen der Geraden y und e'' zur Deckung gebracht werden (180 Bd. I). Ist also S_1 ein Punkt von y und berührt GS_1 den Kreis q_i, so ist der entsprechende Punkt S'' auf e'' ($P''S'' = P_1S_1$) der Aufriß eines Punktes S auf e, dessen Tangentialebene zu mS_1 parallel ist, d. h. S liegt auf der zum Kreis q_i gehörigen Lichtgleiche. Wir haben also nur aus G die Tangenten an die Kreise q_i zu ziehen, sie schneiden die Gerade y in einer Punktreihe, die kongruent ist zu der zweiten Projektion der Punktreihe, welche die Lichtgleichen auf e ausschneiden; dabei entsprechen sich die Punkte P_1 und P'', sowie Q_1 und Q''.

Bei der Ausführung der Konstruktion legen wir die Ebene N um ihre Spur n_2 in die Aufrißebene um, dann gelangt G nach G^0 ($L''L_0 \perp m''$, $L''L_0 = (L' \dashv x)$, $F = n_2 \times m''$, $FG_0 \perp M_2L_0$, $FG^0 = FG_0$). Ist R ebenfalls im Endlichen gelegen, so lege man P_1 in den Punkt A und ziehe y beliebig durch A; die Punktreihe $(P_1, Q_1, R_1 \ldots)$

auf y und die von dem Strahlbüschel mit dem Scheitel G auf n_2 ausgeschnittene Punktreihe $(A, B, C, \ldots)$ sind dann perspektiv, und die erste Reihe ist wieder zu der Reihe auf e'' kongruent.

141. Die Lichtgleichen des Plücker'schen Konoides (Fig. 118a und 118b). Diese Fläche ist in 252 Bd. III u. flg. behandelt; wir wählen wie dort die Achse a vertikal, ferner seien wieder t und t_1 die tiefste und die höchste Erzeugende, sowie T und T_1

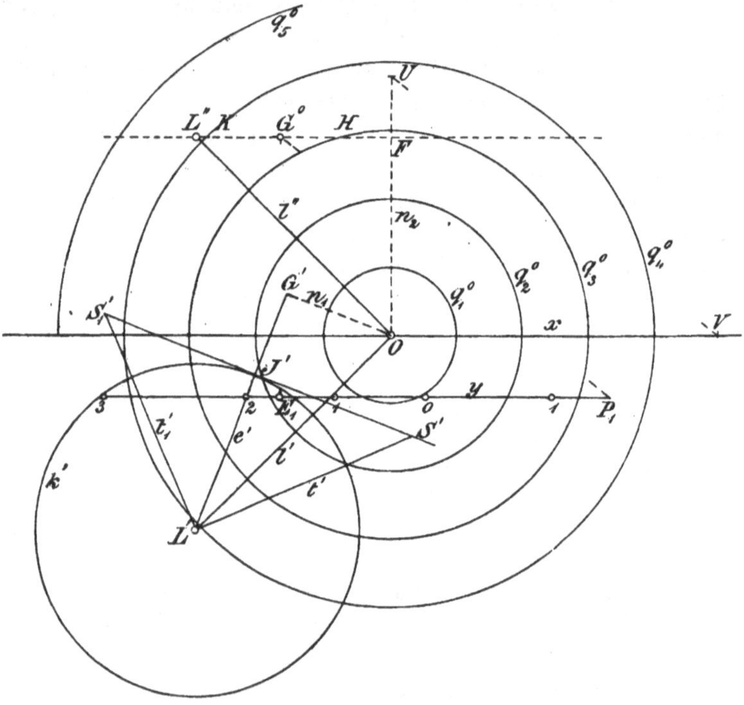

Fig. 118a.

ihre Schnittpunkte mit der Achse. Das Konoid sei begrenzt durch eine Kurve s, die auf einer Zylinderfläche mit der Achse a und dem Radius $2r$ liegt. Die Tangentialebene in einem beliebigen Punkte P einer Erzeugenden e schneidet t und t_1 in Punkten, deren Verbindungslinie auf e im Mittelpunkt von EP senkrecht steht $(E = a \times e)$ (255 Bd. III). Das vorher geschildert Verfahren wird jetzt folgende Form annehmen (Fig. 118a). Die Bestimmung von O, L und den Kreisen q_i^0 geschieht wie vorher. Durch L' ziehen wir Parallele zu t' und t_1' und schlagen um L' einen Kreis k' mit dem Radius r; dann ziehen wir durch L noch zu einer beliebigen Erzeugenden e die

Parallele (diese Parallelen tragen die gleichen Bezeichnungen t', t_1', e'). Die zu e normale Ebene N hat die Spuren n_2 und n_1 ($n_2 \perp x$, $n_1 \perp e'$); wir drehen sie um n_2 in die Aufrißebene, dabei gelangt $G = e \times$ N nach G^0($L'' G^0 \parallel x$, $G^0 F = G'O$). Die Tangentialebene im unendlich

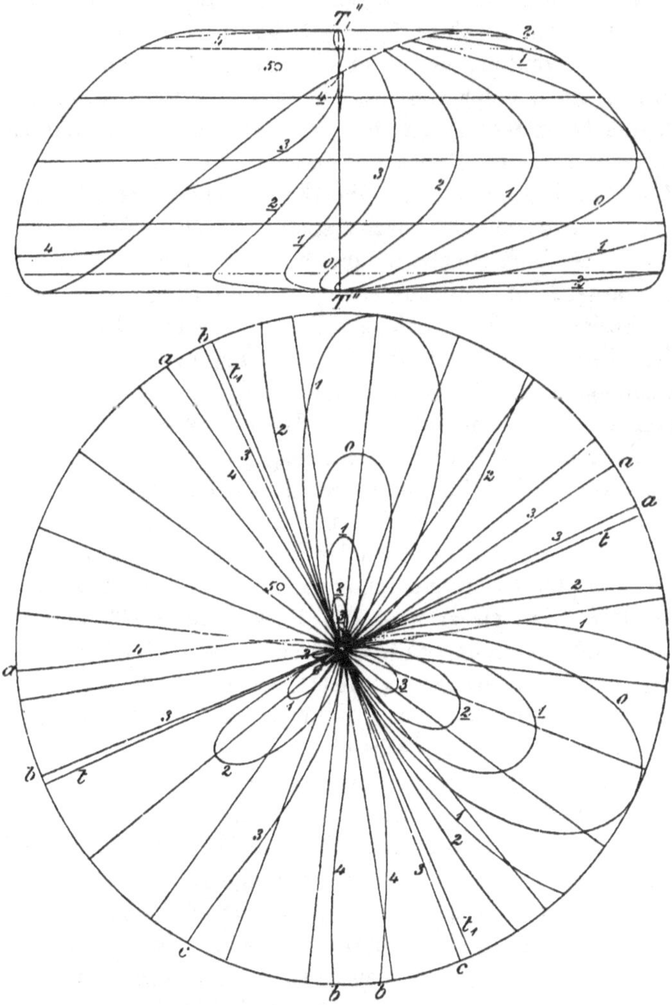

Fig. 118b.

fernen Punkt von e ist horizontal, die ihr entsprechende Gerade durch G^0 ist parallel zu x; die Tangentialebene in E ist vertikal, die ihr entsprechende Gerade durch G^0 ist senkrecht zu x. Legen wir ferner zur Tangentialebene des Punktes $P = e \times s$ ($EP = 2r$) die

Parallelebene durch L, so schneidet sie t und t_1 in S und S_1, wo $S'S_1'$ den Kreis k' in seinem Schnittpunkt J' mit e' berührt Ihre Schnittlinie mit N geht, in den Aufriß umgelegt, durch G^0 und ist parallel zu $UV(UO = TT_1,\ UO \perp x,\ VO = S'S_1',\ VO$ auf x). Jetzt zeichnen wir eine Gerade $y \| x$ derart, daß die Strecke $E_1 P_1 = EP$ auf ihr durch die Strahlen $G_0 E_1 \perp x$ und $G^0 P_1 \| UV$ ausgeschnitten wird. Die Tangenten aus G^0 an die Kreise q_i^0 schneiden y in einer Punktreihe, die zu der von den Lichtgleichen auf e ausgeschnittenen Punktreihe kongruent ist (E_1 und E entsprechen sich) und natürlich ebenso zu der ersten Projektion dieser Punktreihe.

142. In Fig. 118b sind die Lichtgleichen des Plücker'schen Konoides eingezeichnet, dazu sind folgende Bemerkungen zu machen. Die Lichtgleiche 0, die auch in 256 Bd. III bestimmt wurde, besteht aus einem einzigen Kurvenzug; ihre erste Projektion besitzt im Spurpunkt A der Achse einen dreifachen Punkt mit den Tangenten t', t_1' und l'. Die Erzeugenden t und t_1 sind selbst Lichtgleichen, deren Helligkeit bei der gewählten Lichtrichtung ungefähr der Zahl 2,9 entspricht. Diese Erzeugenden können von keiner Lichtgleiche überschnitten, dagegen müssen sie von allen Lichtgleichen in den Punkten T bzw. T_1 berührt werden (siehe unten).

Berührt die Gerade e' durch L' den Kreis q_i^0, so berührt die erste Projektion der entsprechenden Lichtgleiche eine zu e' parallele Tangente in A. Dreht sich nämlich e' um L', so bewegt sich G^0 auf der Parallelen zu x; wird $e' \perp l'$, so nimmt G^0 seine äußerste Lage an und kehrt bei weiterer Drehung von e' seine Bewegungsrichtung um. Berührt nun e' den Kreis q_i^0, so liegt G^0 senkrecht über dem Schnittpunkte von q_i^0 mit x und somit fällt der auf e liegende Punkt der entsprechenden Lichtgleiche auf die Achse a, und ihre erste Projektion wird von e' berührt.

Die Lichtgleichen 1 und 2 bestehen aus je zwei getrennten Kurvenzügen; denn es gibt keine Lage von G^0, für welche die beiden Tangenten an q_1^0 oder q_2^0 zusammenfallen. Jeder der beiden Kurvenzüge der Lichtgleiche 1 projiziert sich im Grundriß als Kurve mit dem dreifachen Punkte A; beide Kurven berühren daselbst t' und t_1', und außerdem noch je eine der beiden Geraden, die den Tangenten aus L' an q_1^0 parallel laufen. Ähnliches gilt für die Lichtgleiche 2. Die Lichtgleichen 3 und 4 bestehen aus nur je einem Kurvenzuge. Nimmt G^0 eine der beiden Lagen auf q_3^0 an, etwa H, so berührt die zugehörige Erzeugende die Lichtgleiche. Schlägt man um O mit dem Radius FH einen Kreis, so geben die aus L' an ihn gelegten Tangenten die Richtungen der Erzeugenden an, welche die Lichtgleiche 3 berühren; die Berührungspunkte bestimmen sich leicht nach der allgemeinen Methode. Die Projektion der Lichtgleiche 3 besitzt in A einen sechsfachen Punkt, zweimal berührt sie daselbst t', zweimal t_1' und je einmal die Parallelen zu den Tangenten L' an q_3^0. Die zusammengehörigen Enden sind mit dem gleichen Buchstaben bezeichnet. Die Projektion der Lichtgleiche 4, die ebenfalls von zwei Erzeugenden berührt wird, schickt nur vier reelle Zweige durch A, zwei berühren t_1' und zwei berühren die Geraden, die zu den Tangenten aus L' an q_4^0 parallel sind. Diese Projektion kann die Gerade t' nicht berühren, da der um O mit dem Radius FK (K auf q_4^0) geschlagene Kreis dieselbe schneidet; sie besitzt zwei kleine Schleifen, die jedoch wegen ihrer Kleinheit im Grundriß nicht eingezeichnet werden konnten. An die Lichtgleiche 4 schließen sich weiterhin solche an, die nur zwei reelle Äste durch A schicken, die beide t_1' berühren, während die Lichtgleichen in der Nähe der Lichtpole überhaupt keine reellen Äste durch A senden. Im Aufriß sind die Lichtgleichen nur eingetragen, soweit sie sichtbar sind.

Verschiedene Flächen.

143. Zum Schluß mag noch kurz erläutert werden, wie auch für verschiedene andere Flächenfamilien die Lichtgleichen mit den bereits gewonnenen Hilfsmitteln gefunden werden können. So kann das Zylinderverfahren auf die Schiebungsflächen angewendet werden. Eine solche Fläche entsteht, wenn eine Kurve a parallel zu sich selbst so verschoben wird, daß einer ihrer Punkte P auf einer Kurve b fortrückt. Dann beschreibt jeder Punkt von a eine zu b kongruente Kurve, die Fläche kann also auch durch Parallelverschiebung von b erzeugt werden; die Punkte von b beschreiben dann die Kurven a. Die Schiebungsfläche wird längs jeder Kurve a von einer Zylinderfläche berührt, deren Lichtgleichen eventuell mit Anwendung eines Normalschnittes bestimmt werden können und dann auf a die Punkte der Lichtgleichen der Schiebungsfläche ausschneiden. Eine solche Schiebungsfläche wird z. B. von der Schraubenfläche gebildet, die durch Verschraubung eines Kreises mit zur Schraubenachse normaler Ebene entsteht. Auf dieser Fläche bilden die Kreise das eine System der Parallelkurven, das andere wird von Schraubenlinien gebildet, die zu der vom Kreismittelpunkt bei der Verschraubung beschriebenen Kurve kongruent sind. Insbesondere gehört hierher die gewundene Säule, deren Lichtgleichen auch nach der für die Schraubenflächen dargelegten Methode gefunden werden können.

Das Zylinder- oder Kugelverfahren findet bei den Röhrenflächen Verwendung. Jede Röhrenfläche ist als die Hüllfläche aller Lagen einer bewegten Kugel von unveränderlichem Radius definiert. Spezielle Fälle bilden die Ringfläche und die durch Verschraubung einer Kugel entstehende Fläche. Die Ebenen, die in den einzelnen Punkten der Bahnkurve des Kugelmittelpunktes auf den zugehörigen Tangenten normal stehen, schneiden die Röhrenfläche in kongruenten Kreisen. Auf jedem solchen Kreise erhält man die Punkte der Lichtgleichen, indem man durch den Mittelpunkt einer mit der erzeugenden Kugel gleich großen Kugel einen Parallelschnitt legt und die auf ihm liegenden Lichtgleichenpunkte auf jenen Kreis überträgt. Dabei liegen entsprechende Punkte auf parallelen Durchmessern, was man direkt für die Projektionen verwenden kann. Man kann auch das Zylinderverfahren anwenden, da die Röhrenfläche längs jedes der genannten Kreise von einem geraden Kreiszylinder berührt wird.

Die Hüllflächen einer bewegten Kugel mit veränderlichem Radius, wie z. B. die Zyklide, gestatten die Verwendung des Kegel- oder Kugelverfahrens zur Bestimmung ihrer Lichtgleichen. · Auf einer solchen Fläche liegen ebenfalls unendlich viele Kreise, aber mit wechselndem Radius, und in jedem derselben wird sie von einem Rotationskegel berührt. Die Lichtgleichen dieses Kegels liefern auf dem Berührungskreise Punkte der gesuchten Lichtgleichen der Fläche. Das Kugelverfahren besteht darin, daß man zu jedem Kreis der Fläche einen Kreis auf einer festen Kugel sucht, so daß die zugehörigen Tangentialkegel parallele Mantellinien aufweisen. Die Punkte der Lichtgleichen auf dem Kugelkreis sind dann auf den bezüglichen Kreis der Fläche im Verhältnis beider Kreise zu übertragen.

Literaturnachweise und historische Anmerkungen.

I. Kapitel.

[1]) Die schon lange, namentlich durch J. H. Lambert (Von der perspektivischen Entwerfung aus einem unendlich entfernten Gesichtspunkte. Zürich 1774, VII) eingeführte und in verschiedenen Formen (vgl. Note 4) benutzte schiefe Projektion wurde in neuerer Zeit als besondere Darstellungsmethode ausgebildet. J. Schlesinger verband mit ihr die Bestimmungsweisen der Zentralprojektion (Die darst. Geom. im Sinne der neueren Geom., Wien 1870, p. 223f.); indessen erscheint bei ihm die schiefe Projektion noch nicht als selbständiges Verfahren. In diesem Sinne wurde sie von G. A. V. Peschka entwickelt (Freie schiefe Proj., S.-Ber. d. Ak. d. W. in Wien, 75. Bd., II, 1877, Darstell. u. projektive Geom., Wien 1883, I, p. 212f.). Man vergleiche: R. Staudigl (Über die Identität von Konstruktionen in perspektivischer, schiefer u. orthogonaler Projektion, S.-Ber. d. Ak. d. W. in Wien, 1871, 64. Bd., II).

[2]) Streng genommen ist jede Darstellungsmethode „axonometrisch" zu nennen, welche die Punkte des Objektes zuerst auf ein Koordinatensystem bezieht, ihre Bilder durch Projektion der Koordinaten und diese umgekehrt mit Hilfe der Maßstäbe aus den Projektionen bestimmt. Indessen rechnet man die von G. Desargues und J. H. Lambert entwickelte Methode, Zentralprojektionen unter Anwendung perspektiver Breiten-, Höhen- und Tiefenmaßstäbe zu entwerfen, nicht zur eigentlichen Axonometrie. Man setzt vielmehr außer dem rechtwinkligen Achsensystem gewöhnlich auch eine Parallelprojektion voraus (vgl. R. Staudigl, Die axon. u. schiefe Proj., Wien 1875, p. 20). Das Grundproblem, die schiefe Projektion eines beliebig gelegenen Würfels anzugeben, behandelt schon Lambert (Freie Perspektive, Zürich 1774, p. 170f.), indem er von der Zentralprojektion eines unendlich kleinen Würfels ausgeht. Wirklich erledigt wurde die Frage erst durch K. Pohlke's Hauptsatz der Axonometrie. Pohlke fand ihn (wie H. A. Schwarz, Cr. J. 63, mitteilt) im Jahre 1853, veröffentlichte ihn aber erst in seiner Darst. Geom., Berlin 1860 (4. Aufl. 1876, p. 109). Seither versuchten verschiedene Autoren den Beweis zu vereinfachen (vgl. Note 19 im III. Bd.). G. Hauck (Grundzüge einer allgemein axonometrischen Theorie der darstellenden Perspektive, Zeitschrift f. Math. u. Phys., 21. Bd. 1876, p. 81f.) betrachtet auch schiefwinklige Koordinatensysteme. Das gebräuchlichste Verfahren der schiefen Projektion findet sich übersichtlich entwickelt bei L. Burmester (Grund-

züge der schiefen Parallelperspektive, Zeitschr. f. Math. u. Phys., 16. Bd. 1871, p. 449f.).

[3]) An Stelle der unendlich fernen Ebene und der sogenannten Fluchtelemente der Zentralperspektive führt G. A. V. Peschka (Freie schiefe Projektion, S.-Ber. d. Ak. d. W. in Wien, 75. Bd., II, 1877, Darstellende und projektive Geom., Wien 1883, I, p. 212f.) bei der schiefen Parallelprojektion eine zur Bildebene parallele sogenannte Distanzebene und die Distanzelemente ein. Der Abstand beider Ebenen, die Distanz, und ihre schiefe Projektion bilden die Katheten eines rechtwinkligen Dreieckes, welches in die Bildebene umgelegt das Projektionsdreieck heißt.

[4]) Die als „Vogel-, Militär- oder Kavalierperspektive" bezeichneten Darstellungsverfahren wurden vorzugsweise in der militärischen Befestigungskunst für Übersichtspläne benutzt. Daraus erklärten sich auch leicht ihre Namen. „Kavaliere" nannte man ehemals die Aufbauten auf Festungsmauern.

[5]) Diese in vielen Fällen mit Vorteil anwendbare Art der schiefen Projektion, bei der die Bildebene und die Aufrißebene zwar beide vertikal, aber gegeneinander geneigt angenommen sind, wurde von C. F. Naumann (Lehrbuch der reinen u. angewandten Kristallographie, Leipzig 1830) und H. Kopp (Einleitg. in die Kristallographie usw., Braunschweig 1849) für kristallographische Darstellungen auseinandergesetzt und benutzt.

[6]) Die orthogonale axonometrische Projektion wurde zuerst in einer speziellen Form als isometrische Projektion von Farish (Isometrical perspective, Transact. of the Cambridge Philos. Society, 1820) auf technische Zeichnungen angewandt. Die Projektion des Würfels als regelmäßiges Sechseck bildete den Ausgangspunkt dieser von H. W. Brandes (Isometrische Perspektive, Gehlers phys. Wörterbuch, 7. Bd., I, 1833) und Sopwith (Treatise on isometrical drawing, London 1834) weiterentwickelten und von O. Möllinger (Isometrische Projektionslehre, Solothurn 1849) zur „zweiachsig-isometrischen" Projektion erweiterten Lehre. J. Weisbach (Über die monodimetrische und anisometrische Projektionslehre, Polyt. Mitteilungen von Volz u. Karmarsch, 1. Bd., Tübingen 1844, p. 125f., sowie in der Anleitung zum axonometrischen Zeichnen, Freiberg 1857) gab der orthogonalen Axonometrie ihre allgemeine Grundlage, indem er auf analytischem Wege zeigte, wie man aus den gegebenen Winkeln zwischen den Achsenprojektionen die Verkürzungsverhältnisse und umgekehrt aus diesen die Winkel bestimmen könne. Weisbach nahm zur Erleichterung der Messungen für die Verkürzungsverhältnisse rationale Zahlen an. Die rein konstruktive Lösung der Hauptaufgaben findet man bei R. Skuhersky (Orthographische Parallelperspektive, Prag 1858). Man lese ferner: K. Pelz (Zur wissenschaftlichen Behandlung der orthogonalen Axonometrie, S.-Ber. d. Ak. d. W. in Wien, 81. Bd. 1880, II, p. 300, 83. Bd. 1881, II, p. 375) und J. Tesař (Über den orthogonalaxonometrischen Verkürzungskreis, S.-Ber. d. Ak. d. W. in Wien, 81, Bd. 1880, II, p. 453).

II. Kapitel.

[7]) Die malerische und architektonische Perspektive hatte bereits eine reiche Entwickelung erfahren, allerdings zumeist unter Zuhilfenahme von optischen Apparaten und wesentlich auf empirischer Grundlage, bevor sie zu einer rein geometrisch begründeten Darstellungsmethode mit einer einzigen Bildebene, also zur sogenannten freien Perspektive, führte. In dieser Richtung machten den Anfang einer streng mathematischen Entwickelung Guido Ubaldo (Perspectivae libri sex, Pisauri 1600) und Simon Stevin (De la scénographie, dite vulgairement perspective, Oeuvres math. 1605—1608, V, I; Ausg. v. A. Girard, Leyden 1634, p. 521f.). Ubaldo gab den allgemeinen Begriff des Fluchtpunktes (punctum concursus) für die Bilder paralleler Geraden und fand, ebenso wie Stevin, indem er zwei perspektive Figuren in eine Ebene umlegte, Beziehungen, in denen wir die Keime zur Theorie der Zentralkollineation erblicken dürfen. Obgleich diese Theorie durch mehrere Begriffe und Sätze gefördert worden ist, die man G. Desargues verdankt, so war sein und seiner Zeitgenossen Bestreben doch mehr auf die Entwickelung der praktischen Perspektive gerichtet, deren Konstruktionen sie durch die Einführung von Verjüngungs- und Fluchtmaßstäben zu vereinfachen suchten (Méthode universelle de mettre en perspective les objets donnés réellement, Paris 1636, Oeuvres de Desargues réunies et analysées par M. Poudra, Paris 1676. Ferner: La perspective spéculative et pratique, de l'invention du feu sieur Alleaume, ingénieur du roi, mise au jour par E. Migon, Paris 1643, und Vaulezard, Abrégé ou raccourci de la perspective par l'imitation, Paris 1643, sowie Battaz, Abbréviations des plus difficiles opérations de la perspective pratique, Paris 1644). W. J. van's Gravesande (Essay de perspective, Haag 1711) fand die Eigenschaften der Gegenachsen einer Zentralkollineation in der Ebene; gerade Linien bestimmte er durch Spur- und Fluchtpunkte und konstruierte bereits durch Perspektive die Umrisse einfacher krummer Flächen. Brook Taylor gab die Bestimmung der Ebenen durch Spur- und Fluchtlinien (New principles of linear perspective, London 1719) und löste manche Grundaufgaben der darstellenden Geometrie durch Zentralprojektion. Dann folgte J. H. Lambert (Freye Perspective, oder Anweisung jeden perspectivischen Aufriß von freyen Stücken und ohne Grundriß zu verfertigen, Zürich 1759, II. Teil 1774). Lambert behandelte das Problem, die Perspektive eines Gegenstandes möglichst direkt zu finden, wenn die nötigen Abmessungen am Objekt selbst gegeben sind, er löste die Grundaufgaben nach denselben Prinzipien, die Taylor angegeben hatte. — B. E. Cousinery (Géométrie perspective ou principes de projection polaire appliquée à la description des corps, Paris 1828) benutzt nur eine Projektion; Spur- und Fluchtlinie einer Ebene, Spur- und Fluchtpunkt einer Geraden dienen ihm als Charakteristika dieser Elemente; den Punkt bestimmt er durch zwei Gerade, von denen insbesondere eine ein Sehstrahl sein kann. W. Fiedler (Darstellende Geometrie, 1871, 3. Aufl. Leipzig 1883, p. 357) betont, „daß

die Zentralprojektion als mathematisches Abstraktum des Sehprozesses die Grundlage und der natürliche Ausgangspunkt der darstellenden Geometrie und daß die Bestimmung der geraden Linie und nicht die des Punktes das Ursprüngliche in ihrer Entwickelung sein müsse". Die für das Zentrum der Projektion schon von Cousinery angewandte Bestimmung mittels seiner Orthogonalprojektion und des Distanzkreises ist von W. Fiedler verallgemeinert und zu einer eigenartigen Darstellungsmethode ausgebildet worden (Zyklographie oder Konstruktion der Aufgaben über Kreise und Kugeln und elementare Geometrie der Kreis- und Kugelsysteme, Leipzig 1882). Fiedler zeigte auch (Geom. Mitteilungen IV in d. Vierteljahrsschr. d. Züricher Naturf. Ges., 24. Bd. 1879, p. 205f.), daß in der Zentralprojektion an Stelle der unendlich fernen Ebene jede andere das Zentrum O nicht enthaltende Ebene treten kann, so daß die Bilder der in ihr liegenden Punkte und Geraden die Fluchtelemente ersetzen. Hieraus sind auch die Bestimmungsweisen der Parallelprojektion ableitbar, die sich nur einer Bildebene bedient (also der freien schiefen Projektion).

III. Kapitel.

[8]) Daß die Anwendung der Perspektive auf künstlerische Aufgaben den alten Griechen und Römern nicht unbekannt war, geht aus zwei Stellen in dem Werke des M. Vitruvius Pollio (De architectura libri decem, ca. 10 v. Chr., I, 2 und VII praef., Ausg. v. V. Rose, Leipzig 1899 p. 10 u. 137) hervor. Man vergleiche hierüber Chr. Wiener (Lehrb. d. darst. Geom., Leipzig 1884, 1. Bd. p. 8) und E. Papperitz (Über die wissenschaftliche Bedeutung der darstellenden Geometrie, Freiberg 1901, p. 16f.) — Aber die wenigen bei den Alten nachweisbaren Kenntnisse von den Regeln der Perspektive gingen in den kriegerisch rauhen und wissenschaftlich öden Zeiten der Völkerwanderung und des Mittelalters wieder verloren. Sie mußten neu entdeckt werden. Sie wieder aufgefunden, meisterhaft angewandt und weiterentwickelt zu haben ist das Verdienst der großen Künstler der Renaissancezeit. Es gab zu jener Zeit viele denkende Künstler, einige von ihnen waren gleichzeitig bedeutende Ingenieure und Mathematiker. Allen diesen Autoren schwebte das Verfahren der Zentralprojektion als Abstraktum des Sehens mit einem Auge vor. Sie erfanden Apparate, um den Vorgang tunlichst genau zu verfolgen; sie führten aber auch die wichtigen Grundbegriffe ein (wie Augpunkt, Hauptpunkt, Grundebene, Grundlinie, Horizont, Distanz- und Akzidentalpunkte usw.) und arbeiteten damit den Geometern vor. Aller Theorie gaben sie mit Rücksicht auf die nächstliegenden Anwendungen eine möglichst faßliche Form. So ist es charakteristisch für ihre Anschauungsweise, daß sie als Grundaufgaben die Abbildung einer quadratischen Täfelung der horizontalen Bodenfläche und die der Höhen über dem Boden ansahen. Wir nennen die Namen: Leon Battista Alberti (De pictura, vor 1444, italien. Übers. „della pittura e della statua" v. R. Dufrèsne, Paris 1701 u. Neapel 1733), Viator (J. Pèlerin) (De artificiali perspectiva), dessen Werk schöne Figuren, aber meist ohne Text

enthält. (Ort und Zeit des Erscheinens waren auf dem Titel nicht vermerkt; Chr. Wiener gibt an: Toul 1505). Leonardo da Vinci hat eine Schrift über Perspektive geschrieben, die leider unaufgefunden ist. In seinem Trattato della pittura (um 1494, Ausg. v. R. Dufrèsne, Paris 1701) spricht er das bemerkenswerte Gesetz aus, daß die Bildlängen gleicher aufrechter Strecken sich wie die Reziproka ihrer Abstände vom Auge verhalten. Von den nachfolgenden Autoren sind die bedeutendsten: A. Dürer (Underweysung der Messung mit dem Zirckel und richtscheyt in Linien, Ebnen und gantzen Corporen, Nürnberg 1525 und 1538), D. Barbaro (La pratica della prospettiva, Venedig 1569), M. J. Barozzi da Vignola (Seine Schrift liegt in einer Bearbeitung vor: Le due regole della prospettiva pratica di M. J. Barozzi da Vignola. Con i commentarii del R. P. M. Egnatio Danti, Rom 1644) und J. Cousin (Livre de la perspective, Paris 1560). Von jener Zeit ab nahm die Entwickelung der Perspektive einen mehr theoretischen Charakter an (vgl. Note 7). Von neueren Werken seien genannt G. Schreiber (Malerische Perspektive, Karlsruhe 1854), Fr. Bossuet (Traité de perspective linéaire, Brüssel 1871), J. de la Gournerie (Traité de perspective linéaire, Paris 1859, 3. Aufl. 1898). Interessant sind die Untersuchungen von L. Burmester über die Perspektive in Gemälden alter Meister (vgl. W. Dyck, Katalog mathematischer und math.-physikalischer Modelle, Apparate und Instrumente, Nachtrag, München 1893, p. 51).

[9]) Die Regeln der Perspektive wurden in der Reliefkunst der Bildner schon frühzeitig angewandt. Die berühmten herrlichen Bronzetüren des Lorenzo Ghiberti am Baptisterium zu Florenz, die aus der Zeit von 1424—1447 stammen, bilden den Beweis dafür. Ebenso die Marmorreliefs am Grabdenkmal Maximilians I. in der Hofkirche zu Innsbruck von Alexander Colin aus Mecheln (um 1563). Immerhin sind jene oft angeführten bewunderungswürdigen Kunstwerke wahre Reliefs, bei denen die Zwischenräume (Tiefenabstände) zwischen den Figuren ganz fortfallen; sie bilden also keine wirklichen Beispiele für eine Zentralkollineation des Raumes im geometrischen Sinne. — Auf die Ideen von Desargues zurückzuführen ist das Werk von A. Bosse (Traité des pratiques géometrales et perspectives, Paris 1665), in dem er lehrt, die Tiefe des Basreliefs nach perspektivem Maßstabe zu behandeln. Von späteren nennen wir: M. Poudra (Traité de perspective-reliefs, Paris 1862), Morstadt (Über räumliche Projektion [Reliefprojektion], insbes. diejenige der Kugel, Zeitschr. f. Math. u. Phys. 12. Bd. 1867, p. 326), R. Staudigl (Grundzüge der Reliefperspektive, Wien 1868), Hertzer (Über die Zentral-Raumprojektion, Zeitschr. d. Ver. deutscher Zeichenlehrer, Berlin 1875) und L. Burmester (Grundzüge der Reliefperspektive nebst Anwendung zur Herstellung reliefperspektivischer Modelle, Leipzig 1883).

IV. Kapitel.

[10]) Als Begründer der geometrischen Beleuchtungslehre darf man J. H. Lambert (Photometria, sive de mensura et gradibus luminis, colorum et umbrae, Augsburg 1760) betrachten, wennschon Bouguer

Essai d'optique, Paris 1729, Traité d'optique sur la gradation de la lumière, publié par de la Caille, Paris 1760) wertvolle Arbeiten vor ihm geliefert hatte. In der Folge machten sich für die Bestimmung der Lichtabstufungen auf krummen Flächen im wesentlichen zwei Anschauungen geltend, von denen die erste, ältere zur Konstruktion der Lichtgleichen oder Isophoten, die andere zu den Hellegleichen oder Isophengen führt. Eine dritte (von Brisson entwickelte) Anschauungsweise blieb unbeachtet. Bezeichnen ε und α die Winkel des einfallenden bzw. austretenden Lichtstrahles gegen die Normale eines Flächenelementes, so wird bei der ersten Hypothese die Beleuchtungsintensität zu $\cos \varepsilon$ proportional gesetzt, bei der zweiten die scheinbare Beleuchtungsintensität aber proportional zu $\cos \varepsilon \cdot \cos \alpha$. Dupuis und mehrere andere Schüler Monges verfaßten ein Mémoire sur la détermination des teintes dans les dessins (Journ. de l'École polyt., I. 1797). Dann folgten: Bordoni (Sopra le linee uniformamente illuminate (Giornale di fisica, Pavia 1823), C. F. A. Leroy (Traité de stéréotomie, Paris 1844), Cohen Stuart (Solution d'un problème de photométrie, Journ. de Math. p. Liouville 13. Bd., 1848, p. 257) nahm eine Lichtquelle im Endlichen an und konstruierte die Kurven, für welche $\frac{\cos \varepsilon}{r^2}$ konstant ist, wo r die Entfernung der Lichtquelle vom Flächenelement bedeutet. Ferner ist zu nennen: J. Egle (Über das Schattieren der Oberflächen regelmäßiger Körper, Festschr. d. polyt. Schule Stuttgart, 1885). Kammerer (S.-Ber. d. Ak. d. W. in Wien 46. Bd., II, 1862, p. 405) behandelte besonders die Flächen 2. Grades. Wichtig sind die Schriften der folgenden Autoren: Fr. Tilscher (Die Lehre der geometrischen Beleuchtungskonstruktionen, Wien 1862), E. Koutny (Theorie der Beleuchtung krummer Flächen vom 2. Grade bei parallelen Lichtstrahlen, Brünn 1867), R. Niemtschik (Direkte Beleuchtungskonstruktionen für Flächen usw., S.-Ber. d. Ak. d. W. in Wien, 67. Bd., II, 1868), L. Burmester (Theorie und Darstellung der Beleuchtung gesetzmäßig gestalteter Flächen, Leipzig 1871, mit schönen Darstellungen der Isophoten und Isophengen), Tessari (La teoria delle ombre e del chiaroscuro, Turin 1878—80) und Chr. Wiener (Lehrb. d. darstell. Geometrie, II. Bd., Leipzig 1887).

MIX
Papier | Fördert gute Waldnutzung
FSC® C083411

Zeitfracht Medien GmbH
Ferdinand-Jühlke-Straße 7
99095 Erfurt, Deutschland
produktsicherheit@kolibri360.de